含能材料前沿科学技术丛书

固体推进剂含能化合物：
性能与设计

Solid Propellant Energetic Compounds:
Properties and Design

郭　翔　李　伟　何金选　等　著

科学出版社

北　京

内 容 简 介

本书从固体推进剂含能化合物的设计、制备、表征及应用的科学原理出发，提出固体推进剂用含能化合物的元素组成、理化性能等要求，综述了现有的和具有发展潜力的新型含能化合物，重点介绍了含能化合物结构设计及理化性能计算方法软件，对未来含能化合物的发展方向提出建议。

本书可供固体推进剂研制、生产的科技工作者阅读，也可作为相关专业本科生及研究生参考书。

图书在版编目（CIP）数据

固体推进剂含能化合物：性能与设计 / 郭翔等著. -- 北京：科学出版社，2024.6. --（含能材料前沿科学技术丛书）. -- ISBN 978-7-03-078856-6

Ⅰ. V512

中国国家版本馆 CIP 数据核字第 2024SR9487 号

责任编辑：张淑晓 高微/责任校对：杜子昂
责任印制：徐晓晨/封面设计：东方人华

科学出版社 出版
北京东黄城根北街 16 号
邮政编码：100717
http://www.sciencep.com

北京厚诚则铭印刷科技有限公司印刷
科学出版社发行 各地新华书店经销
*
2024 年 6 月第 一 版 开本：720 × 1000 1/16
2024 年 6 月第一次印刷 印张：15 1/2
字数：300 000

定价：118.00 元
（如有印装质量问题，我社负责调换）

"含能材料前沿科学技术丛书"编委会

主　　编：王泽山

执行主编：陆　明

成　　员(按姓氏笔画排序)：

王伯良　王鹏程　叶迎华　吕　龙

李斌栋　汪营磊　张文超　张朝阳

庞思平　庞爱民　姜　炜　钱　华

徐　森　徐　滨　郭　锐　郭　翔

谈玲华　曹端林　葛忠学　焦清介

丛书序

含能材料是一类含有爆炸性基团或含有氧化剂和可燃剂、能独立进行化学反应的化合物或混合物。一般含能材料包括含能化合物、混合炸药、发射药、推进剂、烟火剂、火工药剂等。含能材料主要应用于陆、海、空及火箭军各类武器系统，是完成发射、推进和毁伤的化学能源材料，是武器装备实现"远程打击"和"高效毁伤"的关键材料之一，是国家战略资源和国防安全的关键与核心技术的重要组成，也被形象化地称为"武器装备的粮食"。

含能化合物，也称含能化合物，或高能量密度材料，是含能材料（火炸药）配方的主体成分。随着现代战争对武器装备要求的不断提升，发展高能量密度材料一直受到各国的高度重视。新型含能物质的出现，将产生新一代具有更远射程、更高毁伤威力的火炸药配方产品和武器装备。

武器与含能材料相互依存与促进。武器的需求牵引与技术进步为含能材料发展和创新提供条件和机遇；含能材料性能的进一步提高，促进武器发射能力、精确打击能力、机动性和毁伤威力的增强，可促进和引领新一代武器及新概念武器的发展和创新。含能材料通过与武器的合理优化组合，可以使武器获得更优的战术技术性能，同时也可使含能材料的能量获得高效发挥。

鉴于含能化合物和含能材料的重要性，世界各国对含能材料进行了长期持续的投入研究，以期获得性能更优、安全性更好、工艺可靠、成本合理的新型含能化合物及其含能材料配方。CHON类三代高能含能材料的发展及应用，可将武器的作战效能提升许多，催生一大批新的原理和前沿理论。能量比常规含能材料高出至少一个数量级的超高能含能材料，因能量惊人而受到美、俄等越来越多国家的重视并被采取积极措施大力发展。超高能含能材料存在常态不稳定、制备过程复杂、工程化规模放大困难等缺陷，导致研究进展缓慢，前进道路曲折，更需我们含能材料研究人员的一辈子、一代一代的不懈努力。

进入 21 世纪以来，我国在含能材料的基础理论、基本原理和应用技术方面，取得了许多令人鼓舞的研究成果，研究重点主要在含能材料的高能量、低感度、安全性、环境友好性、高效毁伤性等方面。含能材料理论与技术正在不断进步革新，随着专业人员队伍的年轻化，含能材料先进科学技术知识的需求不断增加，"含能材料前沿科学技术丛书"的出版，将缓解和完善我国这方面高水平系列著作的空缺，对含能材料行业的健康、持续、快速发展具有重要意义。

"含能材料前沿科学技术丛书"分别从含能化合物分子设计、合成方法、制备工艺、改性技术、配方设计应用技术、性能测试与评估、安全技术、战斗部毁伤技术等方面，全面系统地总结了我国近年在含能材料科学领域的研究进展。丛书依托南京理工大学、北京理工大学、中北大学、中国兵器工业集团 204 所、中国工程物理研究院 903 所、湖北航天化学技术研究所等单位的专家学者共同撰写完成。丛书编辑委员会由各分册编著专家学者组成，特别邀请了庞爱民、葛忠学、吕龙等知名学者加入，对丛书提出建设性建议。

本套丛书具有原始创新性、科学系统性、学术前瞻性与工程实践性，可作为高等院校兵器科学与技术、特种能源材料、含能材料、爆炸力学、航天推进等专业本科生、研究生的学习资料，也可作为相关专业研究机构、企业人员的参考用书。

王泽山

2023 年 1 月于南京

▶ 前　言

　　固体推进剂作为固体发动机的能源和工质，是一种自身包含燃烧化学反应所必需的氧化剂和还原剂的固态含能材料。与用于爆炸作用的含能材料——炸药不同，固体推进剂燃烧时需要产生大量高温燃气，并通过喷管膨胀产生推力，将化学能转变为固体动力系统所需的动能。固体推进剂的发展历史是生成焓高、燃烧产物平均分子量低、放热量大的含能化合物的发展史。近年来无论是含能化合物的设计理论、合成方法，还是工程应用技术，都取得了长足发展，但应用于固体推进剂的含能化合物进展较缓慢。除了需要不断调节含 C、H、N、O 类含能化合物的分子设计和合成外，还需要综合考虑固体推进剂用含能化合物的能量、感度、热稳定性、吸湿性、相容性、成本、环保等相互制约的因素。另外，固体推进剂能量、力学、工艺、燃烧、安全、储存老化等性能的考核验证与评价往往需要相当长的时间，使得最终能够完全满足固体推进剂使用要求的含能化合物更少。

　　本书直面固体推进剂含能化合物发展方向及主要挑战，从科学原理的角度系统论述固体推进剂的特点及对含能化合物的性能需求、国内外固体推进剂用含能化合物的研究进展，确定可用于新型固体推进剂配方中的有前景的含能化合物，对世界各国及本单位正在研究的具有发展潜力的新型含能化合物及推进剂配方提出见解，对固体推进剂用含能化合物的元素组成、理化性能等提出要求，介绍湖北航天化学技术研究所开发的含能化合物结构设计及理化性能计算方法软件。此外，还讨论了固体推进剂新型含能化合物的研制与发展，并从适用于固体推进剂的角度对未来含能化合物发展方向提出建议。

　　本书作者长期从事含能化合物设计、合成及固体推进剂配方研制工作，撰写时结合固体推进剂领域的科研成果和深刻思考，力求详细阐述适用于固体推进剂的含能化合物的设计、制备、表征及应用的科学原理和见解，并尽量反映近年来固体推进剂含能化合物在应用方面取得的进展和前沿方向。

　　本书第 1 章由李伟编写，第 2 章由何金选、雷晴编写，第 3 章由任晓婷、黎小平、席文杰、姜霞珂岚、常婉璇编写，第 4 章由卢艳华编写，第 5 章由燕超、鲁统洁、马英杰、雷晴、张思、熊伟强编写，第 6 章由李伟、李春涛、王鼎程、罗聪编写。李伟对全书进行了统一修改，最后由郭翔修改定稿。

希望本书的出版能为我国固体推进剂含能化合物的发展提供科学原理和技术储备，也希望助力整体提升我国固体推进剂综合性能。本书可作为高等院校固体推进剂、含能材料、特种能源专业的本科生及研究生教材，也可供专业生产人员、研究人员、管理人员等阅读、参考。

著　者

2024 年 2 月

目　　录

第4章　固体推进剂含能材料设计原理

第 5 章　　固体推进剂新型含能化合物

第 6 章　　颠覆性含能化合物和未来固体推进剂

第 1 章

绪　论

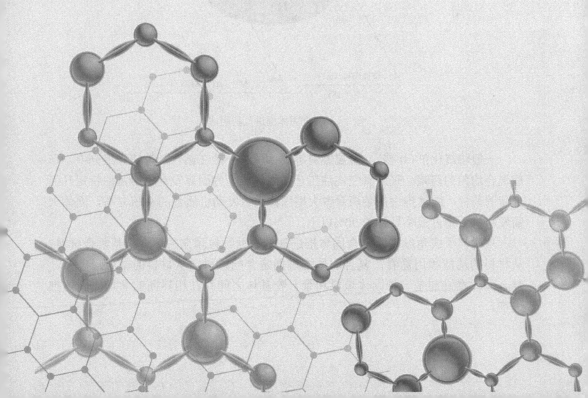

1.1 概述

复合固体推进剂广泛应用于卫星、火箭、飞船、导弹等固体发动机中，是一种自身包含燃烧化学反应所必需的氧化剂和还原剂的含能材料，为应用系统提供能量来源；也是一种由固体填料(氧化剂、金属燃料等)为分散相、以高分子黏合剂为连续相组成的复合结构材料，满足固体火箭发动机全寿命使用周期中对推进剂药性结构完整性的需求。

复合固体推进剂主要由黏合剂、氧化剂(炸药)、金属燃料、增塑剂、固化剂、功能助剂等组成，如图 1.1 所示，能量、燃烧、力学、工艺、安全、储存等是主要考量因素，涉及化学、材料、力学、流变、燃烧等多学科领域。与火炸药相比，要求固体推进剂能量输出稳定、可控释放。

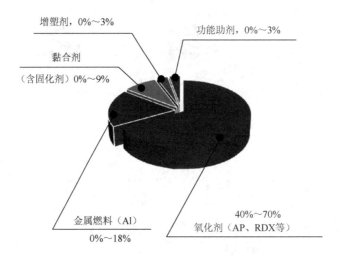

增塑剂，0%~3%

功能助剂，0%~3%

黏合剂
(含固化剂) 0%~9%

金属燃料（Al）
0%~18%

40%~70%
氧化剂（AP、RDX等）

图 1.1 复合固体推进剂的组成

一般将氧化剂(炸药)、金属燃料等固体填料分散在黏合剂等液体组分中，形成混合均匀的药浆，采用真空浇注工艺并固化成型为固体发动机所需的特定几何形状的药柱。固体推进剂装药量占大型固体火箭发动机质量的 90%左右，固体火箭发动机质量占战略导弹的 90%以上。

从材料组成角度看，复合固体推进剂是一种颗粒填充的聚合物基复合材料；从材料的功能和用途看，复合固体推进剂是含能材料；从材料的微观形态看，复合固体推进剂是一种固体填料和聚合物基体之间存在相界面的非均质固体推进剂。

1.2 复合固体推进剂分类和发展

1.2.1 复合固体推进剂分类

复合固体推进剂主要以黏合剂的化学结构特征进行分类，随着高分子材料的发展进步，先后形成了聚硫橡胶推进剂、聚氯乙烯(PVC)推进剂、聚丁二烯-丙烯酸共聚物(PBAA)推进剂、聚氨酯(PU)推进剂、聚丁二烯-丙烯酸-丙烯腈三聚物(PBAN)推进剂、端羧基聚丁二烯(CTPB)推进剂、端羟基聚丁二烯(HTPB)推进剂、硝酸酯增塑的聚醚(NEPE)推进剂。

1.2.2 复合固体推进剂的发展历程

复合固体推进剂用含能化合物的发展进程大致如图 1.2 所示。从 1942 年研制出沥青基复合固体推进剂开始，采用聚硫橡胶形成聚硫橡胶推进剂，随后 20 世纪 50 年代中期采用聚氨酯形成 PU 推进剂，添加 Al 粉。直至 70 年代形成 CTPB 推进剂、HTPB 推进剂。80 年代初期，通过引入硝酸酯增塑剂、RDX、HMX 等，进一步提高了复合固体推进剂的能量性能。80 年代末期，能量密度更高的含能化合物如 AlH$_3$、ADN、CL-20、GAP 等为代表的氧化剂、黏合剂、增塑剂等，进一步推动了复合固体推进剂的发展。进入 21 世纪，已有报道的新型含能化合物还有全氮、金属氢、分数量子能等。

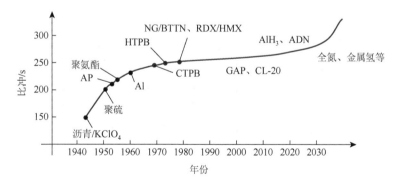

图 1.2　复合固体推进剂含能化合物的发展

1.2.3 复合固体推进剂的发展方向

通过不断改进或选用生成焓高、燃烧产物平均分子量低、放热量大的含能化合物，如新型黏合剂、含能氧化剂、含能增塑剂、新型燃烧剂等，复合固体推进剂的综合性能越来越高，逐渐向高能量、高安全、强适应、低成本、智能化等方向发展。

1. 高能量

高能量是固体推进剂技术发展永恒的主题。从长远发展来看，固体推进剂能量性能的重大飞跃仍将取决于含能材料领域的技术突破。重点突破含能氧化剂（ADN、高氮含能材料等）、含能黏合剂（硝酸酯类黏合剂、氟氮黏合剂等）、高活性金属合金等关键原材料安全应用技术。重点研发新型含能材料、高氮、金属氢化物等新概念材料。

2. 高安全

固体推进剂受到外界强刺激作用时通常会产生更为剧烈的响应结果。为了满足安全使用性能要求，配方设计须突破高能量与低危险性相互制约的矛盾，解决慢速烤燃与聚能射流冲击、破片撞击等技术难题，满足高价值作战平台的安全应用要求。

3. 强适应

面向未来复杂的作战环境，对先进固体火箭发动机高压强、高装填及宽温使用等发展应用要求，重点拓展固体推进剂高力学性能、宽温度范围适用极限、适应长航时等需求。

4. 低成本

开发新型含能材料和固体推进剂配方研制必须考虑合理的成本，目的是采用可靠低成本的化学原料和适宜于工业放大的自动化制造工艺，有利于固体推进剂产业的可持续发展。以低成本的原材料为基础，采用新工艺和新方法，优化设计及工艺流程，突破固体推进剂降低成本配方设计、快速高效制造工艺等关键技术，找到成本最低、最有效的研究方案，获得整个制造与服役周期内的低综合使用成本。

5. 智能化

加强学科交叉和结构组合(微介观到宏观尺度的结构创新)探索，通过能量模式组合发展不同类型的推进方式，满足能量提升、推力可控等要求，创新动力智能化应用模式，发展出适用发动机能量管理技术需求的固体推进剂技术，持续推进固体推进剂智能制造前沿技术的发展，满足装药工艺及装备高安全、高质量、高效能的发展需求。

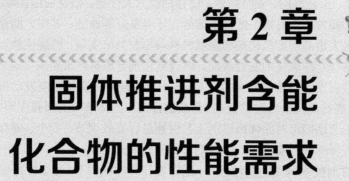

第 2 章
固体推进剂含能
化合物的性能需求

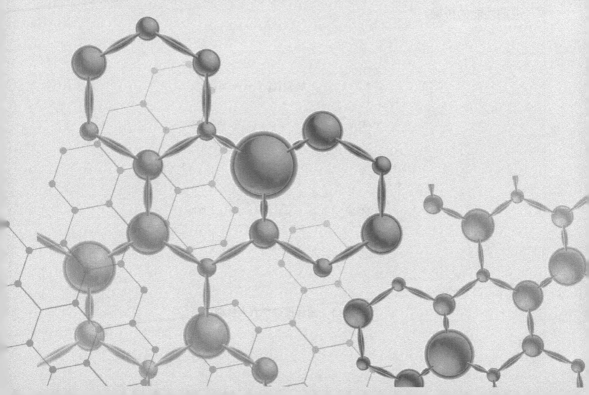

2.1 固体推进剂关键性能影响因素

固体推进剂是由十余种原材料，经过特定混合工艺和复杂的物理、化学反应形成的一种含能黏弹性复合材料，能量、燃烧、力学、工艺、安全、储存等是固体推进剂的重要考量因素，高能量是固体推进剂发展永恒的主题。在这些原材料中，氧化剂、含能添加剂、金属燃料和聚合物黏合剂等是固体推进剂能量的主要来源。

固体推进剂技术主要涉及固体推进剂原材料研制、配方设计、性能研究、安全控制、寿命评估、分析检测等技术领域。固体推进剂性能主要包括能量性能、燃烧性能、力学性能、工艺性能、安全性能、储存性能六大性能。根据应用领域的不同，有特殊要求的还要考虑低易损、低特征信号、环境友好等性能。其中，能量性能提高主要通过加入大量高密度氧化剂和金属燃料等原材料来实现；燃烧性能调节则主要通过不同规格(粒度)氧化剂复合级配、燃速催化剂等原材料来实现；通常，固体推进剂装药质量占发动机质量的90%左右，其力学性能好坏直接影响发动机的结构完整性，力学性能提高主要通过黏合剂、高效键合剂和固体填料的增强作用来实现；依靠增塑剂及工艺助剂可对固体推进剂工艺性能进行有效调节；安全、储存性能提高主要通过加入降感剂、安定剂、防老剂等高效助剂来实现。

在固体推进剂技术研究的全过程中，配方设计和性能调节(图2.1)是根据应用领域需要协调平衡固体发动机各项技术指标的一个过程，是连接原材料和固体推进剂性能的桥梁。

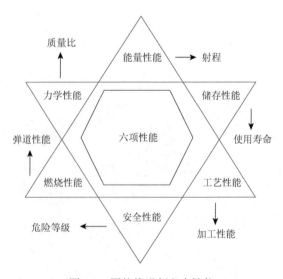

图 2.1　固体推进剂六大性能

总之，固体推进剂任何一项性能的提升，必须合理地筛选原材料品种和规格，同时还要协调好与其他性能之间的关系。

2.1.1 固体推进剂发展对原材料的需求

固体推进剂用原材料的特点是品种多、规格多、专用性强、品质要求高、部分原材料危险性较高、大部分原材料用量少、新品种需求多等。固体推进剂的性能水平与原材料的性能、质量密切相关，固体推进剂的发展要求不断开发新型更高性能的原材料。

1. 氧化剂

复合固体推进剂中广泛采用高氯酸铵(AP)为氧化剂，AP 具有有效氧含量高、氢含量较高的优点。然而，AP 存在一系列的缺陷：①高负生成焓，对能量性能提升不利；②燃烧过程中，产生氯化氢气体，增加了工质的平均分子量，从而降低了推进剂化学能转化为动能的效率；③燃烧产物含氯化氢，导致白色的羽烟信号产生；④生成大量的氯化氢，导致产生酸雨和破坏臭氧层，危害环境。随着固体导弹能量和作战性能要求的不断提升，开发替代物 AP 的固体推进剂用新型氧化剂的研究工作日渐迫切。理想的新型氧化剂应具有正的氧平衡，高于 AP 的生成焓，密度高，不含卤元素，不吸湿，对热、摩擦、撞击、静电具有可接受的不敏感性，与推进剂其他组分相容，储存过程中耐老化性能好等，很明显合成一种化合物满足上面提到的所有条件是非常困难的。

高氯酸根离子是一个高密度含氧(原子)源，4 个氧原子围绕中心氯原子的排列方式是高效和稳定的，开发具有类似结构的氧原子围绕某一中心原子排列而能够取代高氯酸根离子的原子团是一个挑战。

开发高性能、环境友好的 AP 替代物的研究是国内外固体推进剂用氧化剂的重要研究领域。依据氧化剂的特点及固体推进剂体系的需求，适用于固体推进剂的氧化剂按元素组成、结构及性能特征可以划分为四类：①高有效氧含量，高氢含量或正生成焓氧化剂；②高生成焓、高氢含量的离子盐氧化剂；③高生成焓、正(零)氧平衡氧化剂；④超高生成焓、低燃气分子量化合物。

2. 黏合剂

黏合剂的化学物理性质对固体推进剂的制造工艺、力学特性以及能量水平都有重要影响。黏合剂研究重点是将含能基团引入聚合物侧基构成的含能黏合剂。由于黏合剂必须具有构建可承受固体推进剂机械力学作用的网络结构的功效，即具有柔性和连接强度，主要开发的是侧链上含 N_3、NF_2、ONO_2、唑等官能团的碳链和 C—O—C 醚链为主链的具有良好的高低温特性的含能黏合剂。

每个叠氮基对生成焓的贡献约为 355 kJ/mol，因此含有叠氮基的分子具有很高的能量。叠氮聚醚黏合剂黏度低，玻璃化转变温度低，可加工性好，又易于用异氰酸酯固化成低温力学性能好的含能聚合物，是优良的含能黏合剂。硝酸酯基聚醚黏合剂具有与硝酸酯类增塑剂相容性好、氧含量高、燃气较为洁净等优点。由于含二氟氨基的含能预聚物的密度更大、能量更高，目前，二氟氨基含能预聚物的合成与应用正成为继叠氮类、硝酸酯类等含能预聚物之后热固性含能黏合剂研究的热点。富氮含能黏合剂分子中含有大量的 N—N 和 C—N 键，因而具有高的正生成焓，同时其碳、氢含量相对较低，因此表现出双重效应，既能提高含能材料的密度，又容易调节氧平衡。聚磷氮烯系列含能黏合剂中侧链能够 100%被含能基团(如硝基、叠氮基等)取代，实现能量密度的最大化。

3. 金属燃料

金属燃料是固体推进剂的重要组分之一，金属燃料包括单一金属燃烧剂、金属氢化物、金属互化物和储氢合金金属燃烧剂。

含能金属燃料组分是相对简单的，许多高能量的金属燃料单质就是稳定的固体。由于金属燃料分子结构简单，品种也较少，一般为单质和氢化物，如 Al、B、Be 和它们的氢化物已在固体推进剂中进行过深入的应用研究。B 具有高的体积和质量热值，而成为冲压发动机所追求的燃料，Be 因本身性质问题(密度低、燃烧产物 BeO 毒性高)而被固体推进剂研究放弃。高密度金属燃料体系的能量密度变化不大，而产物凝聚相分数提高幅度都较大，能量转化效率降低，比冲都低于金属 Al(GAP/NG/BTTN/CL-20/AP/Al 作为参考配方体系)。金属氢化物替代金属燃料，推进剂配方的化学潜能变化不大，但化学能转化率会有较大提高。储氢合金在推进剂燃烧过程中可释放氢气，氢气可促进氧化剂的燃烧并放出大量热量，提高推进剂比冲，改善推进剂的点火和燃烧性能。金属互化物是指在一定条件下，当形成合金的元素的电子层结构、原子半径和晶体类型相差较大时，金属相互化合而形成的化合物。金属互化物在高温高压条件下进行复合，二次燃烧时将能量释放，释放出的能量高于单一金属燃烧时释放的能量。

4. 增塑剂

惰性增塑剂多数与民用产品通用，可直接商品采购。含能增塑剂主要的品种有硝酸酯类、硝基类、叠氮类、混合型、低聚物、呋咱/氧化呋咱类等。

新型的含能增塑剂的研究方向是具有低感度、高氧含量、高生成焓的增塑剂，如呋咱类增塑剂、叠氮增塑剂、唑类增塑剂，不含热稳定性差的硝酸酯功能团和高感度的硝胺功能团。此外，开发与 HTPB 推进剂相容的含能增塑剂，提升 HTPB 推进剂的比冲和密度比冲。

5. 功能助剂

固体推进剂具有制备过程复杂、性能要求高等特点，需要用到关键的功能性组分。这些功能性组分虽然占整个固体化学能源的质量分数不到 5%，但是对固体推进剂的制备工艺性能、能量可控释放性能和结构完整性能发挥了不可或缺的作用。这些组分的功能主要表现在三个方面：①改善固体组分与黏合剂之间的界面性能；②改善固体推进剂的可控释放性能；③改善固体推进剂的稳定性。

在固体推进剂的设计、开发和应用中，功能助剂是必不可少的重要组分，是显著提升固体推进剂力学性能、燃烧性能、储存性能、安全性能和工艺性能的基础性原材料，具有种类多、规格多、与固体推进剂主材相互作用复杂等特点。固体推进剂功能助剂为起到有效调控配方性能的目的，多含有具有较强吸附作用或酸碱作用的功能基团，如氨基、腈基、硝基、叠氮基等，以及常含有有机金属络合物。

燃速调节剂是调节固体推进剂燃烧性能不可缺少的组分之一，是固体推进剂配方中非常关键的功能材料。燃速调节剂可分为燃速催化剂(增速剂)、燃速抑制剂(抑制剂、负催化剂)。固体推进剂中，常用的燃速催化剂有过渡金属氧化物、过渡金属氟化物、金属盐、二茂铁类、复合燃速调节剂等。降速剂在降低燃速的同时也大幅降低了推进剂的能量性能，需要开发新型含能降速剂，在保持合适的降速水平的条件下，不降低或少降低推进剂的能量性能。

固化剂也向含能化方向发展，固化体系中引入了含能基团，将叠氮基团引入固化剂组分中，合成叠氮多异氰酸酯含能固化剂，叠氮基与碳-碳双键、三键或碳-氮三键发生 1,3-偶极环加成反应，提高了能量。

2.1.2　提高固体推进剂比冲的技术途径

根据比冲计算公式，提升固体推进剂比冲的方法有以下三种[1-4](图 2.2)。

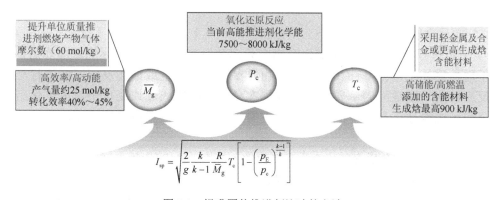

图 2.2　提升固体推进剂比冲的方法

一是充分利用氧化还原反应释放热能，提高推进剂的化学潜能。选用适用于固体推进剂的化学储能更高的含能化合物(如高氮化合物)。

二是充分利用氢元素原子量低且燃烧产物(H_2O、H_2)分子量低的特性，降低燃气平均分子量。

选择燃烧产气量大且气体平均分子量低的添加剂(如高氢含量物质)，实现化学能向动能的高效转化。

三是协调能量、燃烧、力学、工艺、安全、储存等六个方面的性能，设计相匹配的原材料规格、配方组成与装药工艺，实现含能组分化学储能向热能、动能的高效转化，如图 2.3 所示。

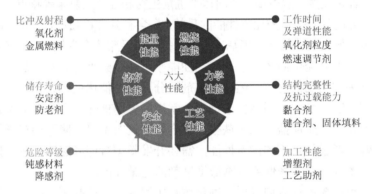

图 2.3　固体推进剂性能与原材料的关系

2.2　提高固体推进剂综合性能对含能材料的需求

单质含能化合物是在外部激发能作用下，可发生激烈的氧化还原反应，快速释放其内能(通常伴有大量气体和热)，形成燃烧或爆炸并对周围介质做功的化合物。

单质含能化合物具有以下三个特点[5-7]。

(1)自行活化：单质含能化合物在外部激发能作用下发生燃烧或爆炸后，不需外界补充任何条件和没有外来物质参与下，燃烧或爆炸反应即能进行至反应完全。这是因为单质含能化合物本身含有燃烧或爆炸变化所需的氧化组分和可燃组分，且燃烧或爆炸时放出的热量足以提供燃烧或爆炸反应所需的活化能。

(2)亚稳态：单质含能化合物在热力学上是相对稳定(亚稳态)的物质，只有在足够外部能激发下，才能引发燃烧或爆炸。

(3)自供氧：常用单质含能化合物的分子内，不仅含有可燃组分，而且含有氧化组分，它们不需要外界供氧，在分子内即可进行化学反应。因此，即使与外界隔绝，单质含能化合物自身仍可发生氧化还原反应甚至燃烧或爆炸。

单质含能化合物含有燃烧或爆炸性基团，其中最重要的有 C—NO$_2$、N—NO$_2$、O—NO$_2$ 三种，它们分别构成三类最主要的单质含能化合物：硝基化合物、硝胺及硝酸酯。

RDX、HMX、CL-20 是典型硝胺单质含能化合物，因具有较高的爆压和爆速，适用于以高效毁伤能力为需求牵引的混合炸药；TNT 具有熔点低、感度低特性，主要用于熔铸炸药；TATB 具有安定、钝感、耐热特性，是美国能源部目前批准的唯一单质钝感含能化合物，常用于核航弹、核弹头及制备以 TATB 为基的塑料黏结炸药，也被用作活性钝感剂及其配方的主炸药。

以 RDX、HMX、CL-20 为代表的 CHNO 类高生成焓、较高有效氧含量与氢含量的共价键型单质含能化合物部分取代 AP 后，因为增加了固体推进剂单位质量的热释放量，降低了燃烧产物的气体平均分子量，增加了推进剂的比冲。TNT、TATB 由于低的有效氧含量、低的生成焓，不适用于固体推进剂。

表征固体推进剂含能化合物主要性能的指标有密度、标准生成焓、安定性、相容性、感度等。

1. 密度

单质含能化合物的密度是指单位体积内所含的含能化合物质量。含能化合物的体积若为晶体本身的体积，则为晶体密度；若为具有一定形状的装药或药柱制成品的体积，则为装药密度；若为容器内装填炸药的体积，则为装填密度。

美国及我国军用标准都规定固态单质炸药的晶体密度可采用密度瓶法进行测定：该法所用设备为密度瓶，瓶中装入试样及一种不溶解也不膨胀试样的液体介质，由试样排出的介质质量计算试样的密度。

堆积密度，又称假密度或表观密度，采用标准容器法进行测量，即在规定条件下，充满标准容器的炸药质量与容器容积之比。测量时，将试样置于装药容器中，测定自由落满容器的试样的质量，根据接收容器的容积求出堆积密度。

装填密度，测定装填于弹体(如炸弹、炮弹)中的单位体积炸药的质量。

2. 标准生成焓

单质炸药的标准生成焓是标准状态的稳定单质合成标准状态的炸药分子所发生的焓变，是进行炸药热力学参数和爆轰参数计算的基本数据，它直接影响爆热，进而影响爆温、爆速、爆压、做功能力等。

测定单质炸药的标准生成焓($\Delta_f H^\ominus$)时，可测定炸药完全燃烧反应的标准焓变$(\Delta_{c}H^{\ominus})$，再按赫斯定律计算得到标准生成焓。

$\Delta_{f}H^{\ominus}$ 等于燃烧产物标准生成焓总和减去 $\Delta_{c}H^{\ominus}$。

3. 安定性

安定性是指在一定条件下，炸药保持其物理、化学性能不发生超过允许范围变化的能力，它对炸药的制造、储存和使用有重要的实际意义，是评价炸药能否正常使用的重要性能之一。单质炸药安定性可分为物理安定性及化学安定性，前者指延缓炸药发生吸湿、渗油、老化、机械强度降低和药柱变形等的能力，后者指延缓炸药发生分解、水解、氧化和自动催化反应等能力，两者是互相关联的。

单质炸药的化学热安定性对炸药制造、储存和使用具有重要实际意义，它与炸药的分子结构、相态、晶型及杂质含量等有关。一般而言，可用炸药的初始热分解反应速率常数粗略评估炸药的最大热安定性，这种初始反应的半衰期 $\tau_{1/2}$ 等于 $\ln(2/k)$，所以半衰期也可用于表征炸药的化学热安定性。但实际上，炸药绝不允许达到半衰期对应的分解程度，因而常用分解5%或小于5%所需的时间来评估炸药的热安定性。

单质炸药的化学热安定性的测定方法很多，其基本原理是测定试样在一定条件下的质量变化或能量变化，如真空安定性法测定气态产物体积(或压力)，热重分析(TGA)测量反应热效应等。宜以多种测定方法综合评价单质炸药的化学热安定性，且有时还需在接近实际储存温度下进行常储试验。中国规定可采用真空安定性试验(压力传感器法)、差热分析（DTA）和差示扫描量热（DSC）法、微量量热法、气相色谱法、100℃加热法及75℃加热法等多种方法测定单质炸药的化学热安定性。

4. 相容性

炸药的相容性是指炸药与其他物质混合或接触时，所构成的系统与各组分相比，在规定时间和一定条件下，其物理、化学、爆炸性能改变的情况，也称配伍性，是衡量炸药能否安全使用的重要标志之一。

相容性可分为化学相容性及物理相容性，前者是指系统化学性质的变化，常指在一定温度、一定湿度下，系统内某种物质对指定物质是否引起或是否加速化学变化的情况。弹药行业所指的相容性，一般是指化学相容性。物理相容性是炸药系统物理性能的变化。

目前测定相容性的最好方法是将有关组分混合或接触，在模拟使用条件下，进行常储或加速试验，再测定系统有关性能的变化。

5. 感度

感度是指炸药在外界能量作用下发生爆炸的难易程度。此外界能被称为初始冲能或起爆能，通常以起爆能定量表示炸药的感度。感度是炸药能否使用的关键指标之一，是炸药安全性和作用可靠性的标度。感度具有选择性和相对性，前者指不同的炸药选择性地吸收某种起爆能，后者则指感度只是表示危险性的相对程度。对炸药感度的评价宜结合多种试验综合进行。根据起爆能的类型，炸药感度主要分为热感度、撞击感度、摩擦感度、起爆感度、冲击感度、静电火花感度、激光感度、枪击感度等。

1) 热感度

热感度是指炸药在热作用下发生燃烧或爆炸的难易程度。热引起的自催化反应或自由基链式反应均能加速炸药分解而导致燃烧或爆炸。热感度可用爆发点或火焰温度表示。爆发点是炸药在一定试验条件及一定延滞期(从开始加热到发生爆炸的时间，一般定为 5 s)下发生燃烧或爆炸的温度，可用等速升温法和恒温法进行测量。火焰感度则以炸药受到导火索或黑火药柱燃烧发生的火星或火焰作用时，试样以 50%发火距离、100%发火的最大距离或 100%不发火的最小距离表示。

2) 撞击感度

撞击感度是指在机械撞击作用下，炸药发生燃烧或爆炸的难易程度。可用落锤法及苏珊(Susan)试验测定。

落锤法采用落锤仪，测定时，使重锤自由落下撞击装有试样的撞击装置，观察试样是否发生爆炸，结果以以下几种方式表示：①爆炸百分数，即以一定质量落锤从一定高度撞击炸药时发生爆炸次数与试验次数之比。常用落锤质量为 10 kg，落高为 25 cm，一般实验 25～50 次。②发生 50%爆炸的落高(称为特性落锤高或临界落高)，普遍采用升降法测定，或者由感度曲线求得。③上限或下限，前者是 100%爆炸的最小落高，后者是 100%不爆炸的最大落高。平行试验 10 次或 25 次。④6 次试验中发生一次爆炸的高度，按固定间隔升降落锤求得。

3) 摩擦感度

摩擦感度是指在摩擦作用下，炸药发生燃烧或爆炸的难易程度。常用摩擦摆测定，以一定试验条件下试样的爆炸概率或以不同挤压压强对爆炸概率所得到的摩擦感度曲线表示。

4) 起爆感度

起爆感度是指在起爆药、传爆药或其他猛炸药的直接作用下，炸药发生爆轰的难易程度，也称爆轰感度。一般以最小起爆药量(极限药量)表示，它是指在一定试验条件下，使猛炸药完全爆炸所需的最小起爆药量。此量越小，猛炸药的起爆感度越高。最小起爆药量还与试验条件(如炸药颗粒度和装药密度等)有关。起爆感度也可用临界引爆药量(被试炸药发生 50%爆轰所需的某种引爆药量)和能直接引爆药柱的雷管型号表示。

5)冲击感度

冲击感度是指炸药在冲击波作用下发生爆炸的难易程度。冲击波起爆是炸药起爆的主要形式,冲击波感度对评价炸药的起爆和安全性都具有十分重要的意义,它反映炸药是否具有良好的战地生存能力和准确、可靠的起爆性能。测定方法有隔板试验、楔形试验及殉爆试验等。

6)静电火花感度

静电火花感度是指在静电放电作用下,炸药发生燃烧或爆炸的难易程度。静电火花感度包括两个方面,一是炸药是否容易产生静电和积累静电量,二是炸药对静电放电火花是否敏感。一般用试样 50%爆炸所需电压 V_{50} 及静电火花能量 E_{50} 表示。

7)枪击感度

枪击感度又称炮射体撞击感度,是指在枪弹等高速抛射体撞击下,炸药发生燃烧或爆炸的难易程度。落锤撞击炸药是低速撞击,抛射体撞击炸药是高速撞击,后者比前者更能准确评价炸药在使用过程中的安全性和起爆感度。中国规定采用 7.62 mm 步枪和普通枪弹,以 25 m 的射击距离射击裸露的药柱或药包,观察其是否发生燃烧或爆炸。以不小于 10 发试验中发生燃烧或爆炸的概率表示试样的枪击感度。也可采用 12.7 mm 机枪法测定固体炸药的枪击感度,此法是根据试验现象、回收的试样残骸及破片和实测空气冲击波超压综合评定试样的感度。美国军用标准规定用 12.7 mm×12.7 mm 铜柱射击裸露的压装或铸装药柱,通过增减发射药量调节弹速,用升降法测定发生 50%爆炸所需的弹丸速度。欧洲标准是以直径为 15 mm、长度不小于 10 mm 的黄铜弹丸射击直径 30 mm 的试样,找出引起炸药爆炸的最低速度。当用低于该速度 10%范围内的弹丸速度进行四发射击,如都不引起药柱反应,则确认该速度为极限速度。

2.2.1 提高推进剂比冲对含能组分的需求

提高能量、降低感度和提高环保性能是未来含能材料研究的三个主要方向,然而,根据物理化学的能量最低原则,化学含能物质能量的提高是有限度的,通过分子的特殊结构,如笼型化合物、高氮杂环、氢键和基团的对称堆积是含能化合物稳定化的主要途径。因此设计能量更优的含能有机化合物应一方面重点选择独特的含能结构(图 2.4),如笼型分子、张力环、硝基、呋咱、四嗪;另一方面在母体结构上添加含能基团,如—N₃、—ONO₂、—NNO₂、—NO₂、—CN、—NF₂,以及一些四唑和三唑基团,掌握含能基团密堆积和稳定性的关系等[8-10]。

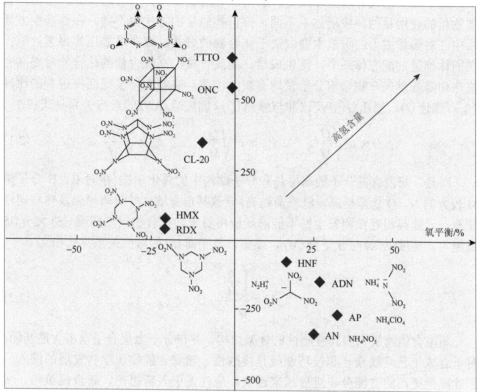

图 2.4　含能化合物的设计方向

另一重点考虑的是基团的能量、氧化能力和紧密堆积氧化基团氧化能力，常见含能基团氧化能力的大小为

$$F^- > OF^- > NF_2 > ClF_2 > O^- > NO_3^- > ClO_4^- > NO_2^- > ClO_3^-$$

提高比冲，需要正生成焓或低负生成焓的燃料和氧化剂，氢元素不仅是优异的燃料，而且是期望的排气产物。

围绕提升化合物能量的诉求，从分子层面形成了两种主要的设计策略：①通过分子内氧化基团和可燃骨架氧化还原反应获取能量，代表性化合物是 RDX、HMX 等；在此基础上，利用环状或笼型分子骨架的张力能进一步提升分子的能量，代表性化合物是六硝基六氮杂异伍兹烷（CL-20）、八硝基立方烷（ONC）等；②高氮杂环分子中的 N—N、N＝N、C—N、N—O 键赋予骨架更高的能量，代表性化合物是 3,4-二硝基呋咱基氧化呋咱（DNTF）、3,3′-二硝基-4,4′-偶氮氧化呋咱（DNAF）、连四嗪四氧化物（TTTO）等；在此基础上，致力于能量更高的全氮化合物的研发。

基于以上的设计理念和策略，制备了一些能量提升的含能物质。然而，含能物质的使用目的、应用体系不同，评价其能量的方法也不同。在炸药配方体系中，对爆炸威力的贡献主要取决于化合物的爆热、爆速及爆压等爆轰性能；在固体推进剂配方体系中，高生成焓、高氧含量、高氢含量的化合物对提高燃烧热和降低燃气产物平均分子量均有较大增益，能够大幅度提高推进剂的比冲（I_{sp}）。爆速（D）、爆压（P_{CJ}）及比冲与爆热（Q）、燃烧焓（ΔH）的对应关系见式（2.1）。

$$D \propto \rho^4 \sqrt{\frac{Q}{M}} \qquad P_{CJ} \propto \rho^2 \sqrt{\frac{Q}{M}} \qquad I_{sp} \propto \sqrt{\frac{\Delta H}{M}} \tag{2.1}$$

而且，新型含能分子的高爆热和分子结构中的弱化学键（相对 C、H 分子量 M 较大的 N、O 含量越高，氧平衡越高）导致其自身敏感性显著增强及热稳定性变差，导致其相容性和安全性不能满足应用要求。化合物撞击感度（IS）大小（IS 值越大，感度越低）与分子量（M）、爆热、氧平衡（α）的对应关系见式（2.2）。

$$IS \propto \frac{\left(\dfrac{\rho}{M}\right)^x}{Q^y \cdot \alpha^z} \tag{2.2}$$

新型含能物质大多具有刚性的骨架结构，并在分子上集合了众多含能基团，对于合成工艺路线设计和技巧都极具挑战性。随着含能物质学科发展的深入，创建能量更高的含能分子难度越来越大，应注重引入新思想、新合成策略，实现靶向合成、定向调控含能分子的结构和性能，以加快下一代含能物质的研发效率。

此外，含能物质晶体是其使用的最终结构形式，在晶体堆积过程（结晶）中，分子间的相互作用与结晶条件决定晶型和晶体品质（纯度、形貌、缺陷、颗粒度与分布等），决定其作为产品应用的适宜性。

传统 CHNO 类含能炸药（RDX、HMX 等）、非常规化学键含能物质〔全氮化合物、金属氢、分数量子氢、气态自由基（H⁻、O⁻、N⁻、F⁻）、激发态物质等〕、原子物理能（核异构体、传统核能、反物质等）等均为可储存能源，都可作为炸药、推进剂能量组分，成为高效毁伤、远程投送的动力。不同含能物质对推进剂比冲的贡献见图 2.5。

尽管彻底解决这些储能材料制备、工艺放大、储存和应用等多方面的技术难题需要相当长的时间，但是化学储能技术的提升是直接促进固体化学能源发展的关键因素之一。因此，寻求更高储能材料的研究从未停止过。

新型含能物质的创制，将极大地影响和决定复合材料的最终效能，对固体化学能源的高效应用具有关键支撑作用。

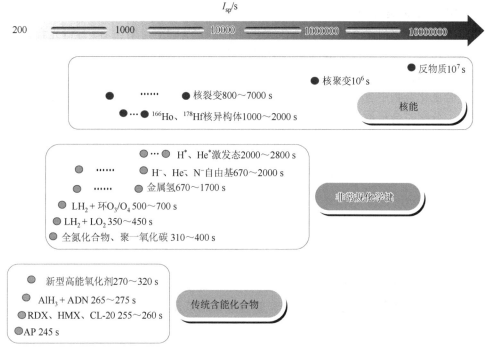

图 2.5　含能物质品种对推进剂比冲的贡献

含能物质的研发主要分为两个层面,即分子层面和晶体层面。

1. 分子层面

含能分子的合成一直是含能材料领域的热点研究之一。在提高能量方面,通过对现有含能分子的分析,研制新型更高能量的传统 CHNO 类含能分子及非常规化学键分子成为主要发展趋势。

1) 富氮杂环类含能离子盐

该离子盐具有高生成焓的分子骨架,通过硝胺化、羟基化及氧化等策略可以实现靶向合成、定向调控含能离子盐的结构和性能。德国慕尼黑大学和美国爱达荷大学从基础探索角度开展了大量氮杂环含能离子盐的合成和计算爆轰性能的研究,追求含能分子能量的突破以及寻找能量与感度兼具的含能分子。

2) CHNO 共价键型含能分子

该类含能分子具有高氮含量的稠环结构、桥连骨架及共轭平面离域大 π 键结构。俄罗斯科学院泽林斯基有机化学研究所和美国橡树岭国家实验室均致力于共价键型含能骨架的构建。

3）B、F基含能材料

该类含能材料是在传统CHNO类含能分子的基础上，增加B、F等元素。美国南加州理工学院专注于含能小分子和硼基含能材料的研究。

4）全氮化合物

全氮化合物中含有大量的N—N键，如图2.6所示，因而具有非常高的正生成焓，分解时会释放出大量的纯氮气，产生巨大的能量。

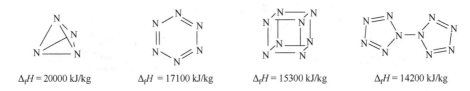

$\Delta_f H = 20000$ kJ/kg $\Delta_f H = 17100$ kJ/kg $\Delta_f H = 15300$ kJ/kg $\Delta_f H = 14200$ kJ/kg

图2.6　全氮化合物结构式

除了发展传统CHNO类含能物质外，还应重视多学科交叉在新型含能材料创制中的协调促进作用，引入新思想、新合成策略以及极端条件下的合成技术等，以加快新一代含能化合物的研发。

5）金属氢

在极限压力条件下，固态氢分子的电子会溢出成为体系的共享电子，形成金属键，得到金属氢，金属氢在转变成气态氢的过程中释放出138 MJ/kg的能量。

6）化学量子能储能

电子向更低的能级跃迁，就可以产生更低的能量，形成更强的化学键，放出更高的能量，只有在向“能穴”共振能量转移的触发下，才有释放过能的条件，代表性物质为分数量子氢。

7）亚稳态或激发态储能

电子从较低能级向较高能级跃迁，就形成激发态，分子能量升高。包括化学键激发态储能（H_4、FN_3、Li_3H）、含能基态储能（$\alpha\text{-}N_2O_2$、O_6、ClF_5O）、亚稳态储能（Li_n、N_5^+、N_3^+、H^-、Rg_nX^-）、超价态储能（$FKrOKrF$、NH_4^-、NF_4^-、CH_5^-）、张力储能（MgC_2、B_2Be_2、N_2CO）等。

2. 晶体层面

含能物质晶体是其使用的最终结构形式，是决定其宏观性质的本质结构因素之一。在含能物质晶体堆积过程（结晶）中，分子间的相互作用与结晶条件决定晶型和晶体品质（纯度、形貌、缺陷、颗粒度与分布等），决定其作为产品应用的适宜性。含能化合物结晶动力学研究、晶型控制理论、晶型控制剂选用和晶型控制技术、共晶技术、纳米化技术等，已成为促进含能化合物发展的具有特殊意义的关键技术。建立考虑结晶介质和温度效应的晶体形貌预测的新模型,形成结晶特性控制技术,全面提升晶体质量控制水平,满足应用过程中安全性能、工艺性能、能量释放可靠性、长储性等方面的需求,为其广泛应用奠定基础。

含能物质晶体是由含能有机小分子通过多种弱相互作用堆积而成的。在含能物质晶体堆积过程(结晶)中,分子间的相互作用与结晶条件决定晶型和晶体品质(纯度、形貌、缺陷、颗粒度与分布等),而不同的晶型与晶体品质展现出不同的热、力响应性能,相同组分的含能晶体由于不同的形状和尺寸也会导致感度、流散性等性能存在显著差异,进一步决定其作为产品应用的适宜性。高品质球形RDX、HMX、CL-20 形貌见图 2.7。

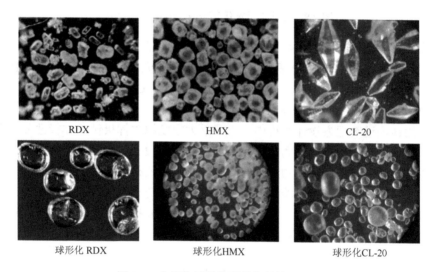

RDX　　　　　　HMX　　　　　　CL-20

球形化 RDX　　　　球形化HMX　　　　球形化CL-20

图 2.7　含能物质晶体形貌控制前后对比

根据固体推进剂能量(比冲)计算公式,

$$I_{sp} = \sqrt{\frac{2}{g}\frac{k}{k-1}\frac{R}{\overline{M}_g}T_c\left[1-\left(\frac{p_E}{p_c}\right)^{\frac{k-1}{k}}\right]}$$

固体推进剂的能量与燃温 T_c 成正比,与燃气平均分子量 $\overline{M}_g$ 成反比。固体推进剂常用氧化剂硝酸铵(AN)、高氯酸铵(AP)、二硝酰胺铵(ADN)等生成焓均为负值,本身能量很低,当固体推进剂引入金属 Al 粉增加燃烧的放热量(16.4×10^3 kJ/kg)时,密闭环境下放热量的增加会导致燃温显著增加,从而使固体推进剂的能量(比冲)可以达到相当高的水平,提高推进剂化学储能对推进剂能量的影响随含能材料体系热量的增大而增大,如图 2.8 所示[11-13]。

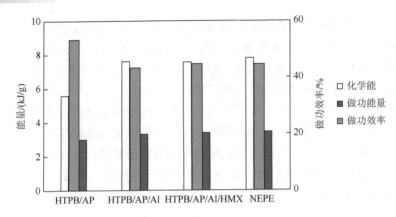

图 2.8　固体推进剂化学储能及能量转换效率

在固体发动机中，为提高固体推进剂的工质的量，即提升热能转换效率，一般会牺牲部分化学能(即 CO 氧化成 CO₂ 及 H₂ 氧化成 H₂O 释放的热量)为代价。因此，固体推进剂能量最高点喷口主要产物为 N₂、CO、H₂、HCl 和 Al₂O₃，CO、H₂ 分子量远高于 H₂O 和 CO₂。

在固体推进剂配方设计过程中，为了最大限度地发挥极性和非极性分子之间的化学储能，对含能物质之间的比例会进行精细化设计，尤其是优化能促进燃烧和发挥分子间储能的氧化性物质(称为氧化剂)，保证整个体系的氧平衡，可以实现后期固体推进剂分子间储能更为充分、高效和便捷地释放。通常固体推进剂配方中氧化剂的含量超过 50%，采用含能氧化剂是提高推进剂化学储能最直接、最有效的技术途径[14-16](表 2.1)，主要体现在以下方面。

表 2.1　可能用于设计新型氧化剂的含氧(原子)源

含氧源	优点	缺陷
CO_3^{2-}		不含能
NO_3^-	有效氧含量高	稳定性差，吸湿性强
ClO_4^-	有效氧含量高	毒性大，能量低
O_2^{2-}		稳定性差，易爆
$C(NO_2)_3$	有效氧含量高	硝仿盐的稳定性差，需要以 C 为骨架稳定化
$C—NO_2$	稳定性好	生成焓贡献为-81.2 kJ/mol
$—NNO_2$	162.2 kJ/mol 的生成焓贡献	往往需要以 C 为骨架，有效氧含量降低
$—N(NO_2)_2$	185.1 kJ/mol 的生成焓贡献	稳定性差，成本高
$—ONO_2$	有效氧含量高	稳定性差，生成焓贡献为-66.2 kJ/mol

（1）AP 是当前固体推进剂常用的氧化剂，其生成焓低，产气量较小，以其为氧化剂的固体推进剂能量水平和能量利用率均较低。

高氯酸根离子、二硝酰胺根离子、硝仿根离子、多氮硝胺根离子等高密度含氧（原子）源的结构式如图 2.9 所示。

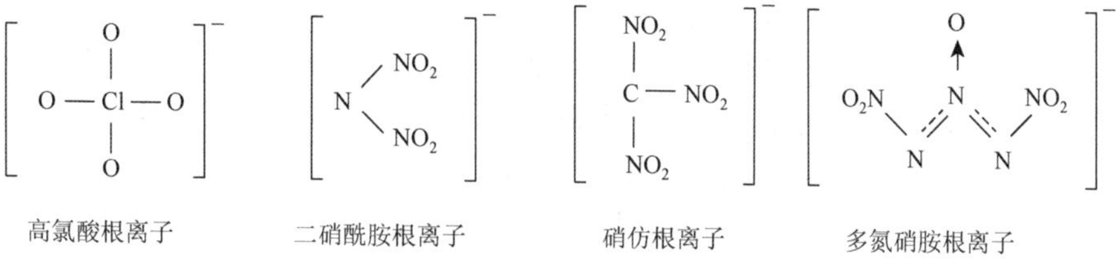

高氯酸根离子	二硝酰胺根离子	硝仿根离子	多氮硝胺根离子

图 2.9　一些高密度含氧源的结构式

固体推进剂配方设计时，新型含能氧化剂的选择应满足以下几点要求：密度 $\rho \approx 2.0$ g/cm^3，高的氧平衡 $\Omega_{CO} \geqslant 25\%$（以 CO 计），高的热稳定性（分解温度 $T_{dec} \geqslant 150℃$），低感度（撞击感度 $\geqslant 4$ J，摩擦感度 $\geqslant 80$ N，静电感度 $\geqslant 0.1$ J），较高的生成焓，与燃料及黏合剂相容性好。其中含能氧化剂的高密度生成焓是固体推进剂分子间储能的基础，因此寻找合适的氧含量高且密度生成焓高的物质对于固体推进剂的分子间储能尤为关键。

（2）在探索高有效氧含量的含氧源分子的同时，寻找高生成焓并含有氧化性基团的分子成为固体推进剂氧化剂的重要研究方向。有机含能氧化剂主要作为固体推进剂的一种辅助氧化剂，零氧平衡基础上具有高密度和高生成焓的化合物如连四嗪四氧化物（TTTO）、氧化双四唑胺羟胺盐、八硝基立方烷（ONC）对于固体推进剂体系分子间储能非常重要。虽然这类氧化性有机化合物的含氧量低，但是其密度生成焓高，且在氧化还原反应中不会消耗氧，因此它与氧化剂和还原剂之间的分子作用方式更为简单直接，其化学键能的释放也更为充分，图 2.10 给出了 TTTO、氧化双四唑胺羟胺盐和 ONC 的结构式。

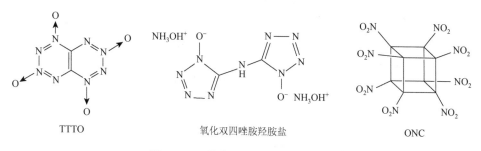

图 2.10　一些高质量生成焓的化合物

（3）在改善推进剂用氧化剂性能的同时，国内外研究人员在高热值的功能材料结构设计方面也开展了大量的工作。具体开发的基于分子间作用的高热值功能材料包括以下几种。

①纳米复合含能材料。在复合含能材料中，一方面期望的能量密度可通过按一定比例混合的氧化剂与燃料获得，氧化剂与燃料的完全平衡将达到最大的能量密度；另一方面，调节含能物质粒径或尺寸也可以提高能量密度，如纳米复合含能材料结合了纳米含能材料的优异热力学性能和含能物质的优异动力学特性，而采用先进的复合纳米氧化剂和燃料的制备方法可以获得需要的高能量密度。因此，基于不同的应用目的，复配设计及复合工艺将决定固体化学能源的高效储存及转换。开发纳米复合含能材料的主要目的是提高比表面积、反应组分之间结合的紧密程度、反应速率，减少点火延迟，同时提高安全性。

②金属复合含能材料。金属复合含能材料不仅实现了氧化剂和金属燃料在纳米尺度的均匀复合，可充分发挥现有含能化合物的潜能，提高燃烧剂活性组分的含量，还能够使目前一些能量高但感度也高、稳定性和组分相容性较差的新型含能化合物获得实际应用，从而有效提高能量和能量利用率。

用于制备金属复合含能材料的方法按制备手段分为物理法和化学法，物理法是指用外加物理手段如气流、液流或其他机械力冲击含能材料的颗粒，使其在外加力场（如冲击、挤压、碰撞、剪切、摩擦等）作用下，发生颗粒断裂、破碎，从而达到细化、分散的目的。化学法是指采用各种化学原理，通过化学过程控制含能组分颗粒的长大，使其细化并分散均匀。

利用氢键、π···π 堆积作用、离子···π 等各种分子间弱作用力，笼型骨架化合物与含能化合物组装，通过含能基团的修饰实现对笼型骨架结构的优化，制备新型含能金属有机骨架材料（MOFs）（图 2.11），实现性能的增强与复合。

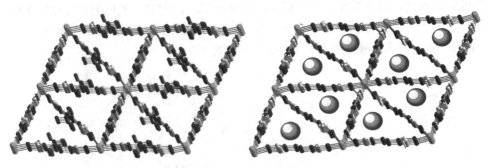

图 2.11 3D 含能金属有机骨架材料

③复合含能材料微纳米结构精细构筑。多尺度固体化学能源是一种崭新

结构的含能材料，在分子或纳米尺度上实现含能材料的精细组装，具有提高能量利用效率和改善性能的双重意义，是一种具有广泛应用前景的技术，具有能量更高、能量释放速率可控（尺寸大小）、多功能性（可进行多组分复合）等优点。

2003 年国外提出了纳米复合微单元材料这一概念，利用特殊技术手段，将两种或多种氧化剂-可燃剂在纳米尺度均匀复合、精确组装制备出了具有精确化学配比的高能量密度多元纳米复合微单元材料（MFC，其结构示意图见图 2.12）。由于多元纳米复合微单元材料具有结构精细、可控、可设计的显著特点，其应用能为含能材料带来一系列性能的提高和改善。一是可以有效提高含能材料的燃烧效率，更好地发挥现有含能物质的分子间储能；二是有效改善安全性和组分相容性，使一些分子内储能量高但感度也高，稳定性和相容性较差的含能物质（ADN、AlH$_3$ 等）在含能材料中的工程应用变成现实；三是丰富含能材料的性能调节手段，并赋予其多功能性，有效改善其综合性能。

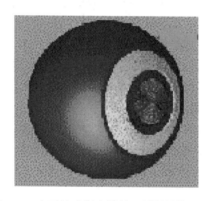

图 2.12　多元纳米复合微单元材料结构示意图

④石墨烯基含能材料的自组装。石墨烯是一种由碳原子以 sp^2 杂化轨道组成六角型呈蜂窝晶格的平面薄膜，其只有一个碳原子的厚度。石墨烯独特的晶体结构使其具有许多独特的性能，利用其热导性和超大的比表面积可以实现对含能材料的处理。石墨烯基含能材料对于固体化学能源能量的高效存储和释放都非常重要，目前这一领域的研究多数集中于对新型炸药的降感，如石墨烯包覆 CL-20、HMX、塑性粘接炸药（PBX），石墨烯@AlH$_3$、石墨烯@Al、石墨烯@ADN 和石墨烯负载金属氧化物等。石墨烯@AlH$_3$ 可以改善 AlH$_3$ 的热稳定性和化学稳定性，减少 AlH$_3$ 的自分解，提高 AlH$_3$ 基固体化学能源的储能稳定性。石墨烯@Al 可以改善 Al 的燃烧特性，显著提升 Al 粉燃烧热的后期释放。石墨烯@ADN 主要是改善 ADN 的吸湿性和抑制转晶，提

高 ADN 基固体化学能源的稳定性。金属氧化物作为固体化学能源的燃烧性能调节剂，对于石墨烯的燃烧和能量释放非常关键。石墨烯负载金属氧化物后可以提高金属氧化物与固体化学能源中含能物质的有效接触，改善含能物质的燃烧效果，充分发挥其化学潜能。

2.2.2 作为固体推进剂组分的能量潜力分析

为了获得固体火箭推进剂的新型含能组分，研究人员对不同结构的新型高生成焓高氮化合物开展了大量的研究工作。由于许多有前景的化合物的合成非常困难，并且这些化合物存在的可能性也不能完全确定，因此在致力于合成新化合物之前，应预先评估其性能特征，主要包括它们的生成焓和密度，这将决定它们作为固体推进剂组分的能量潜力。

为了探究高生成焓高氮化合物作为固体推进剂组分的能量潜力，研究人员[17]研究了五种尚未合成出来的四唑类衍生物化合物 I ～ V（图 2.13），并评估了它们的生成焓、密度等一些特性。尽管还仍然处在设计阶段，但这些化合物的一个有趣的特性将它们与其他高生成焓高氮有机化合物区分开来，即它们有极高的氮含量（62%～75%，质量分数），而大多数目前广泛研究的多氮高焓有机化合物（二硝基偶氮氧化呋咱、偶氮及氧化偶氮呋咱的硝基衍生物、吡唑与三唑及许多其他化合物）的氮含量一般只能达到 40%～45%。

化合物 I ～ V 的生成焓预估为约 3000 kJ/kg（表 2.2），并且密度的预估值也很高（$1.84～1.95 \text{ g/cm}^3$）。若化合物 I ～ V 能够被合成出来，则可以考虑作为含能材料的新型组分，研究人员评估了以化合物 I ～ V 为主要组分的复合固体推进剂（SCP）的能量性能。

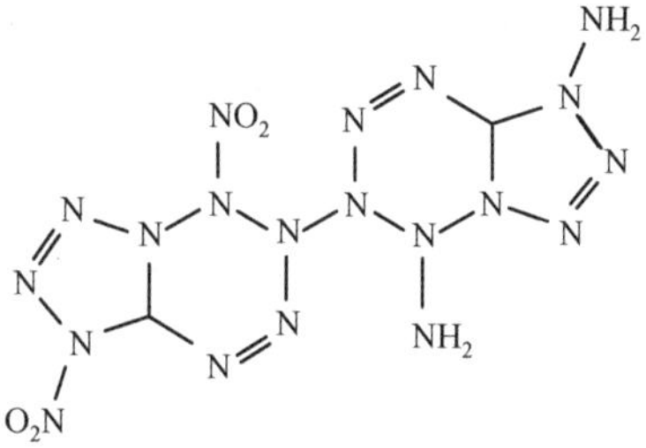

图 2.13　化合物 Ⅰ～Ⅴ 的结构式

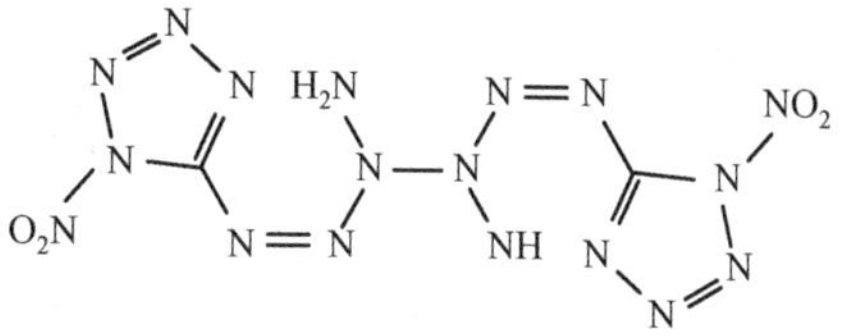

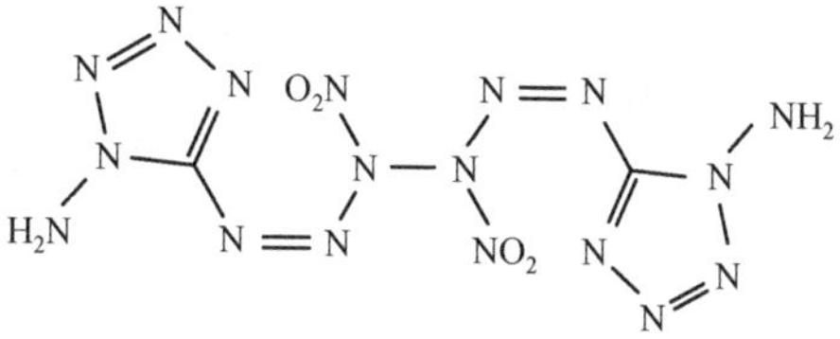

表 2.2　化合物 Ⅰ～Ⅴ 的计算性能

化合物	分子式	$\rho/(g/cm^3)$	$\Delta_f H^{\ominus}/(kJ/mol)$	$\Delta_f H^{\ominus}/(kJ/kg)$	氮含量/%	α
Ⅰ	$C_2N_{18}O_8$	1.95	1210	2995	62.4	2.00
Ⅱ	$C_2H_2N_{20}O_8$	1.92	1274	2935	64.5	1.60
Ⅲ	$C_2H_4N_{18}O_4$	1.84	1036	3012	73.3	0.67
Ⅳ	$C_2H_4N_{18}O_4$	1.86	1036	3012	73.3	0.67
Ⅴ	$C_2H_6N_{20}O_4$	1.90	1100	2941	74.9	0.60

注：ρ 是密度，$\Delta_f H^{\ominus}$ 是标准生成焓，α 是分子的氧饱和系数［对于 $C_xH_yN_zO_w$，$\alpha = 2w/(4x+y)$］。

　　研究人员发现：对于氮含量很高的含能化合物，当它们的生成焓远高于具有正常氮含量（最高 40%）的含能化合物的生成焓时，向复合固体推进剂中添加铝粉会终止推进剂比冲的增加。

　　单元推进剂比冲 I_{sp} 是在含能化合物是推进剂配方的唯一组分的情况下进行计算而得到的[18]，基于这样的方法得到的 I_{sp} 值，评估任何物质作为复合推进剂组分的前景都是没有意义的，因为在没有一定量的聚合物黏合剂的情况下制造 SCP

是不可能的。另外，SCP 中各组分的比例还要不断优化，从而实现最佳的弹道效率[19]。如果以单元推进剂比冲评估 SCP 组分的能量特性，那么二硝酰胺铵(氧化剂 ADN)几乎是可用氧化剂中最差的，但事实恰恰相反。

研究人员基于 HTPB 推进剂和 NEPE 推进剂设计了两类固体推进剂配方来评估高生成焓高氮化合物的能量潜力，配方包含主要组分化合物 I ~ V 和两种典型黏合剂之一：常见烃类黏合剂[20](HCB，$C_{72.15}H_{119.21}O_{0.68}$，标准生成焓 $\Delta_f H^{\ominus} = -393 \text{ kJ/kg}$，$\rho = 0.92 \text{ g/cm}^3$)和活性黏合剂(AB，$C_{18.96}H_{34.64}N_{19.16}O_{29.32}$，$\Delta_f H^{\ominus} = -757 \text{ kJ/kg}$，$\rho = 1.49 \text{ g/cm}^3$)。

使用 TERRA 代码计算高温化学平衡完成了对比冲 I_{sp} 和燃烧室中温度 T_c 的计算(燃烧室中的压力和喷嘴出口处的压力分别为 4.0 MPa 和 0.1 MPa)，如表 2.3 和表 2.4 所示。

表 2.3　基于 HCB 和两种氧化剂(I 或 II)之一的配方的能量特性

| 主要成分 | 氧化剂的含量/wt% | HCB 含量/% | | $\rho/(\text{g/cm}^3)$ | T_c/K | I_{sp}/s |
		质量分数	体积分数			
	90.6	9.4	18.0	1.764	3651	262.7
I	90.5	9.5	18.2	1.763	3648	262.5
	90.0	10	19.1	1.754	3629	261.8
	91.0	9.0	17.0	1.734	3548	261.0
II	90.4	9.6	18.0	1.724	3505	259.2
	90.0	10.0	18.7	1.717	3475	258.4

表 2.4　基于 AB 和三种氧化剂(III、IV 或 V)之一的配方的能量特性

| 主要成分 | AB 含量/% | | $\rho/(\text{g/cm}^3)$ | T_c/K | I_{sp}/s |
	质量分数	体积分数			
	14.0	16.7	1.781	3391	251.8
	14.5	17.3	1.779	3387	251.7
III	15.0	17.9	1.777	3383	251.6
	16.0	19.0	1.773	3375	251.4
	17.0	20.2	1.769	3368	251.2

续表

主要成分	AB 含量/%		$\rho/(\mathrm{g/cm^3})$	T_c/K	I_{sp}/s
	质量分数	体积分数			
	13.0	15.7	1.802	3398	251.0
	14.0	16.9	1.798	3390	251.8
IV	15.0	18.1	1.793	3383	251.6
	16.0	19.2	1.789	3375	251.4
	20.0	23.8	1.772	3344	250.6
	13.0	16.0	1.834	3260	249.3
	14.0	17.2	1.830	3253	249.1
V	15.0	18.4	1.825	3246	248.9
	16.0	19.5	1.820	3239	248.7
	20.0	24.2	1.801	3210	247.9

由于配方含铝，燃烧产物中存在凝聚相，从而导致实测 I_{sp} 值产生损失，并且估算出损失的大小为每 1%铝造成 0.22%的 I_{sp} 损失[21]，因此在本工作中，比较不同配方的能量参数是将两相流损耗对比冲的影响考虑在内的。

$$I_{sp}^{*} = I_{sp}(1-0.0022\,[\mathrm{Al}])$$

其中，[Al] 为配方中铝的含量。

为了使推进剂获得令人满意的未固化时的流变特性和固化装药后的力学特性，SCP 必须包含不少于 18%～19%(体积分数)的聚合物黏合剂，因此对 I_{sp} 和 T_c 的计算是在配方中黏合剂的体积分数接近 18%～19%的情况下进行的。

研究显示：主要组分的氮含量高(高达 65%～75%)，生成焓约为 3000 kJ/kg，甚至更高，向推进剂配方中添加少量铝粉仍会略微提高 I_{sp}，这与 $\Delta_f H^{\ominus}$ 的值相同但氮含量一般(40%～45%)的化合物的情况并不相同。

为了确定这种现象的详细机理，研究人员考虑了三种假想化合物，它们具有不同的生成焓、氮含量和分子的氧饱和系数 α [对于通式为 $C_xH_yN_zO_w$ 的分子，$\alpha = 2w/(4x+y)$]。基本化合物是 $C_6N_xO_8(\alpha=0.667)$、$C_6N_xO_9(\alpha=0.75)$ 和 $C_4N_xO_8(\alpha=1.0)$——三种化合物都有各自的 α 值，随着 x 从 8 增加到 17，分子中氮含量大约从 35%增加到 75%。所有符合 15 种通式的化合物的生成焓 $\Delta_f H^{\ominus}$ 在 1000～4000 kJ/kg 的范围内变化，变化幅度为 1000 kJ/kg。

研究人员计算了下列配方的比冲：黏合剂 AB(15%) + Al(最高 10%) + 上述

60 个假想化合物之一(15 种通式，每个通式有 4 个 $\Delta_f H^\ominus$ 值)。请注意，如果假设这些组分的密度为 1.80～1.85 g/cm³，那么在 AB 的质量分数为 15% 的配方中，黏合剂的体积分数将接近 18%。

表 2.2 中化合物 Ⅰ～Ⅴ 的 $\Delta_f H^\ominus$ 值相近，都在 3000 kJ/kg 左右，相差不超过 60 kJ/kg，但 α 值有显著差异：对于化合物 Ⅰ 和 Ⅱ，$\alpha \gg 1$，对于化合物 Ⅲ～Ⅴ，$\alpha \approx 0.60～0.67$。与 HCB 结合使用时，氧饱和系数高的化合物(如 $\alpha > 1.2$)最有效，尤其是在无铝配方中[22]。

结果表明，对于含化合物 Ⅰ 的二元复合物，含大约 15%(体积分数)的 HCB 时能够得到最高比冲，而对于含化合物 Ⅱ 的二元复合物，则是含 11%(体积)的 HCB 时比冲最高，这是显而易见的，因为化合物 Ⅱ 的特征是具有较低的氧饱和系数 α。由于黏合剂的体积分数不应低于 18%～19%，对于含化合物 Ⅰ 和 Ⅱ 的二元复合物，I_{sp} 值最高分别达到 262.7 s 和 259.2 s(燃烧室内和喷嘴出口处的压力分别为 4.0 MPa 和 0.1 MPa)(表 2.3)。对于无金属配方，这些比冲是非常高的。例如，对于高氯酸铵 + HCB 二元体系，其中 HCB 的体积分数为 18%，$I_{sp} \approx 240$ s。对于Ⅰ + HCB 和 Ⅱ + HCB 的配方，在整个 HCB 的体积分数范围内(15%～25%)，燃烧温度都处在可接受的范围之内($T_c \leqslant 3700$ K)。

以活性黏合剂和六种化合物(Ⅲ、Ⅳ、Ⅴ、BNFF、BNTP 或 BNAAOTF)之一为主要成分，在黏合剂的体积分数不低于 18% 的情况下，无金属配方可达到的最大比冲(表 2.5)。

表 2.5　以活性黏合剂和六种化合物之一为主要成分的配方的能量特性

化合物	分子式	$\Delta_f H^\ominus$ / (kJ/mol)	氮含量/%	I_{sp}^* / s
Ⅲ	$C_2H_4N_{18}O_4$	3012	73.3	251.6
Ⅳ	$C_2H_4N_{18}O_4$	3012	73.3	251.6
Ⅴ	$C_2H_6N_{20}O_4$	2941	74.9	248.9
BNFF	$C_6N_8O_8$	2036.6	35.9	258.0
BNTP	$C_6N_8O_7$	2236.5	37.8	254.7
BNAAOTF	$C_6N_{12}O_8$	3147	45.6	266.0

化合物 Ⅲ～Ⅴ($\alpha = 0.60～0.67$)与 HCB 组成的二元复合物应该是没有能量优势的。事实上，已经证明，基于这些氧化剂中的任何一种与 HCB 的二元复合物(其中 HCB 的体积分数不低于 18%)的能量特征是比冲值非常低 $I_{sp} = 231$ s。

表 2.4 显示了氧化剂 Ⅲ～Ⅴ 与 AB 二元复合物的能量特性。可以看出，这

些复合物的比冲 I_{sp} 明显低于氧化剂 I 或 II 与 HCB 复合的比冲。随着 AB 的体积分数从零增加到 20%，I_{sp} 的值几乎呈线性下降。对于黏合剂体积分数不低于 18% 的二元配方 AB + III、AB + IV 和 AB + V，I_{sp} 平均能达到 251.54 s、251.28 s 和 248.78 s。这些值明显低于使用相同的 AB 和众所周知的化合物复合所能达到的比冲，如双(4′-硝基呋咱-3′-基)呋咱(BNTP)和 3,4-双(4′-硝基呋咱-3′-基)氧化呋咱 (BNFF)[23]，或 3-(4-硝基呋咱-3-NNO-氧化偶氮基)-4-(4-硝基呋咱-3-偶氮基)呋咱 (BNAAOTF)[22]，结构式如图 2.14 所示。表 2.5 显示了基于氧化剂III～V、BNTP、BNFF 和 BNAAOTF 的无金属配方在考虑两相流损耗下的比冲数据。

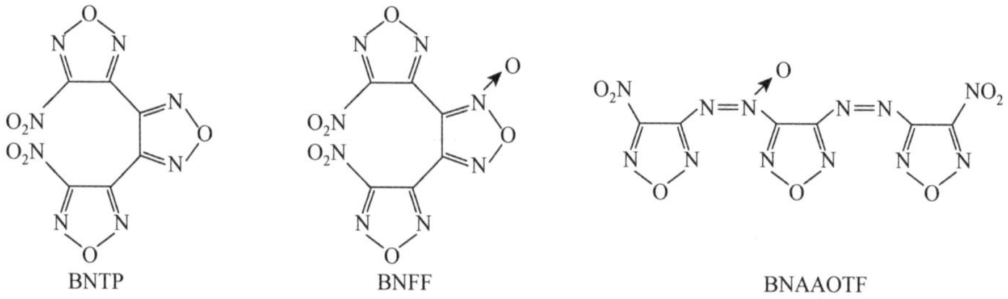

![BNTP、BNFF 和 BNAAOTF 的结构式，依次标注 BNTP、BNFF、BNAAOTF]

图 2.14　BNTP、BNFF 和 BNAAOTF 的结构式

前面已讨论过能量特性是如何随着铝粉的添加而改变的。我们已知，使用高 $\Delta_f H^{\ominus}$ 值的氧化剂时(2000～3000 kJ/kg 以上)，铝的添加实际上并不能提高能量特性，并且如果 $\Delta_f H^{\ominus}$ 高于一定值(这取决于氧化剂的元素组成)，甚至会使能量特性降低[24-27]。

表 2.6[28] 列出了基于铝、18%(体积分数)HCB 以及化合物 I 和 II 的配方的能量特性数据，表 2.7 列出了基于铝、18%～19%(体积分数)AB 和化合物III～V的配方的能量特性数据。

表 2.6　基于铝、18%(体积分数)HCB 以及化合物 I 或 II 之一的配方的能量特性

| 主要成分 | Al 含量/% | HCB 含量/% | | $\rho/(g/cm^3)$ | T_c/K | I_{sp}/s | I_{sp}^{*}/s |
		质量分数	体积分数				
C₂N₁₈O₈（I）	0	9.4	18.0	1.764	3650	262.7	262.7
	2	9.4	18.1	1.773	3710	263.8	262.7
	4	9.3	18.0	1.784	3780	264.9	262.6
	6	9.3	18.0	1.793	3825	265.6	262.1
	8	9.2	18.0	1.804	3845	266.1	261.4
	10	9.1	18.0	1.815	3825	265.1	259.3
	12	9.1	18.1	1.825	3760	259.5	252.7

续表

主要成分	Al 含量/%	HCB 含量/%		$\rho/(g/cm^3)$	T_c/K	I_{sp}/s	$I_{sp}^{\bullet}$ / s
		质量分数	体积分数				
	0	9.6	18.1	1.724	3500	259.2	259.2
	2	9.6	18.1	1.733	3555	260.9	259.8
$C_2H_2N_{20}O_8$	4	9.5	18.0	1.744	3610	262.6	260.3
（Ⅱ）	6	9.5	18.1	1.754	3640	263.8	260.3
	8	9.4	18.0	1.765	3630	264.2	259.6
	10	9.3	18.0	1.777	3575	260.0	254.3

表 2.7　基于铝、18%～19%（体积分数）AB 以及氧化剂Ⅲ～Ⅴ之一的配方的能量特性[28]

主要成分	Al 含量/%	AB 含量/%		$\rho/(g/cm^3)$	T_c/K	I_{sp}/s	$I_{sp}^{\bullet}$ / s
		质量分数	体积分数				
	0	15	17.9	1.777	3383	251.6	251.6
	1	15	17.9	1.783	3421	252.9	252.3
	3	15	18.1	1.794	3502	255.2	253.5
$C_2H_4N_{18}O_4$	6	15	18.2	1.811	3610	257.9	254.5
（Ⅲ）	8	15	18.3	1.822	3657	259.2	254.7
	9	15	18.4	1.828	3666	259.6	254.5
	10	15	18.5	1.834	3663	259.7	254.0
	0	15	18.1	1.793	3383	251.6	251.6
	3	15	18.2	1.809	3502	255.1	253.5
	5	15	18.3	1.821	3577	257.1	254.3
$C_2H_4N_{18}O_4$	7	15	18.4	1.832	3638	258.6	254.7
（Ⅳ）	8	15	18.5	1.837	3657	259.2	254.5
	9	15	18.6	1.843	3666	259.6	254.5
	10	15	18.6	1.849	3663	259.7	254.0
	0	15	18.4	1.825	3246	248.9	248.9
	1	15	18.4	1.830	3285	250.4	249.8
	3	15	18.5	1.840	3366	253.2	251.5
	5	15	18.6	1.851	3442	255.6	252.8
$C_2H_6N_{18}O_4$	7	15	18.7	1.862	3503	257.6	253.7
（Ⅴ）	8	15	18.8	1.867	3522	258.4	253.9
	9	15	18.9	1.873	3528	259.0	253.9
	10	15	18.9	1.878	3519	259.0	253.3
	11	15	19.0	1.884	3500	256.9	250.7

对含铝配方能量特性的分析结果有些出乎意料。在体积分数为 18% 的 HCB 与化合物 I 的体系中加入 Al，使 I_{sp} 最高增加了 3.4 s，相同情况下化合物 II 的体系 I_{sp} 增加 5 s。在加入 8% Al 时达到 I_{sp} 最大值，但考虑到两相流损耗是随 Al 含量的增加而增加的，对于化合物 I，没有观察到 I_{sp}^{*} 的增加，对于化合物 II，I_{sp}^{*} 的增加量仅有 1.1 s。

可以看出，I_{sp}^{*} 达到 254～255 s 的水平是可行的，并能在燃烧室处于允许的温度下（T_c＜3700 K）观察到。

对于生成焓约为 3000 kJ/kg 的化合物，在配方中添加高达 10% 的铝可使 I_{sp} 值提高 7～10 s，乍一看似乎很奇怪，因为人们早就知道，对于基于 C、H、N 和 O 原子的高生成焓氧化剂，不需要添加铝来增加 I_{sp}。例如，当使用 $\Delta_f H^{\ominus}$ = 3147 kJ/kg 的 BNAAOTF（$C_6N_{12}O_8$，氮含量为 45%）时，将 Al 含量从零增加到 7% 仅能使 I_{sp} 值增加 1.8 s，但同时，添加 Al 后 I_{sp}^{*} 值立即减小[22]。

对化合物 I～V 的这种现象的彻底分析表明，其原因在于这些化合物中的氮含量（62%～75%，质量分数）显著高于以前研究过的几乎所有其他的含氮高生成焓氧化剂。在早期的研究中，研究了 I_{sp} 与氧化剂生成焓的相关性，以及与具有不同氧平衡和不同 H/C 值的氧化剂中 Al 含量的相关性，其中这些化合物的氮含量分数都不超过 45%。

在体积分数为 18% 的 AB 和氧化剂 III～V 的体系中加入 Al（表 2.7），I_{sp}（无两相流损耗）和 I_{sp}^{*}（含两相流损耗）均增加。随着 Al 含量增加到 9%～10%，I_{sp} 值增加 7～10 s，I_{sp}^{*} 值增加略少（3～5 s），并且在 Al 含量约为 8% 时达到最大值。

为了阐明这种现象的特征，研究人员计算了基于 60 个假想化合物的配方的 I_{sp} 值和 I_{sp}^{*} 值，这些化合物已于第一部分论述过，分子式分别为 $C_6N_xO_8$、$C_6N_xO_9$ 和 $C_4N_xO_8$。这些化合物的初始参数差别很大：氮含量为 35%～75%，α = 0.67～1.0，$\Delta_f H^{\ominus}$ = 1000～4000 kJ/kg。

I_{sp}^{*} 值与氮含量（0%～10%）、生成焓（1000～4000 kJ/kg）、氧化剂的氧饱和系数 α（0.667～1.0）及其氮含量（35%～75%）的相关性如图 2.15 所示。可以看出在氧化剂的 α 和 $\Delta_f H^{\ominus}$ 值恒定的情况下，氧化剂中的氮含量增加会导致 I_{sp}^{*} 值显著减小；$\dfrac{\partial^2\left(I_{sp}^{*}\right)}{\partial N^2}<0$，即随着氮含量的增加，$I_{sp}^{*}$ 值减小的速率增大。随着氧化剂 α 的增加，氧化剂中氮含量增加所导致的 I_{sp}^{*} 值减小变得不再明显，并且在仅仅只有 Al 含量减少的配方中 I_{sp}^{*} 值的差异才显示出来。

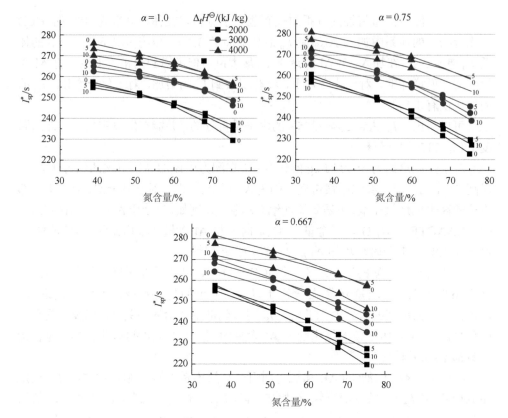

图 2.15　Al 含量（曲线上的数字）、氧化剂生成焓以及不同的氧化剂氧饱和系数条件下推进剂 I_{sp}^{*} 与氧化剂氮含量的相关性

　　基于不同的氧化剂生成焓值、不同的氧化剂分子的氧饱和系数、主要组分的不同氮含量条件下推进剂 I_{sp}^{*} 与铝含量的相关性如图 2.16 所示，经过数据的分析揭示了以下规律。

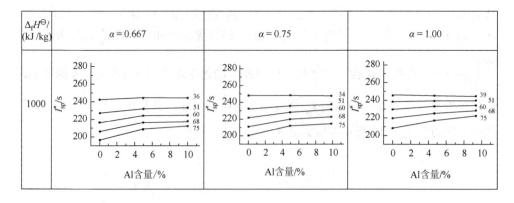

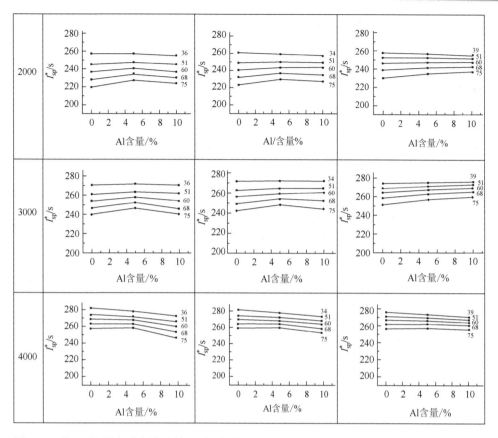

图 2.16　基于不同的氧化剂生成焓、不同的氧化剂分子的氧饱和系数、主要组分的不同氮含量条件下推进剂 I_{sp}^* 与 Al 含量的相关性

(1) 随着 $\Delta_f H^{\ominus}$ 的增加，添加铝的效果越来越小。对于 $\Delta_f H^{\ominus} < 3000\ \mathrm{kJ/kg}$，仍然有一些区域中，添加铝会使 I_{sp}^* 增大，而对于 $\Delta_f H^{\ominus} = 4000\ \mathrm{kJ/kg}$，各区域 I_{sp}^* 的值都是减小的。

(2) 对于 $\Delta_f H^{\ominus} \leqslant 3000\ \mathrm{kJ/kg}$ 的氧化剂，增加氧化剂氮含量、添加少量的铝能使 I_{sp}^* 增大。

(3) 如果组分的 $\alpha = 0.7 \sim 1.0$ 且氮含量很高，却并未伴随着 $\Delta_f H^{\ominus}$ 的显著增加（单位质量生成焓），这会导致能量特性的降低。据计算，如 $\alpha = 0.667$、氮含量为 35.8%、$\Delta_f H^{\ominus} = 2037\ \mathrm{kJ/kg}$ 的初始组分（这些是 BNTF 的参数）在氮含量增加到 55% 时，为了使该组分在能量性质上与 BNTF 等效（与 15%AB 复合后 $I_{sp} = 258\ \mathrm{s}$），其生成焓应为 $\Delta_f H^{\ominus} = 3025\ \mathrm{kJ/kg}$，即高出近 1000 kJ/kg。如果使其氮含量增加至 65%，则生成焓应为 $\Delta_f H^{\ominus} = 3520\ \mathrm{kJ/kg}$，以获得相同的 I_{sp}^* 值(258 s)。通过增加组

分中的氮含量来提高能量特性，新组分的生成焓应高于初始组分，氮含量每增加1%(绝对值)，生成焓应该比初始化合物提高约 50 kJ/kg。

(4)$\alpha<1.0$ 且氮含量高于 65%的组分仅在 $\Delta_f H^{\ominus}$ 的值很高的情况下(高于3800 kJ/kg)才能够提供高比冲值($I_{sp}\geqslant262$ s)。

因此，研究表明，增加高生成焓氧化剂中的氮含量会增加 $\Delta_f H^{\ominus}$ 的阈值，超过该阈值，添加铝粉不会提高复合固体推进剂的能量特性。高生成焓 C, N, O-氧化剂中氮质量分数的显著增加，同时伴随着 $\Delta_f H^{\ominus}$ 的显著增加，才能使配方的能量特性提高。

研究表明，在含有不少于 18%(体积分数)烃类黏合剂的无金属复合固体推进剂中，使用具有较高 α 值(1.4～2.0)的四唑和四嗪四唑的假设衍生物(Ⅰ和Ⅱ)作为氧化剂可以在密度为 1.72～1.75 g/cm³ 时提供 259～262.5 s 的比冲，在密度为1.76～1.80 g/cm³ 时添加 6%～8%的铝，比冲为 264～266 s。假设化合物(Ⅲ～Ⅴ)具有与 HMX(0.60～0.67)相似的氧饱和系数 α，可以在与活性黏合剂复合(含铝8%～10%)、密度为 1.83～1.87 g/cm³ 时提供约 260 s 的比冲。

已经明确，增加高生成焓氧化剂中的氮含量会提高氧化剂 $\Delta_f H^{\ominus}$ 的阈值，超过该值，在配方中添加铝不再能够有效地提高其能量参数。

2.2.3 固体推进剂技术发展对含能材料的需求

1. 高能化的发展需求

加强适用于固体推进剂的新型含能物质设计及研制，一是需要加快 ADN、AlH₃ 的研究进程，集中力量重点解决降低 ADN 吸湿性问题，并突破 AlH₃ 安全制备放大工艺等技术；二是根据固体推进剂对高反应放热和高动能转化效率的综合需求，提升适用于固体推进剂的新型 CHNO 含能化合物的研发效能；三是加大非常规化学键含能物质的探索攻关力度，在全氮/全氧化合物、高张力键能物质、金属氢等的研制中快速取得量化成果；四是建立适用于固体推进剂的含能组分分子结构设计、性能精确预示的研发平台，从而稳步支持固体推进剂技术以实现近、中、远期目标。

2. 强适应的发展需求

含能材料高品质、高稳定性、钝感化等的改进，是固体推进剂有效精确调控性能的基础。RDX、HMX 等需进一步突破高品质、钝感化产品的稳定批量制备工艺技术；CL-20 需在晶型纯度、粒径分布、表观形貌等的细化控制方面取得持续进展；同时加大新型钝感含能增塑剂、黏合剂等的研发应用力度，为固体推进剂突破宽温力学性能、低温度敏感系数、低易损性设计等关键技术提供新的高效途径。

3. 低成本的发展需求

突破高性能火炸药低成本稳定制备工艺技术，是固体导弹稳定生产与批量装备的急迫要求。以 HMX 和 CL-20 等为代表的含能物质，配方含量高达 40%～50%，其成本占固体推进剂总成本的 80% 以上。加快实现 HMX 和 CL-20 等降成本及规格化。

4. 智能化的发展需求

含能材料分子结构、储能与释能模式的颠覆性创新，是固体推进剂结构与功能创新的基础，支撑固体动力智能化应用的发展。需要制备热稳定性适合使用的凝聚态化合物，具有推动装备动力系统性能跃迁的巨大潜能；需要加速发展含能材料分子间储能［亚稳态分子间复合物（MIC）、MFC］、分子簇储能等新模式，支撑固体推进剂氧燃反应的组合创新；加强光/电/热敏性含能材料的设计与研发，促进能量组合可控输出的发展与应用，支撑固体推进剂智能制造工艺的高效发展应用；通过智能化组合模式推动固体动力性能的巨大提升。

参考文献

[1]　Kizin A N, Dvorkin P L, Ryzhova G L, et al. Parameters for calculation of standard enthalpies of formation of organic compounds in the liquid state[J]. Bulletin of the Academy of Sciences of the USSR, Division of Chemical Science, 1986, 35: 343-346.

[2]　Kizin A N, Lebedev Y A. Calculation of enthalpies of formation of polysubstituted aliphatic compounds in solid phase[J]. Doklady Physical Chemistry, 1982, 262：4-6.

[3]　Smirnov A S, Smirnov S P, Pivina T S, et al. Comprehensive assessment of physicochemical properties of new energetic materials[J]. Russian Chemical Bulletin, 2016, 65: 2315-2332.

[4]　Jafari M, Keshavarz M H. Simple approach for predicting the heats of formation of high nitrogen content materials[J]. Fluid Phase Equilibria, 2016, 415: 166-175.

[5]　Keshavarz M H, Esmaeilpour K, Oftadeh M, et al. Assessment of two new nitrogen-rich tetrazine derivatives as high performance and safe energetic compounds[J]. RSC Advances, 2015, 5(106): 87392-87399.

[6]　Zamani M, Keshavarz M H. Thermochemical and detonation performance of boron-nitride analogues of organic azides and benzotrifuroxan as novel high energetic nitrogen-rich precursors[J]. Journal of the Iranian Chemical Society, 2015, 12: 1077-1087.

[7] Rice B M, Byrd E F C. Evaluation of electrostatic descriptors for predicting crystalline density[J]. Journal of computational chemistry, 2013, 34(25): 2146-2151.

[8] Keshavarz M H, Esmailpour K, Zamani M, et al. Thermochemical, sensitivity and detonation characteristics of new thermally stable high performance explosives[J]. Propellants, Explosives, Pyrotechnics, 2015, 40(6): 886-891.

[9] Aureggi V, Sedelmeier G. 1,3-Dipolar cycloaddition: Click chemistry for the synthesis of 5-substituted tetrazoles from organoaluminum azides and nitriles[J]. Angewandte Chemie, 2007, 119(44): 8592-8596.

[10] Trifonov R E, Alkorta I, Ostrovskii V A, et al. A theoretical study of the tautomerism and ionization of 5-substituted NH-tetrazoles[J]. Journal of Molecular Structure: Theochem, 2004, 668(2-3): 123-132.

[11] Sivabalan R, Anniyappan M, Pawar S J, et al. Synthesis, characterization and thermolysis studies on triazole and tetrazole based high nitrogen content high energy materials[J]. Journal of Hazardous Materials, 2006, 137(2): 672-680.

[12] Klapötke T M, Sabaté C M. Bistetrazoles: nitrogen-rich, high-performing, insensitive energetic compounds[J]. Chemistry of Materials, 2008, 20(11): 3629-3637.

[13] Harel T, Rozen S. The tetrazole 3-N-oxide synthesis[J]. Journal of Organic Chemistry, 2010, 75(9): 3141-3143.

[14] Ghule V D. Studies on energetic properties for nitrotetrazole substituted triazole and oxadiazole derivatives with density functional theory[J]. Molecular Physics, 2013, 111(1): 95-100.

[15] Zhao X X, Li S H, Wang Y, et al. Design and synthesis of energetic materials towards high density and positive oxygen balance by N-dinitromethyl functionalization of nitroazoles[J]. Journal of Materials Chemistry A, 2016, 4(15): 5495-5504.

[16] Chen Z X, Xiao J M, Xiao H M, et al. Studies on heats of formation for tetrazole derivatives with density functional theory B_3LYP method[J]. Journal of Physical Chemistry A, 1999, 103(40): 8062-8066.

[17] Keshavarz M H, Abadi Y H, Esmaeilpour K, et al. Introducing novel tetrazole derivatives as high performance energetic compounds for confined explosion and as oxidizer in solid propellants[J]. Propellants, Explosives, Pyrotechnics, 2017, 42(5): 492-498.

[18] Keshavarz M H. Prediction method for specific impulse used as performance quantity for explosives[J]. Propellants, Explosives, Pyrotechnics: An International Journal Dealing with Scientific and Technological Aspects of Energetic Materials, 2008, 33(5): 360-364.

[19] LempertT B. Dependence of specific impulse of metal-free formulations on CHNO-oxidizer's element content and enthalpy of formation[J]. Chinese Journal of Explosives & Propellants., 2015, 38(4): 1-4.

[20] Lempert D B, Nechiporenko G N, Manelis G B. Energetic characteristics of solid composite propellants and ways for energy increasing[J]. Central European Journal of Energetic Materials, 2006, 3(4): 73-87.

[21] Nechiporenko G N, Lempert D B. An analysis of energy potentialities of composite solid propellants containing beryllium or beryllium hydride as an energetic component[J]. Chemical

Physics Reports, 1998, 17(10): 1927-1947.

[22] Lempert D B, Sheremetev A B. The energetic potential of azo- and azoxyfurazan nitro derivatives as components of composite rocket propellants[J]. Chemistry of Heterocyclic Compounds, 2016, 52: 1070-1077.

[23] Lempert D B, Kazakov A I, Dashko D V, et al. Thermochemical and energetic properties of BNTF and BNFF[C]//New Trends in Research of Energetic Materials, Proceedings of the 20th Semina, Pardubice, Czech Republic, April. 2017, 2: 770-780.

[24] Lempert D B, Nechiporenko G N, Dolganova G P, et al. Specific impulse of optimized composite solid propellants(binder + metal + oxidizer)as a function of the metal and oxidizer properties[J]. Chemical Physics Reports, 1998, 17(8): 1547-1556.

[25] Lempert D B, Nechiporenko G N, Dolganova G P. Correlation between the chemical composition, heat content, and specific impulse of solid propellants optimized in terms of energy[J]. Chemical Physics Reports, 1998, 17(7): 1333-1342.

[26] Lempert D B, Nechiporenko G N, Soglasnova S I. Some anomalies in the dependence of the specific pulse of rocket propellants on the aluminum content[J]. Russian Journal of Physical Chemistry B, 2008, 2(6): 883-887.

[27] Sheremetev A B, Kulagina V O, Aleksandrova N S, et al. Dinitro trifurazans with oxy, azo, and azoxy bridges[J]. Propellants, Explosives, Pyrotechnics, 1998, 23(3): 142-149.

[28] Gudkova I Y, Kosilko V P, Lempert D B. Energy potential of some hypothetical derivatives of tetrazole as components of solid composite propellants[J]. Combustion, Explosion, and Shock Waves, 2019, 55: 32-42.

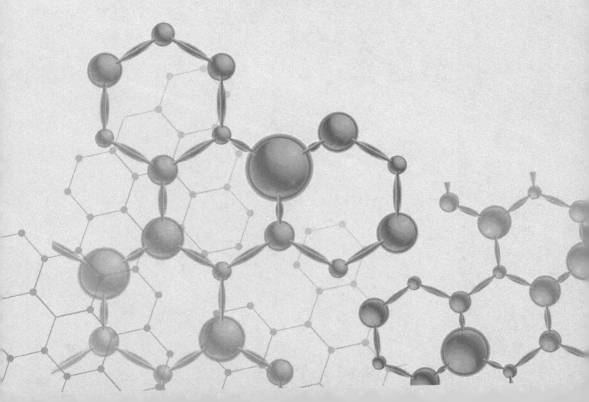

第 3 章
国内外固体推进剂
含能材料研究进展

3.1　概述

含能材料一般是凝聚态的，生成焓尽可能高，在无氧条件下能够按要求可控释放储存在分子结构中的能量。固体推进剂原材料包括氧化剂、燃料、黏合剂、增塑剂、功能助剂等十余种，其中氧化剂、含能添加剂、金属燃料和聚合物黏合剂等是固体推进剂能量的主要来源。在固体推进剂的各项性能中，高能量性能一直是研究者追求的目标，也是推动固体推进剂更新换代的原动力。为提高固体推进剂的能量性能，研究者们一直致力于含能黏合剂与增塑剂、含能氧化剂和新型燃料的合成与使用。本章节主要介绍国内外固体推进剂用含能材料的发展情况。

3.2　含能氧化剂

高效氧化还原反应所释放的高热量和生成的高产气量，是固体推进剂技术发展的专有技术途径。新一代含能固体推进剂用含能组分的发展，尤其是在固体推进剂中占据分量最大(超过50%)的含能氧化剂的发展，是推动固体推进剂技术持续进步、促进武器装备更新换代的紧迫需求。

目前，固体推进剂主要使用的氧化剂是高氯酸铵(AP)，AP 具有有效氧含量高(+34%)、氢含量较高(+3.40%)的优势，但其生成焓低(–2518 kJ/kg)且含原子量较大的氯元素(燃气平均分子量大、燃气中含有腐蚀性气体)。开发高性能、环境友好的 AP 替代物的研究是国内外固体推进剂用氧化剂的重要研究领域。为了推进含能氧化剂的应用，各国科学家陆续开展二硝酰胺铵(ADN)、六硝基六氮杂异伍兹烷(CL-20)、3,4-二硝基呋咱基氧化呋咱(DNTF)等无卤氧化剂的新法合成及产业化制备工艺研究。

3.2.1　含能离子盐氧化剂

1. 二硝酰胺铵

二硝酰胺铵(ADN)是一种高能、高燃速、无卤素新型氧化剂，其氧平衡值高(+25.8%)，能够实现全部取代 AP 后配方体系氧平衡值降低幅度较小，因此它可同时实现固体推进剂的含能和洁净无烟需求(无 HCl)。与传统氧化剂相比，具有特征信号低、产气量高等优点，是最有潜力的 AP 替代物。目前，ADN 在我国固体推进剂配方中应用的关键技术难题是吸湿性强、熔点(92℃)及分解温度低。ADN 的制备方法及应用一直是本领域的研究热点。

ADN 于 1971 年由苏联泽林斯基有机化学研究所采用氨基丙腈法首次合成[1]。但只公开报道了合成方法的最后一步：$(NO_2)_2NCH_2CH_2CN + NH_3 \longrightarrow NH_4N(NO_2)_2$。ADN 工业化合成方法至今仍未公开报道。他们在 20 世纪 80 年代建立了年产千吨的 ADN 生产厂，并将 ADN 用于苏联 SS-24 战略导弹第二级发动机中。经过几十年的发展，目前 ADN 的生产和应用在俄罗斯已是一项成熟的技术。现已知俄罗斯使用 ADN 推进剂的导弹有 SS-24、SS-20 和 SS-27(白杨-M)洲际导弹。

ADN 的合成本质上是对胺/氨进行硝化，生成二硝酰胺酸(HDN)，HDN 与氨反应生成 ADN，或与其他碱反应生成稳定的二硝酰胺阴离子盐(MDN)，MDN 再转化为 ADN。已公开报道的合成 ADN 的方法有氨基丙腈法、氨基磺酸盐法、尿素法、氨基甲酸盐法等[2]。其中氨基磺酸盐法是研究较多的 ADN 制备工艺，在此合成方法上，有关 ADN 的分离纯化工艺不断取得突破。

活性炭吸附工艺：以氨基磺酸盐为原料经过硝-硫混酸硝化制备中间体 HDN $[HN(NO_2)_2]$，HDN 与 NH_3 中和得到 ADN(图 3.1)。含 ADN 的混合溶液流经活性炭柱，ADN 对活性炭有更好的亲和性，ADN 在活性炭上选择性吸附，剩余的硝酸铵、硫酸铵等留在水溶液中，然后用热水或乙醇解吸出活性炭上吸附的 ADN[3]。该工艺在 ADN 制备过程中大部分溶剂为水，被誉为"绿色环保"的合成方法，但纯化工艺较为烦琐。

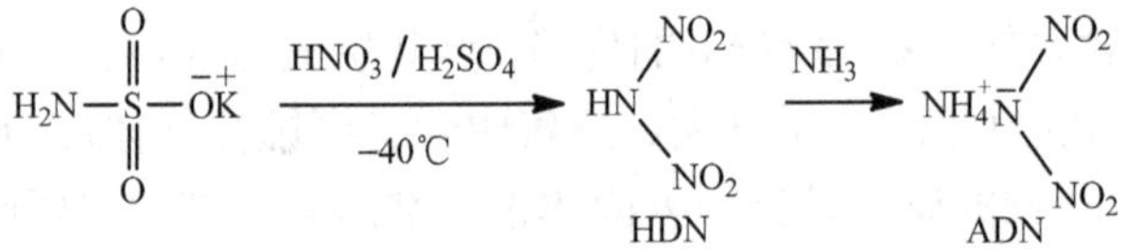

$$H_2N-\underset{\underset{O}{\|}}{\overset{\overset{O}{\|}}{S}}-\overset{-\;+}{O}K \xrightarrow[-40℃]{HNO_3/H_2SO_4} HN\underset{NO_2}{\overset{NO_2}{\big<}} \xrightarrow{NH_3} NH_4^+\underset{NO_2}{\overset{NO_2}{\overset{\big|}{N}\big<}}$$
$$\qquad\qquad\qquad\qquad\qquad\qquad HDN \qquad\qquad\qquad ADN$$

图 3.1　氨基磺酸铵法合成 ADN(活性炭吸附)

EURENCO 工艺：欧洲含能材料公司(EURENCO)瑞典博福斯分公司在混酸硝化氨基磺酸盐制备 ADN 的基础上，报道了操作工艺更简单的 ADN 制备工艺：氨基磺酸盐(ASA)经硝化反应合成 HDN，硝化液不需要稀释，HDN 与胍基脲或双氰胺反应，以 N-胍基脲二硝基酰胺盐 FOX-12(GUDN)沉淀的形式析出；然后 FOX-12 再在乙醇溶液中与 KOH 进行一次离子交换反应转换为二硝酰胺钾(KDN)，KDN 与硫酸铵在水/异丙醇溶液中进行第二次离子交换反应转化为 ADN(图 3.2)[4]。该方法弥补了以往方法的原料贵、分离提纯操作烦琐以及三废多等缺陷。

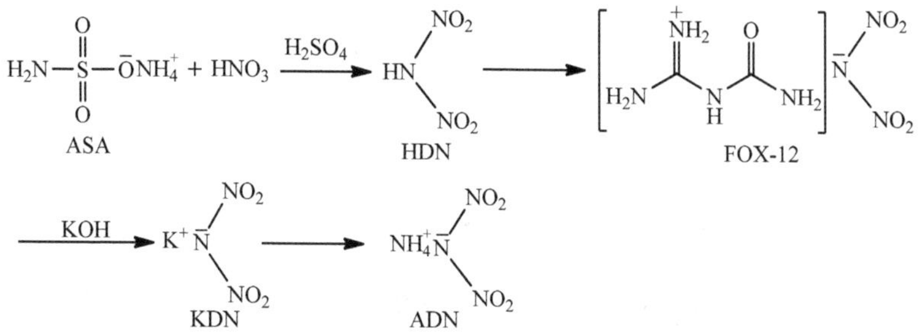

图 3.2　氨基磺酸铵法合成 ADN（EURENCO 工艺）

为了减少金属离子钾离子等对 ADN 的干扰（在 ADN 基液体推进剂中，金属离子影响催化剂的效率）和进一步简化合成步骤，瑞典国防研究所（FOI）对该方法进行了改进，使 FOX-12 直接同硫酸铵通过离子交换反应生成 ADN，制备工艺步骤少，减少了副产物的量，且不含钾离子，大批量生产能有效地降低 ADN 的制造成本[5, 6]（图 3.3）。

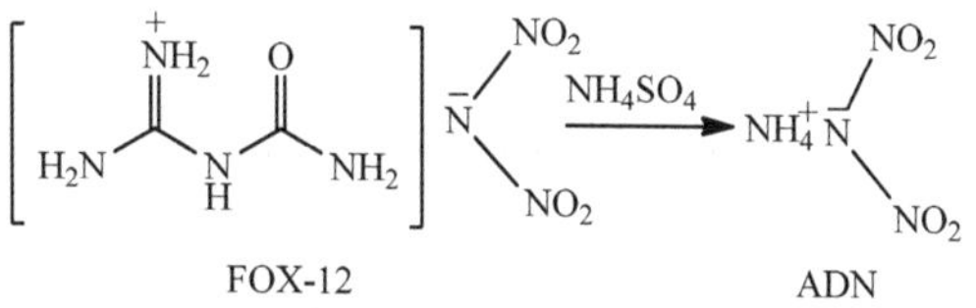

图 3.3　氨基磺酸铵新法合成 ADN

ADN 吸湿性强，限制了其实际应用。ADN 的纯度影响其吸湿性，当 ADN 的纯度大于 99.5%时，其吸湿性会显著降低。目前解决 ADN 吸湿性和稳定性的研究集中在高纯度制备工艺、造粒、表面包覆和共晶技术等。

2. 硝仿肼

硝仿肼（HNF）的外观为橙黄色结晶，分子式为 $N_2H_5(NO_2)_3$，密度为 1.89 g/cm^3，氧平衡为 13.11%，生成焓为–72 kJ/mol。HNF 具备能量高、密度高、氧平衡高、生成焓高、不含卤素、无吸湿性等优点，作为氧化剂应用于固体推进剂中为燃料提供氧的同时能够有效提升其能量水平，其高能量特性在多种氧化剂中具有很大的竞争力。

HNF 的合成主要由三部分组成：①三硝基甲烷的合成；②硝仿的分离纯化；③NF 与水合肼进行酸碱中和反应得到 HNF[7]（图 3.4）。其中，①和②有关高纯度三硝基甲烷的合成及分离纯化过程是获得高品质 HNF 的关键环节，决定了 HNF 生产成本的高低以及合成工艺的危险性。

硝化底物 $\xrightarrow{\text{硝化试剂}}$ O_2N—H + H_2N—NH_2 ⟶ O_2N^- + H_3N^+—NH_2

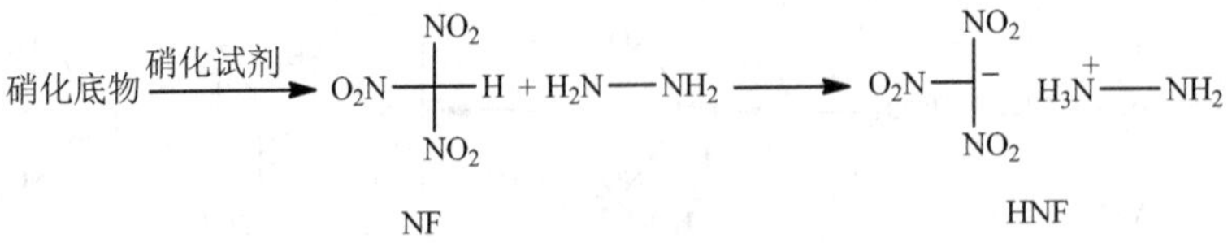

NF   HNF

图 3.4   HNF 合成路线

三硝基甲烷，结构式为 $HC(NO_2)_3$，又称硝仿（NF），纯品为无色晶体[8]，含杂质时显黄色，密度 1.806 g/cm³，熔点 25℃，沸点 48～50℃，酸性极强，pK_a 为 0.1，易溶于水和大部分有机溶剂。NF 具有两种互变异构体（图 3.5），在酸性溶液和非质子溶剂中以无色的中性结构式存在；在碱性溶液和质子溶剂中以黄色硝酸式结构存在[9]，还未以固体形式分离出来。

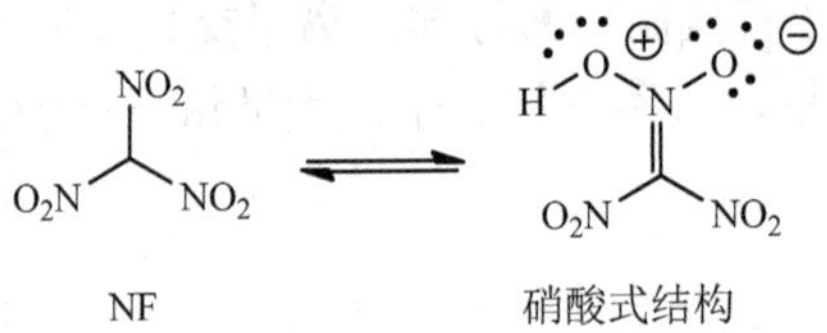

NF   硝酸式结构

图 3.5   NF 的两种互变异构体

常见的 NF 制备底物包括：乙炔气[10]、乙酸酐[11]、丙酮[12]、4,6-二羟基嘧啶[13]、异丙醇[14]以及乙酰丙酮[15]等（图 3.6）。

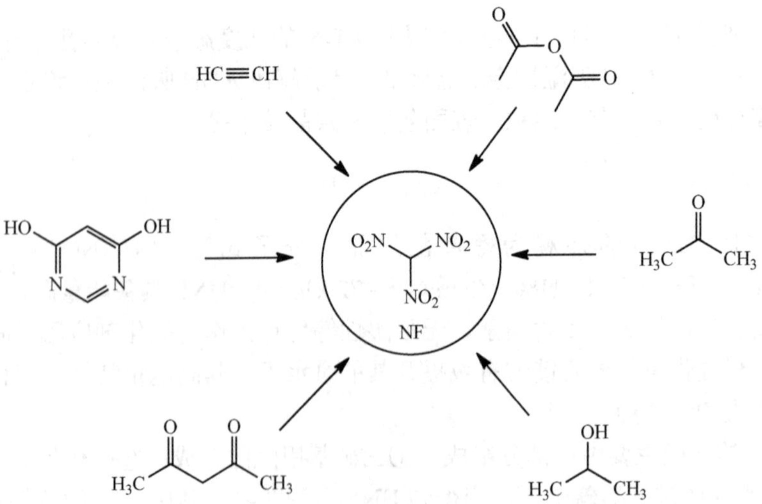

NF

图 3.6   NF 合成途径

乙炔法是最早合成 NF 的方法。20 世纪 70 年代之前，硝化乙炔法一直作为合成 NF 的主要方法，建立了生产线，实现了工业化生产。由于乙炔是易燃易爆气体，制备 NF 的工厂发生过多起爆炸事故，直接宣告了该工艺路线的彻底失败。此外，该反应的发生有赖于对环境危害极大的硝酸汞的催化作用，这也促使了乙炔工艺路线的终结。因此硝仿肼研究者们开始探索 NF 高安全合成路线。

乙酸酐硝化合成 NF 是先生成四硝基甲烷(TNM)中间体，经过碱解、酸化生成 NF。TNM 具有敏感特性，毒性较大，制备和使用过程中对操作人员的健康威胁很大。因此，硝化乙酸酐法从安全性和环境保护两个方面考虑都不适合用来制备 NF。

丙酮、异丙醇和乙酰丙酮为底物制备 NF，均以发烟硝酸作为硝化试剂，在高温下进行硝化反应，反应剧烈，放热量大，硝化过程中产生大量红色烟雾。这些缺点使得这些化合物作为底物生产 NF 不具备实用性。

4,6-二羟基嘧啶合成 NF 的工艺路线反应条件兼具可操作性强、反应条件温和、机理分析成熟，且产率达到 80% 以上等优势[16]，成为高安全制备 NF 的首选方法；但是其劣根性在于原料价格高昂，限制了该路线的产业化应用。

NF 的纯度直接影响目标产物 HNF 的纯度，并进一步影响其感度。NF 在硝酸和水中溶解度很大，难以从硝化反应液中分离，而且 NF 的稳定性差和反应活性强的特征也增加了分离的难度。NF 的分离方法有二次恒沸蒸馏、萃取法、盐析法、减压蒸馏、硝仿钾(KNF)酸化法等[16-19]。

然而，HNF 的劣势在于其稳定性较 ADN 更差，存在与 HTPB 黏合剂及硝酸酯增塑剂不相容问题，合成工艺较危险以及感度高等诸多因素，使其研究近年来有些停滞不前。

3.2.2　硝胺类含能氧化剂

黑索金(RDX)、奥克托今(HMX)和六硝基六氮杂异伍兹烷(HNIW，CL-20)分子结构中含有 N—NO$_2$ 基团，属于硝胺类含能化合物，能量高，但含氧量有限。由于 AP 能量低，为了提升固体推进剂的能量水平，常把它们作为添加剂部分取代 AP，即与 AP 复配使用，也称它们为含能添加剂。

1. 1,3,5-三硝基-1,3,5-三氮杂环己烷

黑索金(1,3,5-三硝基-1,3,5-三氮杂环己烷，RDX)，为白色粉状晶体，密度 1.82 g/cm^3，分解温度 280℃，氧平衡(CO)为 0，是一种综合性能优良的含能材料，具有威力大、安定性能好、合成方法简单以及原料资源丰富等优点，除用作军事

炸药外，也用作中能固体推进剂。世界许多国家对黑索金的合成制造方法及工艺进行了深入研究，目前已经发展出了多种合成方法[20]。

1) 直接硝解法

乌洛托品直接用浓硝酸硝解合成黑索金的方法称为直接硝解法。西方国家通常称其为赫尔氏法(Hale process)(图 3.7)。这种方法一直得到广泛应用，反应可用下式表示：

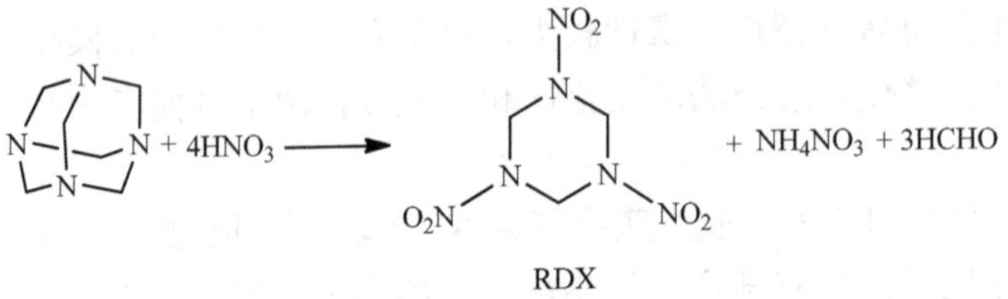

图 3.7　RDX 的赫尔氏法合成路线

该方法中乌洛托品的硝解过程会有许多副产物生成，这些副产物在废酸中极不安定，须经过氧化结晶过程，氧化结晶时升高温度去除不安全的副产物，硝化液用水稀释结晶出目标产物黑索金，其中氧化结晶所释放的 NO 催化分解甲醛和硝酸铵，生成 CO_2、H_2O 等。直接硝解法工艺简单，生产比较安稳，用到的原材料种类也很少，生产出来的产品质量好，但直接硝解法存在浓硝酸用量大、废酸处理及原材料利用率低等问题。

2) 硝酸-硝酸铵法

硝酸-硝酸铵法在德国又称 K 法(K process)，是用该法的发明人(Knoffler)名字的首字母命名的。K 法的反应如图 3.8 所示。

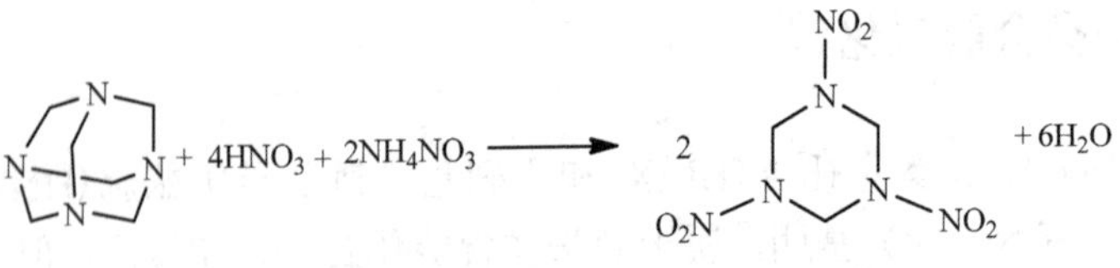

图 3.8　RDX 的 K 法合成路线

硝酸-硝酸铵法所用到的原料是乌洛托品、硝酸和硝酸铵，它们理论上的摩尔比为 1∶4∶2，1 mol 乌洛托品理论上可制备 2 mol 的黑索金。相比于直接硝解法，这个方法的优势是提高了甲醛的利用率。但 K 法中用到大量硝酸铵，使废酸的处理量很大，经济效益不是很理想，难以实现工业化。

3）乙酸酐法

Bachmann 将硝酸片和 Ross-Schiessler 法结合起来，发展成了巴克曼法（Bachmann process），他将此法称为综合法（combination process），合成路线如图 3.9 所示。

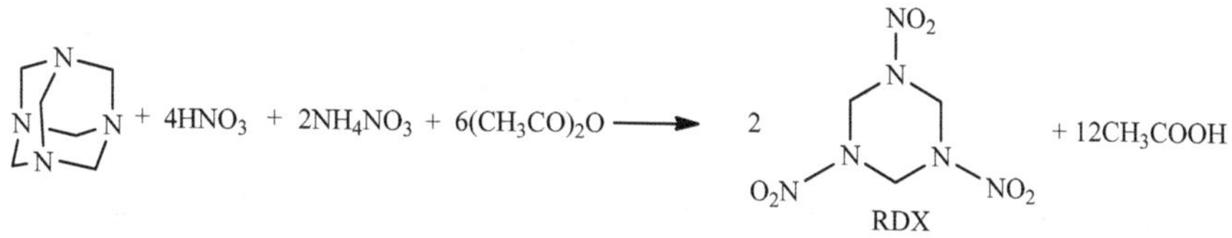

图 3.9　RDX 的巴克曼法合成路线

乙酸酐法除了乌洛托品和硝酸两个原料之外，还加入了乙酸酐及硝酸铵，使 1 mol 乌洛托品可硝解为 2 mol 的黑索金，与直接硝解法相比理论得率高一倍。理论上 K 法的黑索金得率也是较直接硝解法高一倍。乙酸酐法有很多优点，它的亚甲基利用率比较高，按双分子计的得率达到 80%，相比于 K 法实际得率高很多，反应较平稳且生产安全性高。但乙酸酐法实际上存在反应比较复杂且反应杂质副产物较多的问题，而且要加入大量的乙酸酐为脱水剂，合成成本较高。

4）白盐法

氨基磺酸盐（白盐）与甲醛经缩合关环和硝化等反应而得到 RDX（图 3.10）。最初采取这类方法合成黑索金并作为一种生产工艺的是德国的 Wolfram，所以又称为 W 法（W-process），此法甲醛利用率高，但因为白盐法的生产步骤比较多且安全性比较差，这种方法的应用不是很广泛。

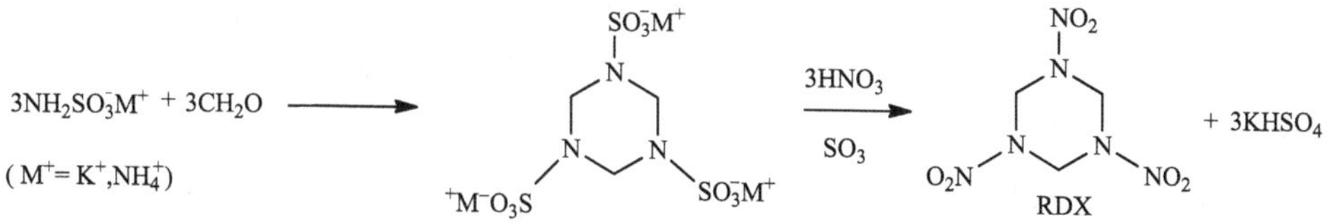

图 3.10　RDX 的白盐法合成路线

此外，RDX 的合成还有甲醛-硝酸铵法、R 盐氧化法、光气法等，但这些方法存在原料贵、安全性差、杂质多或毒性大等因素，均已被淘汰，方法细节不再一一赘述。目前国内外工业生产黑索金主要采用的是直接硝解法，现在的生产情况还在持续改进中，其中生产成本和生产能力是改进的两大方面，这种生产状况阻碍了黑索金在民用及军用等领域的广泛应用。

2. 1,3,5,7-四硝基-1,3,5,7-四氮杂环辛烷

奥克托金(1,3,5,7-四硝基-1,3,5,7-四氮杂环辛烷，HMX)，具有八元环状结构，是 RDX 的同系物。HMX 是一种多晶型的物质，无色无味，具有 α、β、γ、δ 四种晶型，各种晶型具有不同的物理性质，在一定条件下可以相互转化。其中，β-HMX 在室温下最稳定，晶体密度最大，其密度为 1.905 g/cm^3，熔点为 282℃，安定性良好，可与大多数物质相容，能够长期稳定储存，适合于实际应用。

HMX 的化学性质稳定，耐酸碱能力强，与 TNT 和 RDX 相比，其毒性较小。HMX 具有很高的爆轰能量，爆速达到 9110 m/s，爆压为 39.5 GPa。优越的爆轰性能使 HMX 在世界各国得到了广泛的应用：①作为含能混合炸药的组分，应用于核武器、各种导弹战斗部和火箭战斗部；②制备能承受高温的耐热炸药；③制备安全、简便和可靠的起爆药和传爆药；④用于制备含能固体推进剂、无烟改性双基推进剂、含能低烧蚀的固体发射药，应用于导弹和宇宙飞船的推进装置及炮管的发射。HMX 的机械感度比黑索金高、熔点高，且工业化生产成本昂贵，因此 HMX 的应用规模受到限制。

早在 1941 年，加拿大 Bachmann 等在硝酸-硝酸铵-乙酸酐体系(乙酸酐法)硝解乌洛托品制备 RDX 时分离发现 HMX。直到 1950 年左右，HMX 的一些胜过 RDX 的优点逐渐被人们发现，开始将 HMX 作为一种单质炸药进行研究，改变了它作为 RDX 生产中副产物的地位。一直以来，HMX 的制备工艺基本都基于醋酐法(贝克曼法)，即乌洛托品(HA)在乙酸酐、硝酸铵、硝酸、乙酸体系中先转化为 DPT(3,7-二硝基-1,3,5,7-四氮杂双环［3.3.1］壬烷)，随后 DPT 在相同体系中硝解得到 HMX。但是在生产中，乙酸酐的消耗量比较大，而且产率也较低，污染严重。

近几十年，HMX 新法合成的研究极为活跃，从合成的情况来看，主要分两大类：一是探索小分子合成，如硝基脲法；二是以乌洛托品为基础的新方法合成，如 DADN 法、TAT 法、DANNO 法等(图 3.11)[21]。

这些方法的核心策略都是合成 HMX 中间体，再将其硝解成 HMX。虽然这些新方法在一定程度上可以提高 HMX 的产率和降低生产成本，但要实现工业化生产模式仍有以下主要困难：①大部分前体需要预先制备，提高生产成本和周期；②反应均采用大量的强酸，提高后处理成本和难度；③强酸条件下合成 HMX 的釜式反应存在潜在的安全隐患和品质不稳定性，以及设备耐腐蚀问题等。

目前，HMX 在国内的应用水平远落后于美国。研制安全、高效、经济的 HMX 制备方法和生产技术，提高其产能和降低生产成本是当下突破 HMX 应用途径受限的主要手段。

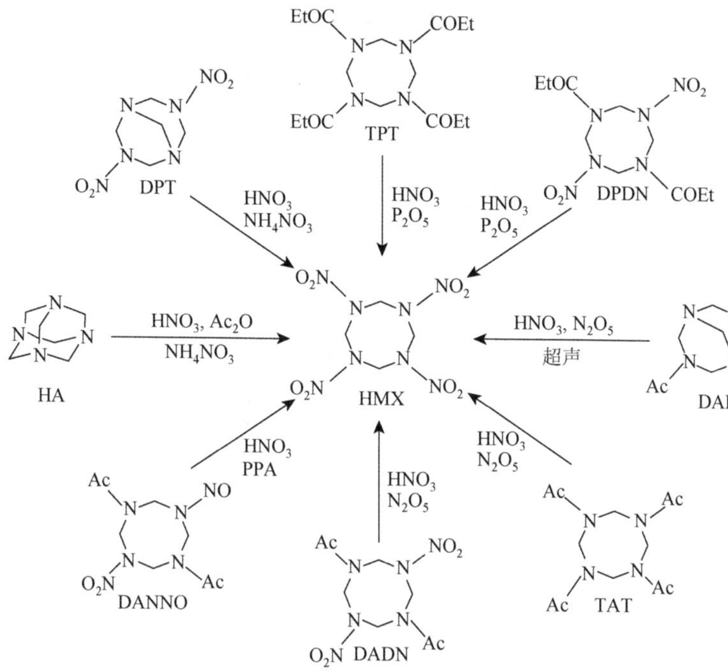

图 3.11　HMX 的硝化合成路线

3. 六硝基六氮杂异伍兹烷

六硝基六氮杂异伍兹烷(HNIW，俗称 CL-20)是一种多硝胺笼型化合物，其合成是含能材料领域的一次重大突破。常温常压下存在 α、β、γ、ε 四种晶型，其中，ε-CL-20 在室温下最稳定，晶体密度最大，其密度高达 2.04 g/cm^3，CO 氧平衡为正(10.95%)，标准生成焓为 960～1000 kJ/kg，DSC 分解放热峰温度 245～254℃，能量输出比 HMX 高 10%～15%，是目前工程应用的能量密度最高的单质含能材料，除当作新一代炸药应用于各类武器的战斗部之外，将其引入固体推进剂中，提高推进剂的能量水平已成为含能固体推进剂的重要研究领域。

1987 年，美国的 Nielsen 首次以苄胺和乙二醛为起始原料合成出 CL-20[22]，后人不断改进，目前大致可分为四步(图 3.12)：①苄胺和乙二醛经过缩合关环合成得到六苄基六氮杂异伍兹烷(HBIW)；②HBIW 的脱苄，经过两次钯催化加氢脱苄将 HBIW 上的六个苄基部分或全部转化为易硝化的官能团，如乙酰基；③脱苄产物 TAIW 硝解制备 HNIW；④HNIW 的转晶，即将硝解生成的 HNIW(因硝化条件的不同可以是 α 型或 γ 型)转晶为最稳定、密度最大的 ε 晶型。CL-20 问世 30 多年来，人们对它的性能、合成路线、生产工艺及应用进行了卓有成效的研究，现在 CL-20 的生产工艺已趋于成熟，美国、法国以及中国等国家均实现了 CL-20 的中试化生产。

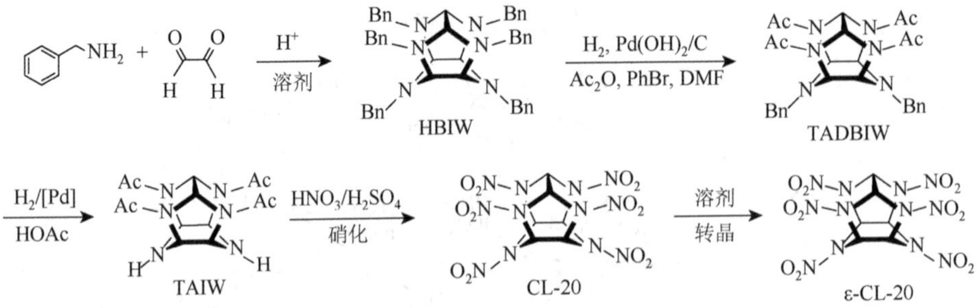

图 3.12　CL-20 的传统苄胺法合成路线

　　但苄胺法合成路线需要两次使用贵金属 Pd 催化脱苄，存在反应条件严苛、氢解反应需高温高压、耗能高、污染大、成本高等缺点，难以适应新一代战略导弹武器生产对原材料保供及低成本的发展需求。

　　为进一步降低 CL-20 生产成本，各国致力于开发新合成路线，主要包括无氢解法和两步法[23]。无氢解法合成 CL-20，不需要使用催化剂钯脱除 HBIW 上的苄基。日本旭化成工业株式会社的 Kodam 在四氢呋喃、乙醚等有机溶剂中及在惰性气体保护下用氯甲酸三甲基硅乙基酯作用于 HBIW，生成的氯甲酸酯取代产物通过亚硝酸和硝酸硝化试剂硝解得到 CL-20。但是氯甲酸酯毒性大且价格昂贵，该方法的成本远超氢解法，难以实际应用。北京理工大学采用氧化的方法成功脱除了 HBIW 上的苄基，实现了 CL-20 的无氢解制备。但是氧化反应副产物多，产物纯度和收率很难达到工程化生产要求，也不具备使用价值。两步法的合成路线为①原始胺(杂环甲基胺、丙烯胺或氨基磺酸盐)与乙二醛缩合成六取代六氮杂异伍兹烷；②通过对六取代六氮杂异伍兹烷直接硝化来合成 CL-20。但两步法的新型异伍兹烷前体和硝化得率都很低，难以工程化应用。

3.2.3　其他含能氧化剂

1. 3,4-二硝基呋咱基氧化呋咱

　　3,4-二硝基呋咱基氧化呋咱(DNTF)是集呋咱、氧化呋咱及硝基于一体的含能化合物，具有较大的生成焓和较低的摩擦感度，综合性能优于奥克托金(HMX)，是具有突出地位的新一代高能量密度材料。Lensovet 技术研究所(俄罗斯圣彼得堡)、俄罗斯科学院泽林斯基有机化学研究所、国内中国兵器工业集团公司西安近代化学研究所和中国工程物理研究院化工材料研究所分别实现了 DNTF 的合成。DNTF 综合性能良好，可广泛用于多种新型高威力弹药、推进剂和火工品中。因此，DNTF 的工程化应用研究有着十分重要的意义。

DNTF 工程化应用存在两大瓶颈问题：一是制备材料成本较高(600 元/kg)，不能满足常规武器需求；二是纯度较低，未达到98%以上。①俄罗斯 DNTF 合成技术：20 世纪70 年代 Lensovet 技术研究所(俄罗斯圣彼得堡)的特殊设计和技术局(SDTB)首次合成了 DNTF，但其合成方法和性能研究均未公开。俄罗斯科学院泽林斯基有机化学研究所自 20 世纪 90 年代开始研究硝基呋咱化合物的合成，2005 年，Aleksei B. Sheremetev 等研究了三步法制备 DNTF 的工艺[24]，并取得成功，但收率低(9%～11%)，不适合用于规模化制备。②中国 DNTF 工程化制备技术：2011 年，中国工程物理研究院化工材料研究所报道了一种低成本 DNTF 制备技术(合成路线见图 3.13)[25]。DNTF 的收率达到了 80%。利用上述工艺实现了 DNTF 百克量级合成，产物纯度为96%，总得率38%左右，材料成本由 600 元/kg 下降到 265 元/kg，为工程化应用奠定了基础。同年，西安近代化学研究所周彦水等以丙二腈为原料，经亚硝化、重排、肟化、脱水环化、分子间缩合环化以及氧化等反应合成出 DNTF[26]，总得率为43%。为了促进工业化应用，2022 年，西安近代化学研究所与北京理工大学开展了氧化反应合成 DNTF 的热危害评价[27]，为 DNTF 合成工艺和安全设计提供安全技术指导。

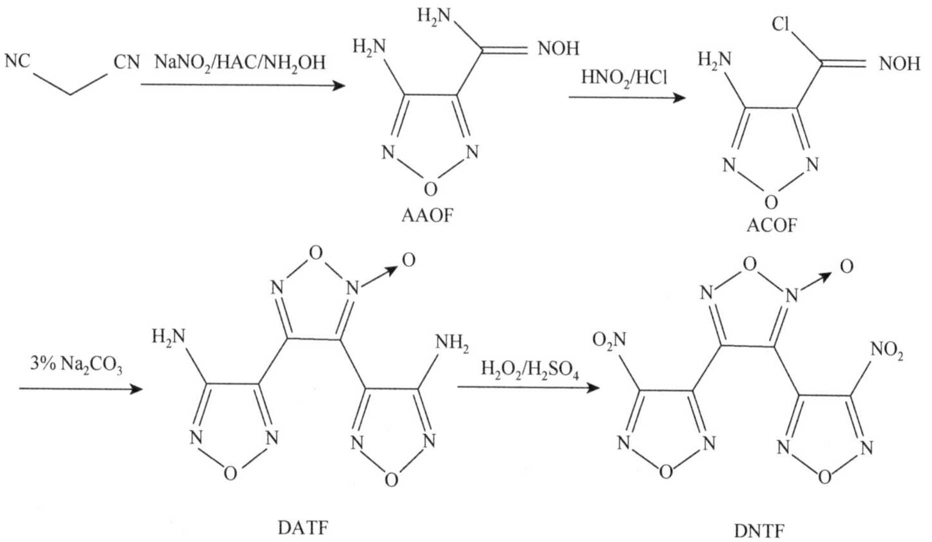

图 3.13　中国工程物理研究院化工材料研究所 DNTF 合成路线

2. 1,1′-二羟基-5,5′-联四唑二羟胺盐

　　1,1′-二羟基-5,5′-联四唑二羟胺盐 (TKX-50) 是 2012 年德国慕尼黑大学的 Klapötke 等[28]首次报道合成出的一种富氮类新型钝感含能离子盐，以二氯乙二肟

和叠氮化钠为原料经叠氮化、环化反应得到中间体 5,5′-双四唑-1,1′-二醇二水合物 (1,1′-BTO)，再与羟胺反应得到 TKX-50，合成路线如图 3.14 所示。该物质曾被认为能量性能接近 CL-20 的能量水平。然而，后续美国[29]、俄罗斯[30]等科学家对此提出了质疑，认为忽视了羟胺(–114 kJ/mol)与双氧化四唑成盐反应(–67 kJ/mol)热效应对生成焓等能量性能的巨大影响，TKX-50 的能量是低于 HMX 的(表 3.1)。因此后续国外未继续开展深入研究。

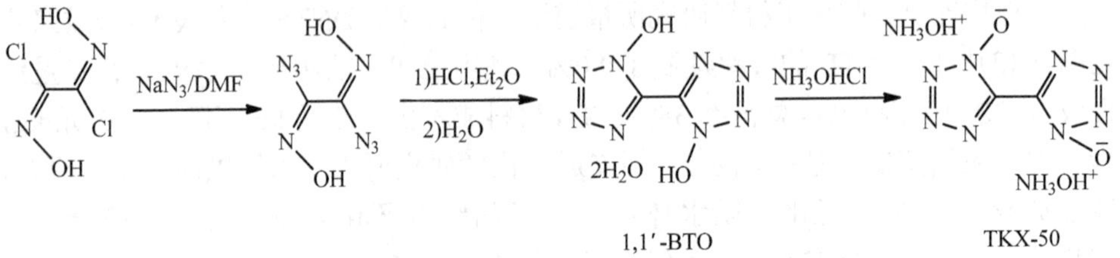

图 3.14　Klapötke 等采取的 TKX-50 的合成路线

表 3.1　TKX-50 生成焓的预估及测试

研究机构	实测燃烧热/(kJ/kg)	生成焓/(kJ/mol)	
		由燃烧热计算	理论计算
GER	—	439	446
RUS	8704±53	111±16	105~130
USA	—	—	193
南京理工大学[1]	9091	204	—
北京理工大学[1]	9152	218	—

注：1) 湖北航天化学技术研究所提供样品。

合成 TKX-50 的关键中间体二叠氮基乙二肟(DAG)在干燥条件下的机械感度较高，Klapötke 等报道的方法总收率最高为 85.1%。但是，该方法在分离提纯过程中需要通过挥发除去乙醚和氯化氢，并减压蒸除水，使用二甲基甲酰胺(DMF)时甚至需要减压蒸除 DMF，这些后处理步骤过于烦琐，在克量级合成中尚可接受，放大到百克量级时难度较大。

湖北航天化学技术研究所对 Klapötke 等的合成工艺进行了改进并进行了工艺放大研究：以乙二肟、叠氮化钠、N-甲基吡咯烷酮、氯化氢气体等为原料，通过氯代反应、叠氮化取代反应、酸催化四唑环化反应和复分解反应制备 TKX-50，合成路线如图 3.15 所示。湖北航天化学技术研究所在 TKX-50 的合成过程中叠氮化、环化及成盐反应实现了"连续法"，进行了 2 kg/批放大和稳定连续化生产，放大生产过程产品质量 ［纯度达到 99%±0.2%］、产率（总产率达到 85% 以上）、晶型粒度控制（长径比≤1.5)等重现性良好。

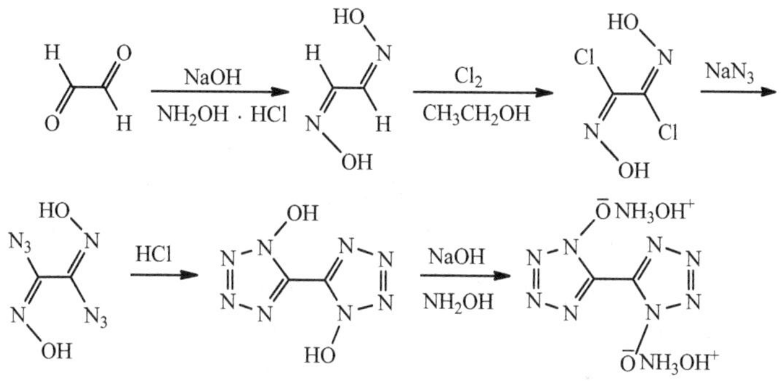

图 3.15　湖北航天化学技术研究所采取的 TKX-50 的合成路线

2019 年，韩国含能材料与烟火部 Lee 等[31]利用二四氢吡喃二嗪肟(THP-DAG)代替敏感中间体 DAG，通过 1,1'-BTO 合成 TKX-50，使合成 TKX-50 的生产路线更安全，此合成路线产物收率达 72%，合成路线如图 3.16 所示。

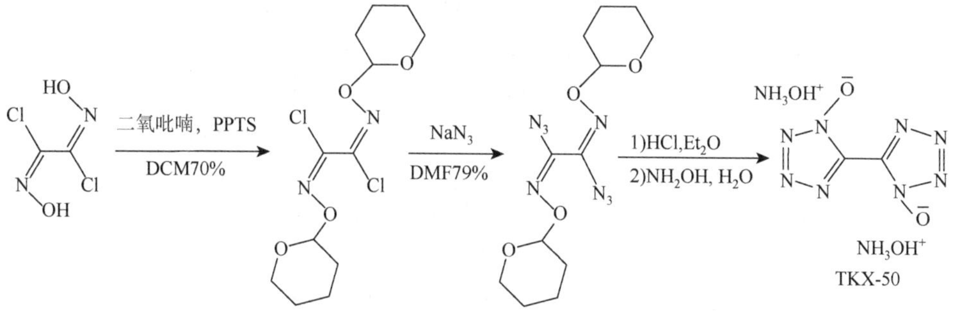

图 3.16　Woong Hee Lee 等采取的 TKX-50 的合成路线

3.3　金属燃料

　　燃料添加剂用于提高固体推进剂能量、比冲量和特征速度。金属燃料添加剂主要有铝粉、硼粉，金属氢化物相比于金属粉体而言，可显著提高推进剂的比冲值，金属合金作为一类新型高性能金属燃料具备改善推进剂燃烧效率、提高比冲效率的能力，但金属合金的高活性导致其与推进剂其他组分的相容性存在一定问题，限制了其在含能固体推进剂中的应用，需通过稳定化技术提高金属合金在含能固体推进剂的实用化水平。另外，配位氢化物如轻金属硼氢化物等研究，仍然处在起步阶段。

3.3.1　纳米铝粉

微米铝(Al)颗粒的主要问题之一是它们的点火温度高，微米尺寸和较大的 Al 颗粒点燃温度高达 2350 K，虽然高的点火温度有助于降低在各种实际应用中能量的释放速率，但带来的另一个重要问题是颗粒聚集，性能降低了 10%，当微米级 Al 颗粒在较高温度下点燃时，颗粒倾向于在固体火箭发动机中的推进剂表面上聚结和聚集。附聚物的存在导致两相流动损失，这是因为它们减慢了流动的速度，并且不能完全传递流动的热能[32, 33]。鉴于此，利用新型技术对铝粉改性，提高其在推进剂中的能量发挥，是非常必要的。

采用纳米铝粉取代微米铝粉，可以实现缩短颗粒燃烧时间，降低团聚物的尺寸，降低点火延迟，降低凝聚相尺寸，增加推进剂的反应热。

与微米级对应物相比，纳米颗粒由于其独特的物理化学性质引起了相当大的关注。例如，块状金是众所周知的惰性材料，但如果金颗粒的直径减小到 1～5 nm，它们表现出优异的催化性能。纳米颗粒的物理化学性质取决于尺寸。纳米铝颗粒的熔融温度随颗粒大小，从 930 nm 至 673 nm 以约 10 K/nm 降低，673 nm 以下以 3 K/nm 降低。对于铝颗粒的点燃温度，表现出定性相似的趋势，它随着颗粒尺寸的减小而减小，从 100 μm 处的高达 2350 K 到 100 nm 处的约 1000 K。

纳米颗粒的独特行为可部分归因于表面上存在大量原子以及与这些表面原子相关的过剩能量。表面层厚度可以取为铝的原子直径(286 pm)。当粒径从 1 μm 减小到 10 nm 时，粒子中表面原子的比例从 0.17%增加到 16%(图 3.17)。表面原子具有比颗粒内部区域中的原子更低的配位数和更大的能量。结果，颗粒的性质在尺寸上取决于纳米尺度。

尽管纳米铝颗粒的点火温度往往低于其微米尺寸的对应物，但由于固态扩散和/或黏性流动，烧结和聚集的问题仍然存在。此外，纳米颗粒的高比表面积(10～50 m²/g)可导致推进剂药浆的黏度高和药柱的机械强度差。这些会降低推进剂密度，产生不稳定的燃烧，甚至导致发动机故障。由于这些原因，纳米铝颗粒目前并未实际应用到固体推进剂中。

纳米铝粉也是被钝化的氧化层所覆盖，其厚度在纳米范围，可以在合成出新的纳米铝粉之后进行钝化，方法是将纳米铝粉置于充满氩气和空气的恒温箱，为了促进受控的颗粒氧化，气体中的空气浓度保持在极低的范围(<0.1%，体积分数)。但值得注意的是，与微米铝粉相比，氧化层的存在减少了金属燃料的能量含量。替代包覆可能会增强能量含量，提高反应性或减少颗粒聚集。例如，镍包覆

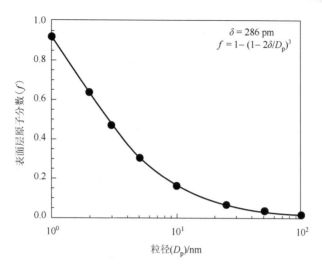

图 3.17　粒径对铝颗粒表面层原子分数的影响

会使复合固体推进剂环境中的附聚物尺寸减小约 40%。这可能是由于金属间反应导致铝颗粒的点火延迟和温度降低。理想的包覆材料将最大限度地提高能量含量和保质期，同时确保燃烧性能而且不影响灵敏度特性。

金属是有吸引力的包覆材料，因为它们可以增强颗粒的能量含量，可以使用湿化学试验方法、电爆炸工艺或电镀合成用金属涂层钝化的纳米铝颗粒。Foley 等[34]合成了钯、银、金和镍钝化的纳米铝颗粒，粒径约为 150 nm。其基本方法是：首先将新生铝颗粒用二甲醚浆化，在另一个烧瓶中，将金属的乙酰丙酮化物溶解在二甲醚中，将所得溶液加入搅拌的铝浆液中并使其反应 12 h。然后使粉末沉降并倾析出溶剂。将得到的固体用二甲醚洗涤并干燥。将粉末在空气中钝化，所得颗粒含有铝和过渡金属氧化物。镍在保护活性铝含量方面效率最高，镀镍铝颗粒中的活性铝含量比其他颗粒提高大约 4%。据报道，对于更细的颗粒，预计会有更多的改进。

在氩气环境中，Al-Ni 复合的电爆炸法也能合成镍包覆的纳米铝颗粒，粒径为 237 nm。结果表明，与常规铝粉相比，镀镍铝粉没有优异的反应性。例如，氧化的起始温度约为 565℃，与传统铝粉相当。此外，粉末的活性铝含量仅为 53%。但电爆炸不能精确控制颗粒尺寸并导致形成粗颗粒和细颗粒。在该研究中还合成了硼涂覆的铝粉，硼涂覆的铝粉中的铝含量与氧化铝涂覆的铝粉相当。然而，当硼涂层代替氧化铝对应物时，燃烧焓从 5465 kJ/kg 增加到 6232 kJ/kg。这归因于硼颗粒的高能量密度。从能量角度来看，硼涂覆的铝颗粒对推进和能量转换应用具有吸引力。

有机材料是用于包覆的有吸引力的候选材料，因为它们可以在燃烧室燃烧并且有助于整体能量释放。此外，它们在通常相较于金属燃烧的较低温度下反应和分解，从而增强金属纳米颗粒的反应性。有机涂层的另一个优点是它们可以提高粉末的加工性。铝纳米粉末的极高表面积在固体推进剂中造成许多加工困难，因为黏合剂和增塑剂变得不能润湿所有固体。在这方面，有机涂层的铝纳米粉末显示出比无机涂层的铝纳米粉末更好的相容性。

全氟烷基羧酸是一种优良的有机包覆层，羧酸对铝金属表面具有强亲和力，氟基的主要优点是铝-氟反应的焓变高，其绝热火焰温度约为 4400 K，大于铝-氧系统中的对应物（4000 K）。使用湿化学方法合成涂有全氟烷基化合物的铝粉，在充满氩气的手套箱中搅拌乙烯加合物的二乙醚（DEE）溶液，用注射器快速加入异丙醇钛溶液并搅拌 5 min，然后将全氟烷基羧酸的乙醚溶液滴加到反应瓶中。将得到的固体物质在乙醚中洗涤并干燥。用全氟烷基羧酸钝化的纳米铝颗粒的透射电子显微（TEM）图（图 3.18）显示核心大小估计为 5 nm，研究表明氧气可以穿透有机包覆层，因此能够形成内部氧化层，粉末中的活性铝含量低至 45%。

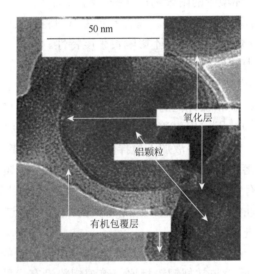

图 3.18 有机包覆层钝化的纳米铝颗粒的透射电子显微图

Fernando 等[35]开展了油酸钝化纳米铝颗粒研究。有机层充当铝的氧化和钝化的氧源，约 40%的样品质量为活性铝，35%为有机涂层，25%为有机氧化铝层。还考察了替代的封端材料，如烷基取代的环氧化物，制备得到直径约为 20 nm 的颗粒。环氧化物试剂在颗粒表面聚合以产生聚醚，尽管有机层富含氧，但所产生的纳米颗粒具有低氧化物含量，活性铝含量为 96%，显著高于相同尺寸的常规铝粉（31%）。

　　Zeng 等[36]通过原位接枝法合成了聚叠氮缩水甘油醚(GAP)包覆纳米铝颗粒的产物。其具体操作步骤如图 3.19 所示，首先，将纳米铝颗粒放入具有乙酸丁酯的容器中并对其进行超声。然后以一定的时间间隔将二月桂酸二丁基锡(DBTDL)和 2,4-二异氰酸甲苯酯(TDI)引入容器中并搅拌 1 h。之后，将混合物过滤、用乙酸丁酯洗涤并转移到装有 300 mL 乙酸丁酯的容器中。在剧烈搅拌下再次加入相同量的 DBTDL。最后将 GAP 加入容器中并保持搅拌 2 h 即可得到 GAP 包覆纳米铝颗粒的样品。实验结果表明，纳米铝颗粒的表面形成了一种—O —(CO—NH)—的化学键，并且包覆层的厚度可以通过改变反应物的相对比例来调节。此外，稳定化后的纳米颗粒的疏水性大幅度提高，疏水角从原来的 20.2°提高到了 142.4°，这说明 GAP 包覆的纳米铝颗粒能够在潮湿的环境中良好保存，而且在热水中的稳定性也显著提升。

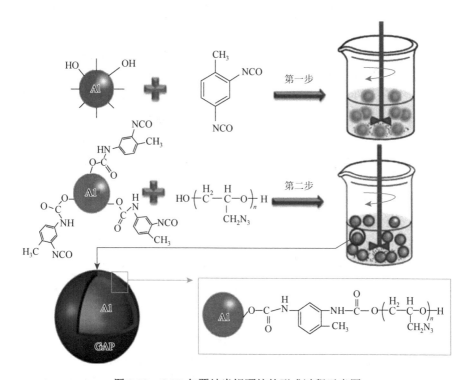

图 3.19　GAP 包覆纳米铝颗粒的形成过程示意图

　　李鑫等[37]为了保留纳米铝颗粒的活性，先在惰性气体的气氛下用硅烷偶联剂预处理纳米铝颗粒，之后再利用 GAP 对纳米铝颗粒进行包覆，包覆后的产物和未包覆的颗粒相比热稳定性明显提高。

　　郭连贵等[38]通过激光诱导复合加热的方法制备出了端羟基聚丁二烯(HTPB)

包覆的纳米铝颗粒的产物。经测试发现，包覆后的样品具有明显的核壳结构，且粒径分布范围为 30～100 nm。另外，作者还补充了 HTPB 包覆的纳米铝颗粒和 Al_2O_3 包覆的纳米铝颗粒在周围环境中储存 2 年的实验，实验结果表明，HTPB 包覆的纳米铝颗粒的反应性和稳定性均优于 Al_2O_3 钝化的纳米铝颗粒，这也为含能材料包覆纳米铝颗粒的研究打下了良好的基础。

3.3.2 纳米铝热剂

铝热剂是由金属和金属基氧化物颗粒组成的含能材料，铝是最常用的金属，可以选择的氧化剂如 MoO_3、CuO、WO_3、Fe_2O_3 和 Bi_2O_3，可用作常规弹药的无毒底漆、固体推进剂和爆炸物的添加剂、微型推进器、基于 MEMS 的智能点火系统等。然而，传统的铝热剂由微米级别的燃料和氧化剂构成，这将导致颗粒之间的传质速率较低、不同组分颗粒的混合均匀性较差，并且由于颗粒的尺寸较大，颗粒之间的接触面积较小，进一步导致铝热反应速率变慢和点火温度升高，限制了传统铝热剂在固体推进剂中的应用。然而，当铝热剂颗粒的尺寸降低到纳米级别时则不存在上述的缺点。因此，为了解决上述所提到的问题，广大学者又将目光放到了纳米铝热剂上。Aumann 等[39]首次将纳米级别的 MoO_3 添加到纳米铝中，制得的产物的能量释放速率与微米铝热剂相比可以提高几个数量级。换句话说，由于纳米铝热剂颗粒的粒径较小，体系的表面能急剧增加，进而导致体系的反应活性急剧增加。

传统合成方法的一个主要缺点是高度不均匀和无序集料的形成，可以采用新的方法来最小化聚集和不均匀性。新的方法[40]是采用一种自下而上的方法，利用静电自组装 Al 和 CuO 纳米颗粒来合成纳米复合反应性微球，所得微球的直径为 15 mm。纳米铝颗粒表面涂有 V-官能化烷酸 $\left[HOOC(CH_2)_{10}NMe_3^+Cl^- \right]$，而 CuO 颗粒表面涂有 V-官能化烷硫醇 $\left[HS(CH_2)_{10}COOMe_4^+ \right]$，然后将包覆颗粒分别添加到二甲基亚砜溶剂中。当两种溶液混合时，电荷中和导致了铝热微球的自组装和沉淀。图 3.20 显示了由纳米级 Al 和 CuO 颗粒组成的铝热剂微球的扫描电子显微图。实验结果表明，这些混合物能够在矩形微通道中点燃并允许自我持续燃烧。传统颗粒的铝热剂并非如此。考虑的其他配方包括自组装的 CuO 纳米棒和 Al 纳米颗粒、多孔 Fe_2O_3 和 Al 纳米颗粒、含高氯酸钠氧化剂的硅纳米结构或纳米多孔硅、自组装 Al 和 Bi_2O_3 纳米颗粒、核壳结构纳米铝热剂、复合氧化物颗粒、纳米铝热剂纤维。

Apperson 等[41]研究了 CuO/Al 纳米铝热剂的推力产生特性，通过在一定密度范围内挤压材料，对不同添加量(9～38 mg)的混合物进行了测试。结果表明，随

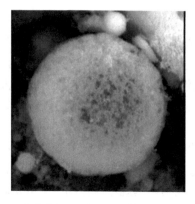

图 3.20　由纳米级 Al 和 CuO 颗粒组成的自组装纳米复合反应性微球的扫描电子显微图

着堆积密度的变化，该材料表现出两种不同的脉冲特性：在低填充密度下，产物能够快速燃烧，所产生的推力为 75 N，持续时间小于 50 μs；而在高填充密度下，产物燃烧相对缓慢，所产生的推力仅为 3～5 N，持续时间也延长至 1.5～3 ms。Marc 等[42]通过将 Bi_2O_3 和 CuO 纳米颗粒与 Al 纳米颗粒混合以制备成纳米铝热剂，并将产物用作小规模推进应用系统中的固体推进剂。结果表明，Bi_2O_3/Al 纳米铝热剂在 1.7 ms 的持续时间内产生 46.1 N 的平均推力，比冲为 41.4 s，而 CuO/Al 在 5.1 ms 的持续时间内仅产生 4.6 N 的推力，比冲为 20.2 s。另外，向纳米铝热剂中添加硝化纤维素可将比冲最大提高至 59.4 s，同时还能可控地降低系统的平均推力并延长燃烧时间。

3.3.3　金属氢化物

1. 金属氢化物的能量性能

除了金属，金属氢化物也可以充当固体推进剂的燃料，而且金属氢化物具有燃烧热值更高、可产生气体等优点。金属氢化物在推进剂中燃烧，相当于引进了金属燃烧剂的同时又引入了氢原子，氢的燃烧可以释放大量的热量，同时增加了燃气中水的分子数，降低了燃气的平均分子量，从而使推进剂比冲有了显著的提高。

氢化硼（B_2H_6、B_5H_9、$B_{10}H_{14}$）反应能力高，易于氧化，在燃烧时会释放出比相应数量碳氢化物大得多的能量。在燃烧时，硼氢化合物会提供高比冲，燃烧热为 70000 kJ/kg[43]。由于氢化硼具有高热值的特点，已研制出一系列含有 B_2H_6、B_5H_9 的固体火箭推进剂。但是，吸入少量的 B_2H_6、B_5H_9、$B_{10}H_{14}$ 就可引起头疼、恶心、肺水肿、呼吸困难、精神抑郁等症状，其毒性特别作用于神经系统，损害肾脏和肝脏。值得注意的是含有高价硼氢化物的乙硼烷(B_2H_6)，在室温条件下受到湿气的作用都有可能引起爆炸。纯 B_5H_9 在 $10\sim20℃$ 的干燥空气中不起燃，但在杂质参与下湿空气中 B_5H_9 蒸气很容易燃烧起来，B_5H_9 的燃烧通常以爆炸形式发生。纯 $B_{10}H_{14}$ 在室温条件下不自燃，但在 $100℃$ 温度下和户外长期存放时，$B_{10}H_{14}$ 可自行爆炸。毒性和危险性极大地限制了硼氢化物在固体推进剂中的应用。

以氢化硼为原料可以合成出一系列的碳硼烷衍生物，研究表明，一些对固体推进剂燃速有调节功能的碳硼烷，在推进剂中除主要起燃速调节作用外，还兼具其他功能，如碳硼烷的烷基衍生物、碳硼烷基甲基烷基硫化物、碳硼烷基甲醚衍生物、异丙烯基碳硼烷衍生物，主要品种有正己基碳硼烷、碳硼烷基甲基正丙基硫化物、正丁基碳硼烷和1-硝基-2-(1-碳硼烷基)丙烯等，常温下它们都是液体。将它们加入端烃基聚丁二烯、端羧基聚丁二烯及聚氨酯等复合推进剂中，加入量为10%~13%，在起增塑作用的同时又能使推进剂的燃速提高2~3倍。

李猛等[44]考察了常见的金属氢化物在推进剂中的能量表现，氢化物具体理化性能数据见表3.2。

表 3.2　金属氢化物理化性能

金属氢化物(MH)	密度/(g/cm³)	氢含量/(%)	体积氢密度/(g/L)	分解温度/K	$\Delta_f H$/(kJ/mol)
AlH_3	1.486	10	150.1	423	−11.51
BaH_2	4.21	1.45	61.0	948	−178.7
CaH_2	1.7	4.79	81.6	873	−181.5
CsH	3.4	0.75	25.6	443	−54.2
$LiAlH_4$	0.917	10.6	97.6	438	−116.3
$Mg(AlH_4)_2$	1.046	9.34	97.9	413	−152.7
MgH_2	1.45	7.6	111.3	600	−76.15
SrH_2	3.26	2.25	73.4	948	−180.3
TiH_2	3.75	4.04	151.9	653	−144.35
ZrH_2	5.67	2.16	122.8	500	−169.0

图 3.21 为不同金属氢化物对 HTPB 四组元推进剂标准理论比冲的（I_s）影响规律，选定 HTPB/AP-RDX/MH 配方体系进行能量特性计算，获得了 HTPB 黏合剂含量不变时金属氢化物含量与标准理论比冲的关系。随金属氢化物含量的增加，标准理论比冲呈线性函数上升，当金属氢化物含量达到一定程度时，出现标准理论比冲值的拐点；随后，标准理论比冲值呈下降趋势。按标准理论比冲最优值大

小排序为 $AlH_3 > LiAlH_4 > Mg(AlH_4)_2 > Al > MgH_2$。而从图 3.21(b) 中可看出，随金属氢化物含量的增加，标准理论比冲值基本都呈现下降趋势，按标准理论比冲值大小排序为 $Al > TiH_2 > ZrH_2 > CaH_2 > SrH_2 > BaH_2 > CsH$。

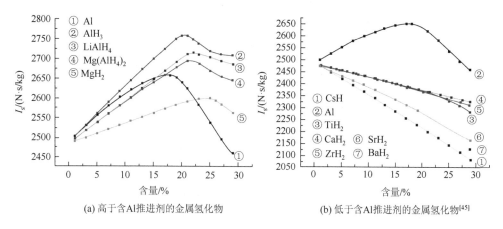

(a) 高于含 Al 推进剂的金属氢化物　　　　(b) 低于含 Al 推进剂的金属氢化物[45]

图 3.21　金属氢化物含量对 HTPB/AP-RDX/MH 标准理论比冲的影响

Shark 等[46]则全面评价了常见金属氢化物作为能量添加剂应用于液体双组元推进剂和 RP-1 燃料的效能，添加金属氢化物在不同程度上均能提高推进剂比冲，且随着体积氢密度的增加，比冲和密度比冲均能增加。图 3.22 所示为各类金属氢化物对比冲贡献，其中 AlH_3 的体积氢密度、质量氢密度和对比冲贡献均在较高的水准。

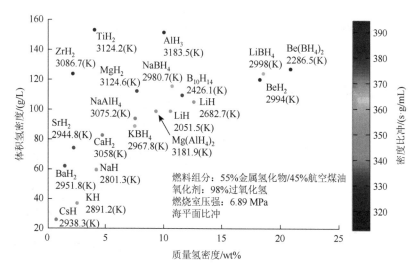

图 3.22　各类金属氢化物基于 RP-1 的双组元推进剂的密度比冲、体积氢密度、质量氢密度

2. 三氢化铝

三氢化铝（AlH$_3$）含氢量高，毒性小，与铝粉相比，具有更高的燃烧热值，是一种理想的固体推进剂含能燃料。AlH$_3$共有7种不同的晶型：α、α′、β、γ、δ、ε、ζ，其中α晶型热力学性质相对稳定，是唯一在固体推进剂配方中有应用价值的晶型。将AlH$_3$应用于固体推进剂中首先需要解决的问题是发展一种质量稳定可控、安全、低成本的制备技术，并可实现一定规模的工业化放大生产。此外，AlH$_3$易分解，实现AlH$_3$稳定化并应用于固体推进剂也是各国的研究热点。国外研究机构主要有美国ATKThiokol公司、俄罗斯科学院，国内研究机构主要有湖北航天化学技术研究所、西安近代化学研究所、黎明化工研究设计院等。

1）AlH$_3$制备技术研究

美国、俄罗斯、中国及欧洲其他国家或地区等先后从20世纪60年代开始进行AlH$_3$合成及应用研究。AlH$_3$的合成方法很多，主要有乙醚溶剂法、铝和氢直接反应生成法、机械研磨法、超临界合成法等，其中传统的以LiAlH$_4$和AlCl$_3$为原料、乙醚为溶剂的合成方法是工程化制备高质量α-AlH$_3$的主要途径，可解决工程化放大的安全和质量控制问题。美国ATK Thiokol公司已经掌握了制备高纯度、高晶体质量α-AlH$_3$的技术，并进行了工艺放大，目前正在进行α-AlH$_3$在推进剂和炸药配方中的应用研究。近十多年来，国内多家研究机构也对α-AlH$_3$的合成和应用进行了探索和研究，湖北航天化学技术研究所[47]、西安近代化学研究所[48]、黎明化工研究设计院[49]等都能够制备高质量的正立方或正六方形α-AlH$_3$，且其边缘清晰、表面光滑。从晶型质量看，国内目前制备的α-AlH$_3$（图3.23）接近于国外俄美样品水平（图3.24）。

图3.23 湖北航天化学技术研究所制备的α-AlH$_3$

(a) 20～50μm；(b) 50～100μm

图 3.24　(a)俄罗斯制备的 α-AlH$_3$；(b)美国 ATK Thiokol 公司制备的 α-AlH$_3$

　　后续需要在掌握乙醚法合成的工艺控制和安全控制的关键技术，形成放大合成工艺规程和粒度控制工艺规程，解决低闪点液体及危险中间体料液输送、自动转移、可燃气体浓度控制与监测、无水无氧反应体系保持等关键技术难题的基础上，开展进一步的工程化放大研究，为 α-AlH$_3$ 的应用奠定原材料基础[50]。

　　2) AlH$_3$ 稳定化技术研究

　　AlH$_3$ 存在杂晶、杂质等，导致其高温热稳定性较差，在推进剂成药过程中容易出现气孔，因此优化合成工艺提升 AlH$_3$ 的晶型品质，研究 AlH$_3$ 稳定化技术是实现 AlH$_3$ 在含能固体推进剂中应用的关键。

　　目前，提高 α-AlH$_3$ 热稳定性，除了通过优化合成制备条件来改善 α-AlH$_3$ 的结晶性和提高纯度外，还可以对 α-AlH$_3$ 进行表界面改性，采用表面包覆法、表面钝化法和掺杂法等技术途径，能大幅提高 AlH$_3$ 在含能固体推进剂的实用化水平。Matzek[51]研究了通过吸附气态或用液态的无机物质对 AlH$_3$ 来进行包覆以增加其稳定性。Petrie[52]在 α-AlH$_3$ 表面包覆能调整 Al^{3+} 的物质(为多羟基的单体和高聚物)。Schmidt[53]将 AlH$_3$ 晶体用含有氰基的物质、单质铝等包覆，包覆物质起物理隔离作用。Cianciolo 等[54]通过往 AlH$_3$ 层状结构中掺入 Hg^{2+} 来提高其稳定性，Roberts 等[55]通过往 AlH$_3$ 中掺入阳离子 R$_3$Si$^+$来增加稳定性。黎明化工研究设计院近期通过专利公开了一种通过富勒烯类稳定剂(C$_{60}$、C$_{70}$ 等及其衍生物)来提升 AlH$_3$ 热稳定性的方法，该方法能够使 AlH$_3$ 在 60℃下储存 3 个月，分解率小于 1%[56]。2022 年，西安近代化学研究所报道了一种通过多巴胺(PDA)原位聚合生物激发的 α-AlH$_3$ 涂层的通用和简便方法[57]，PDA 涂层显著改善了 α-AlH$_3$ 的稳定性。这是首次将多巴胺化学应用于 α-AlH$_3$，提出了一种新的表面涂层方法来解决 α-AlH$_3$ 的稳定性问题。湖北航天化学技术研究所通过表面强化技术和表面疏水技术，制备出具有高湿热稳定性的改性 AlH$_3$，改性 AlH$_3$ 在 50℃、6 天的分解率从 0.15%下降到 0.03%。

3.3.4　合金燃料

1. 铝锂合金

铝锂合金具有独特的性能，熔点低，具有高反应性，是含能材料的有前途的燃料，能有效改善含能材料的性能。美国普渡大学、爱荷华州立大学，意大利米兰理工大学，中国的北京理工大学、南京理工大学、华中科技大学等研究机构在铝锂合金改性及其在固体推进剂中的应用领域开展了大量研究。

1) 铝锂合金稳定化研究

铝锂合金粉末的高反应性导致在储存过程中微铝颗粒表面严重氧化，整体性能显著恶化。研究人员尝试采用表面涂层的方法来提高铝锂合金粉末在储存时的老化稳定性，同时又不削弱其高反应活性。华中科技大学开展了在铝锂合金粉末表面涂覆纳米铁膜的方式提高其稳定性的研究[58]。气体雾化 Al-3Li(3%)制备了合金粉末，并采用改进的化学液相沉积方法成功地在其表面涂覆了纳米铁膜。核壳结构 Fe/Al-3Li 复合粉体热反应性显著增强，反应性衰减率显著降低，质量燃烧焓保持基本稳定，铁涂层确实防止了合金粉末的预氧化并改善了其时效稳定性。南京理工大学通过重结晶法，用萘包覆 $LiAlH_4$，提高 $LiAlH_4$ 的稳定性[59]。

2) 铝锂合金在固体推进剂中的应用研究

铝锂合金在固体推进剂中的应用研究表明，铝锂合金既能提高固体推进剂的点火性能和燃烧性能，又能消除固体推进剂中的盐酸废气。①提高固体推进剂的点火性能和燃烧性能：北京理工大学通过离心雾化制备的具有高反应性的球形铝锂合金粉末比纯铝显示出更高的热释放和反应速率[60]。南京理工大学在 B/PTFE 富燃料推进剂中加入铝锂合金粉末，有效提高了 B/PTFE 燃料的推进剂的点火性能和燃烧性能[61]。麻省理工学院点火实验表明，分析试剂(AR)级硝酸(69.3%)和锂-铝-氢化物(LAH)掺杂石蜡和硝酸(69.3%)是目前用于空间推进的最先进的推进剂的绿色替代品[62]。②消除固体推进剂中盐酸废气：过去消除高氯酸盐基推进剂的盐酸(HCl)污染的方法主要集中于用碱金属硝酸盐代替一部分含氯的氧化剂(即高氯酸铵)，虽然该技术可能会减少 HCl 的形成，但也会导致理想比冲(I)降低。因此，普渡大学、爱荷华州立大学、米兰理工大学等研究机构均开展了复合金属消除固体推进剂中盐酸废气的研究。普渡大学和爱荷华州立大学使用铝锂合金从高性能固体火箭推进剂中去除盐酸废气产物[63]。热化学计算表明，使用合金可以将 HCl 的形成减少 95%以上(锂含量≥15%，质量分数)，与纯铝相比，使用铝锂合金(80/20，质量比)的理想 I_{sp} 增加约 7 s。

2. 铝镁合金

Al 和 Mg 这两种金属具有高的热焓，作为含能添加剂被广泛应用于推进剂、炸药和烟火技术中，但长的点火延迟和慢的燃烧动力学过程限制了其广泛应用。采用铝镁合金燃料可显著改善点火和燃烧性能。

Shoshin 等[64]研究了机械合金化法 Al-Mg 合金的制备和性质表征。他们设计出了一种新方法，采用新型的合金燃料可在试验所需的温度下引发点火，并在燃烧中实现快速的热释放。通过机械合金化法，制备出 Mg 熔于 Al 中的亚稳态金属固体溶液，Mg 在合金中的质量分数为 10%～50%，用数字图像和三色高温计测试了其在真空中的点火温度，在预混火焰溶胶燃烧器中研究了这种合金燃料在空气中的燃烧。其点火温度在 1000 K 左右，远低于纯 Al 的 2300 K 的点火温度。在低的摩尔比下可得到稳态火焰，比纯 Al 的火焰具有高的传播速率。他们还采用 XRD 对燃烧产物的组成进行了研究，燃烧产物除了 Al_2O_3 和 MgO 外，在试验中还发现了 Al_2-MgO_4。

Schoenitz 等[65]研究了铝镁合金在高能量密度物质燃烧过程中的氧化反应机理，其采用的铝镁合金是用机械合金化法制备的亚稳态合金，通过差热分析(DTA)和热重分析等方法研究了其反应机理。所用合金的配比范围为 $Al_{0.95}Mg_{0.05}$～$Al_{0.5}Mg_{0.5}$，试验中所采取的升温速度为 20 K/min。DTA 和热重分析表明其氧化过程分两步，第一步发生在 823～873 K 的温度区间，Mg 首先被氧化并从金属中除去，Mg 的选择性氧化通过对中间产物进行 Mg 含量分析来确定。在对这一步骤的分析中，采用的分析手段包括累计进行 Mg 的质量分数分析、XRD 分析和 SEM 分析。第二步，残留的金属相被氧化，发生在 900～1200 K 的温度区间。这两步反应的温度随着合金中 Mg 含量的增加而降低，当 Mg 在合金中的质量分数减少低于 30% 时，氧化的不完全程度增加。他们的研究指出 Mg 的低温选择性氧化由其在合金中的挥发过程来控制。

毛根旺等[66]研究了铝镁合金含量对含硼富燃料推进剂燃烧性能的影响，他们在含硼富燃料推进剂中加入质量分数 3%～10% 的铝镁合金燃料，保持其他组分含量不变，通过相对改变黏合剂与合金的比例研究了铝镁粉含量对推进剂燃速及压强指数的影响。实验中采用的铝镁合金比例为 $m(Al)：m(Mg)=1：1$，研究所得结论如下：HTPB/铝镁合金含量变化对压强指数有重要影响，推进剂的燃速和压强指数随 HTPB 含量增加、铝镁合金含量的相应减少而降低。因此减少 HTPB 含量、相应增加铝镁合金含量可提高含硼推进剂的压强指数；HTPB/铝镁合金含量变化对压强指数的影响的根本原因在于 HTPB 含量较低，相应地铝镁合金含量较高时，凝聚相传热系数变大，传热速率加快，凝聚相反应加快，造成气相反应物浓度较高，反应快，气相对燃面的热反馈量大，燃速升高，压强指数升高；压强升高对推进剂热分解过程的影响，特别是对高氯酸铵(AP)低温分解和高温热分解的影响，使推进剂中 AP 低温分解峰提前，高温分解峰推后，峰形变窄、变高，这也是使燃速升高、压强指数升高的原因。

3.4 含能黏合剂

固体推进剂和高分子黏结炸药中使用的黏合剂是一类含有活性官能团的高分子液态聚合物，是构成固体推进剂弹性体的基体，同时也是具备相应能量的燃料。作为固体推进剂的母体和关键组分，其自身的性质对推进剂的制造工艺、燃烧性能、储存性能、力学性能和能量性能等均有重要影响。迄今，黏合剂的发展历程出现了四次较大的突破，分别是聚硫橡胶黏合剂、丁羧橡胶黏合剂(CTPB)、丁羟橡胶黏合剂(HTPB)及硝酸酯增塑的聚醚黏合剂(NEPE)。伴随着黏合剂体系的更新换代，复合固体推进剂也朝着高能及高性能方面不断前进。为了进一步提高推进剂的能量密度，降低导弹的尾烟特征信号，新型含能黏合剂成为新的研究热点。

为推进剂用黏合剂的能量考虑，在黏合剂链中引入叠氮基、硝酸酯基、硝基等含能基团已成为必要条件。这些新型含能黏合剂在满足固体推进剂和高分子黏结炸药力学性能要求的前提下，能够提升能量性能，扩大武器系统的应用范围，是目前国内外研究的热点。

3.4.1 含能黏合剂结构及性能特点

黏合剂包括热固性黏合剂和热塑性黏合剂两大类。黏合剂的化学物理性质对固体推进剂的制造工艺、力学特性以及能量水平都有重要影响。目前，绝大多数的固体推进剂黏合剂都是热固性的，这些聚合物官能度 $f \geqslant 2$，热固化时，黏合剂与固化剂反应形成交联网络结构，具有很高的力学性能。

聚硫橡胶、聚酯类聚氨酯、CTPB、HTPB 等于 20 世纪 50 年代就开始研发，其中 CTPB 仍在某些型号上应用，HTPB 仍然广泛应用于航天运载和部分战略武器上。改进和更新黏合剂种类是固体推进剂发展优化的关键途径，也是固体推进剂产品换代的标志。在黏合剂的研究进程中，合成聚醚时用一些含能基团如叠氮基($-N_3$)、硝基($-NO_2$)、硝酸酯基($-ONO_2$)等取代聚醚的支链，得到了含能黏合剂，它们的主要种类和特性如表 3.3 所示[67]。

表 3.3　含能黏合剂的主要种类和特性

聚合物	生成焓/(J/g)	密度/(g/cm³)	玻璃化转变温度/℃
PEG	−4180	1.01	<−50
AMMO	866	1.06	−45
BAMO/THF	874	1.27	−61
PBAMO	2866	1.30	−39
PGN	−1192	1.39～1.45	−35
GAP	490	1.30	<−45

当前在推进剂(复合推进剂)和炸药(PBX)中使用最多的就是热固性弹性体，如 GAP、PGLYN、PNIMMO、PAMMO 等。一般来说，GAP 和 PGN 用于浇注固化成型配方，而 BAMO-AMMO 和 BAMO-NMMO 用于压注成型配方。聚叠氮缩水甘油醚(GAP)(+117 kJ/mol)具有正生成焓的优势。但需要改进其与增塑剂的不相容性和 GAP 基推进剂的力学性能。表 3.4 是一些含能黏合剂的理化性能。

表 3.4　部分含能黏合剂的理化性能

黏合剂	密度/(g/cm³)	$\Delta_f H$/(kJ/mol)	氧平衡/%	T_g/℃
GAP	1.30	+117	−121	−50
PBAMO	1.30	+413	−124	−39
PAMMO	1.06	+18	−170	−35
PNIMMO	1.26	−335	−114	−25
PGN	1.39	−285	−61	−35
HTPB	0.92	−52	−324	−65

黏合剂是一类含有活性官能团的高分子液态聚合物，是构成固体推进剂弹性体的基体和关键组分，同时也是具备相应能量的燃料，其自身的性质对推进剂的制造工艺、燃烧性能、储存性能、力学性能和能量性能等均有重要影响。为了进一步提高推进剂的能量密度，降低导弹的尾烟特征信号，新型含能黏合剂成为研究新热点。

若将含能基团直接引入黏合剂主链，其力学性能受到很大影响，而间接在侧链上引入含能基团的黏合剂力学性能较好。新型含能黏合剂的性能之所以显著优于普通黏合剂，是因为引入含能基团提高了黏合剂的能量，极大地提高了固体推进剂的比冲，但是黏合剂中引入大量基团必然会影响其他性能。由于含能黏合剂中各种含能基团极性大、内聚能大而导致分子链运动能力减弱，使得黏合剂的玻璃化转变温度升高，另外黏合剂体系黏度的变大，给推进剂的制造工艺带来一定难度。

3.4.2 叠氮基含能黏合剂

在聚合物分子结构中接入叠氮基后获得了 GAP、PBAMO、PAMMO 及其共聚物等黏合剂，可以有效弥补惰性聚醚黏合剂能量不足的问题。部分叠氮基含能黏合剂的分子结构及理化性能分别如图 3.25 和表 3.5 所示。

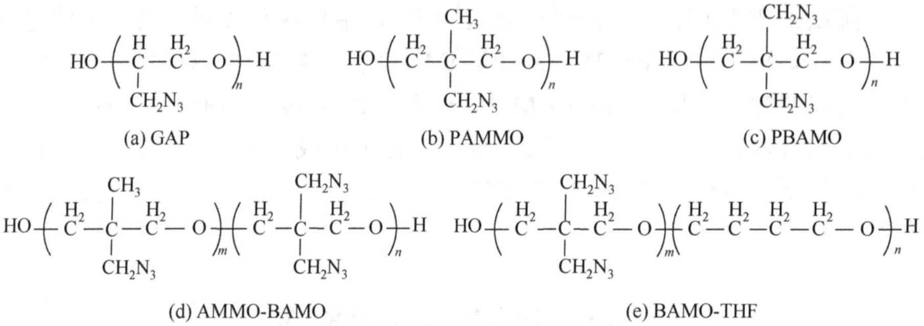

(a) GAP   (b) PAMMO   (c) PBAMO

(d) AMMO-BAMO   (e) BAMO-THF

图 3.25　叠氮基含能黏合剂的分子结构

表 3.5　部分典型叠氮基含能黏合剂的理化性质

黏合剂	GAP	PBAMO	PAMMO	AMMO-BAMO	BAMO-THF
数均分子量/(g/mol)	500～5000	2000～3000	3000～4000	20000～25000	1700～2800
密度/(g/cm³)	1.30	1.35	1.06	1.29	1.27
T_g/℃	−45	−39	−55	−30	−61
比生成焓/(kJ/kg)	1442	2460	1976	2454	1185
绝热燃烧温度/℃	1200	2020	1283	—	851

1) 均聚物

GAP 分子侧链上的叠氮基团易被极化而释放出大量的热量，每一个叠氮基团的热量为 290～378 kJ/mol。GAP 在约 250℃条件下分解成氮气、一氧化碳、氨气以及甲烷等产物，较高的含氮量 (42.4%～41.4%) 使得其氧平衡高于其他黏合剂。GAP 黏合剂的缺点：一是侧基中的刚性叠氮基团使得主链的柔顺性变差，导致其低温力学性能较差；二是分子链段间的相互作用力小，交联固化过程中二级交联不足，力学性能较差。

聚 3-叠氮甲基-3′-甲基环氧丁烷(PAMMO)是一种无定形聚合物，感度低、力学性能好，但是其氮含量与密度均较低。由于该聚合物中大分子主链为聚醚链段，因此与硝酸酯增塑剂相容性好。其玻璃化转变温度与 GAP 相近，而在冲击感度和热稳定性方面优于 GAP，适用于低特征信号或低易损性固体推进剂中。

聚 3,3′-双叠氮甲基环氧丁烷(PBAMO)与 PAMMO 的不同之处在于每个单元有两个对称的叠氮甲基，因而聚合物含氮量高达 50%，同时还有密度高、正生成焓、燃烧耗氧少、热稳定好、感度低等优势，可以满足固体推进剂用黏合剂高能、低敏感、低特征信号的要求。但是 PBAMO 的主链结构中的大体积、强极性叠氮甲基的存在导致链的柔顺性变差，玻璃化转变温度高于 PAMMO 和 GAP，所以其低温力学性能较差。

2) 共聚物

采用支化技术改性 GAP 是改善其力学性能、降低成本的有效技术途径之一，另外一个重要的 GAP 改性途径是将其与其他黏合剂共聚，通过接枝、嵌段、互穿网络或者半互穿网络等形式生成共聚体高分子。GAP 共聚物主要有 GAP-THF 共聚物、GAP-PEG-GAP 三嵌段共聚物、PBAMO-GAP-PBAMO 三嵌段共聚物、PEG-GAP、EO-GAP 等，部分共聚物分子结构如图 3.26 所示。它们的常温及低温力学性能要明显优于 GAP，同时延伸率良好。但是共聚物中引入 THF 链段后导致 THF-GAP 共聚物与硝酸酯增塑剂的相容性较 GAP 差。另外，在叠氮黏合剂分子结构中引入强极性的氮杂环结构和氰基功能基团，能大幅提高力学强度以及与硝酸酯增塑剂混溶的性能。

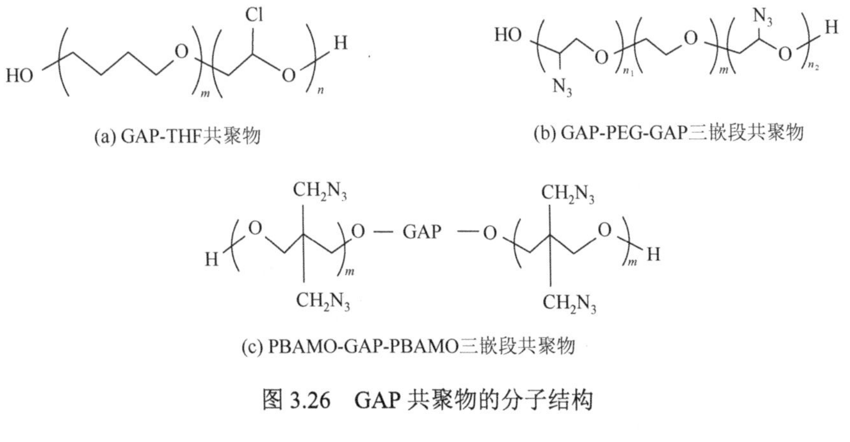

(a) GAP-THF共聚物

(b) GAP-PEG-GAP三嵌段共聚物

(c) PBAMO-GAP-PBAMO三嵌段共聚物

图 3.26 GAP 共聚物的分子结构

在 BAMO 共聚改性研究中，AMMO 是一种理想的共聚单体，Garaev 等[68]首次通过三异丁基铝-水催化体系合成了 BAMO-AMMO 共聚物，研究发现随着 BAMO-AMMO 共聚物中聚氨含量的增加，共聚物的强度性能提高，结晶度降低（表 3.6）。

表 3.6　BAMO-AMMO 共聚物的力学性能

实验序号	共聚物	成分比例/mol%[*]		力学性能	
		AMMO	BAMO	极限抗弯强度/MPa	相对应变/%
1	PBAMO	0	100	—	
2	SAMB-7.75	10	90	4.88	19
3	SAMB-15.9	20	80	5.71	106
4	SAMB-20	24.84	75.16	3.98	109
5	SAMB-25	30.54	69.46	3.50	420
6	SAMB-30	36.17	63.83	2.94	349
7	SAMB-40	46.85	53.15	0.96	947
8	PAMMO	100	—	—	

* mol%表示摩尔分数。

当叠氮基和硝酸酯基共存时，既保证了含氮量又调节了氧平衡，同时还能够改善聚合物与硝酸酯增塑剂的物理相容性。Reddy 等[69]研究了 BAMO-AMMO 三嵌段共聚物中摩尔比与性能的关系，发现共聚物中 BAMO 和 AMMO 的摩尔比为 80：20 时的热分解和流变性能更好，测得该 BAMO-AMMO 共聚物的撞击感度 H_{50} 大于 170 cm，摩擦感度大于 30 kg。

通过 BAMO 与 THF 共聚而得到的 BAMO-THF 预聚物具有良好的燃烧性能和低温力学性能。BAMO 和 THF 摩尔比为 1：1 时 BAMO-THF 共聚醚在室温下呈液态胶黏状。BAMO-THF 共聚醚在加载应力和温度作用下，由于其非化学交联的线型分子链结构，共聚醚试样蠕变程度较大，应力撤除后内部结构会存在轻微不可逆破坏。共聚醚中软段 THF 的含量达到93.9%、硬段含量为 6.1%时的力学性能较佳，抗拉强度和断裂伸长率分别为 3.61 MPa 和 1277%，低温玻璃化转变温度为−23.3℃。

3.4.3　硝酸酯基含能黏合剂

硝酸酯基团（—ONO$_2$）具有氧含量高、燃气较清洁的优点，将其引入黏合剂中不仅能够增加黏合剂与硝酸酯的溶混能力，还可以减少火炸药中硝酸酯的用量，从而提高火炸药的加工、使用和储存的安全性。但是由于—ONO$_2$ 基团内聚能大、极性强，因此绝大多数硝基和硝酸酯黏合剂黏度大且这类黏合剂化学安定性和热稳定性差，硝酸酯基含能黏合剂分子结构如图 3.27 所示。

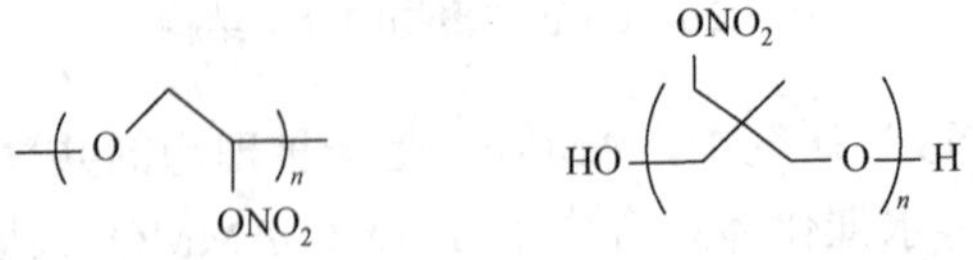

(a) PGN　　　　　　　(b) PNIMMO

图 3.27　硝酸酯基含能黏合剂分子结构

1) 均聚醚

聚缩水甘油醚硝酸酯(PGN)是一种高能钝感的含能黏合剂,它与硝酸酯有很好的相容性,含氧量高,可大大提高推进剂燃烧过程的氧平衡。当以消旋的缩水甘油醚硝酸酯(GN)为单体进行聚合,聚合物中含 2%~5%的小分子环状低聚物时,力学性能良好。而将手性 GN 通过阳离子聚合后能够得到等规立构的 PGN,其表现出一定的结晶性,可作为嵌段共聚物中的"硬段"使用。

聚(3-硝酸酯基-氧杂环丁烷)(PNO)与 PGN 具有相同的化学分子结构式,聚合单体 3-硝酸酯基-氧杂环丁烷(NO)与 PGN 的单体 GN 互为同分异构体。二者的聚合反应机理以及工艺条件也相似,表 3.7 对比列出了 PNO 与 PGN 的性能对比数据。

表 3.7　PNO 与 PGN 性能对比

聚合物	撞击感度 (50%反应点)/cm	摩擦感度	ESD (10/10@0.25 J)	VST (80℃)/mL	DSC
PNO	89	不发火	不发火	1.6(无安定剂)	起始分解温度 180℃,T_p 210℃
PGN	110	不发火	不发火	0.8(含安定剂)	起始分解温度 169℃,T_p 215℃

注:ESD 为静电放电敏感性试验;VST 为真空稳定性试验;DSC 为差示扫描量热法试验。

PNO 和 PGN 相比具有以下特点:①聚合都是使用二元醇小分子引发剂,但是 NO 聚合得到了伯羟基的 PNO,而 GN 聚合则得到了仲羟基的 PGN。②与 PGN 的分子结构相比,PNO 的分子质量主要分布在主链上,因而赋予了推进剂良好的力学性能。③聚合单体 GN 是由环氧氯丙烷硝化而得,由于环氧氯丙烷分子中的环氧基团具有较高的反应活性,因此使用浓硝酸/乙酸酐混合硝化剂进行硝化时,反应的选择性较低,合成工艺及后续的分离提纯步骤均十分烦琐;但是用于制备聚合单体 NO 的 3-羟基氧杂环丁烷具有十分稳定的分子结构,可以采用普通的浓硝酸/乙酸酐硝化剂直接进行硝化来合成,可降低单体 NO 的合成成本[70]。Willer 等[71]将聚合得到的 PNO 与 PGN 聚合物分别与同一种有机多异氰酸酯进行反应生成不同的聚氨酯胶片,在相同的试验条件下存放 2 个月。结果发现:由 PGN 反应得到的聚氨酯胶片出现了解聚现象,而由 PNO 反应得到的聚氨酯胶片则未发生变化,具有优越的固化稳定性。

聚(3-硝酸酯甲基-3-甲基氧杂丁环烷)聚合物(PNIMMO)有较高的能量特性、较好的热稳定性和优良的感度特性。二官能度 PNIMMO 在分子量及分子量分布方面均明显优于三官能度 PNIMMO,但二者均具有较好的真空稳定性以及较低的撞击感度,PNIMMO 会缓慢分解放出气体,所以在储存和应用时需加入少量稳定剂来抑制其分解[72]。

2) 共聚醚

为了提高 PGN 的热力学性能，Abrishami 等[73]合成出了 PGN-PCL-PGN 三嵌段共聚物含能黏合剂，结构如图 3.28 所示。与 PGN 均聚物的玻璃化转变温度（−35℃）相比，PGN-PCL-PGN 三嵌段共聚物的玻璃化转变温度为−56.2℃，说明引入 PCL 链段后极大地提高了 PGN 黏合剂的柔韧性和低温力学性能，有利于提高 PGN 类黏合剂使用性能。

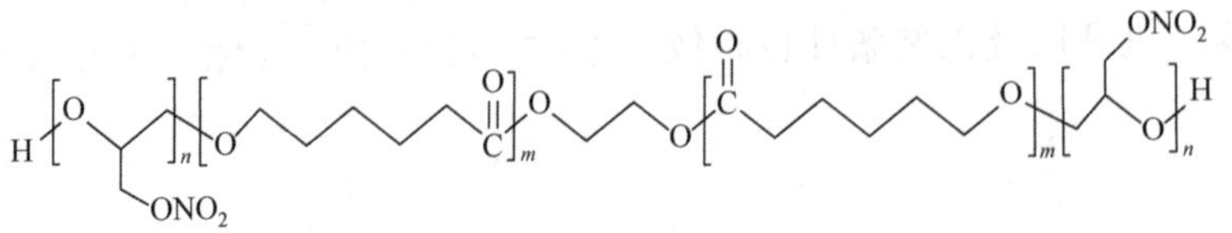

图 3.28　PGN-PCL-PGN 三嵌段共聚物的分子结构

将 NIMMO 与四氢呋喃共聚可形成二官能度共聚物，由于 NIMMO 中引入四氢呋喃(THF)后形成的醚氧键所受空间位阻小、易于自由旋转，从而提高了共聚物分子链的柔顺性，并且共聚物中引入 THF 后降低了硝酸酯基团在聚合物中的比例，进而降低了氢键形成的概率。NIMMO 与 THF 共聚还能抑制环状低聚物的生成，有利于分子链的线性增长，从而提高链承载系数，改善聚合物的低温力学性能。王晓川等[74]研究了三官能度 NIMMO-THF 共聚醚的黏度和玻璃化转变温度，分别为−53.7℃和 27.92 Pa·s(20℃)，明显低于三官能度 PNIMMO 均聚醚，聚合物分子结构如图 3.29 所示。

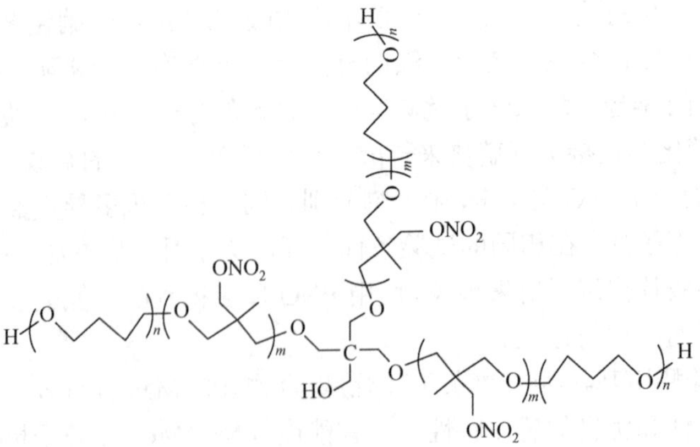

图 3.29　三官能度 NIMMO-THF 共聚醚的分子结构

王晓川等[75]研究报道了 AGE-NIMMO-AGE 三嵌段共聚物具有较低的黏度（25℃时黏度为 4.76 Pa·s），当 NIMMO 与 AGE 的摩尔比为 2.0 时，聚合物室温下抗拉强度为 0.6 MPa，分解峰值为 216℃（图 3.30）。之后，该研究团队[76]以聚己内酯（PCL2000）为引发剂，三氟化硼乙醚作为路易斯酸，将 NIMMO 开环聚合得到了 NIMMO-PCL-NIMMO 三嵌段共聚物，其玻璃化转变温度低至–60℃，20℃时黏度为 6.8 Pa·s，热分解峰值为 216℃，结构如图 3.31 所示。

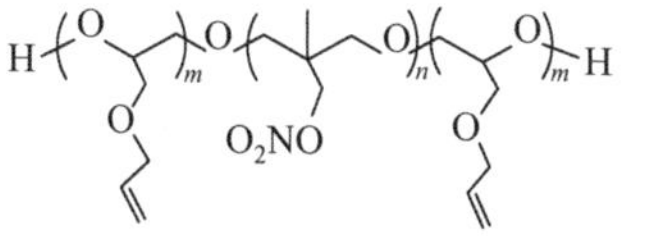

图 3.30　AGE-NIMMO-AGE 三嵌段共聚物的分子结构 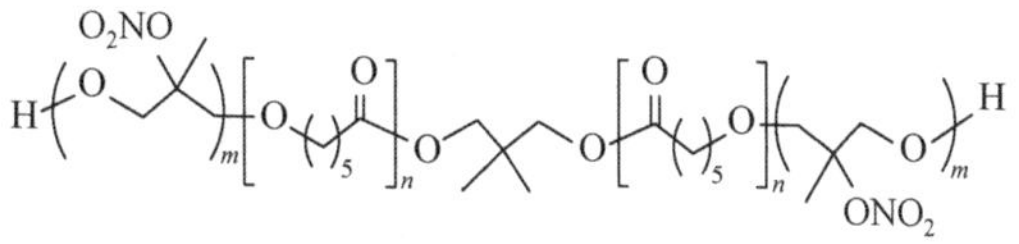　　图 3.31　NIMMO-PCL-NIMMO 三嵌段共聚物的分子结构

Xu 等[77]将 3,3-二(三氟乙醇甲醚基)氧杂丁环烷(BFMO)与 3-硝基甲基-3-甲基氧杂环丁烷(NIMMO)聚合得到 PBFMO-b-PNIMMO 嵌段共聚物(图 3.32)，此共聚物的玻璃化转变温度和分解温度分别为–20.4℃和 220℃，机械性能(10.54 MPa，723%)优于 PNIMMO(6.18 MPa，635%)，与 HMX 和 Al 的相容性良好，且 PBFMO-b-PNIMMO/Al 组合物释放的热量明显高于 PNIMMO/Al 组合物。

R: PBFMO

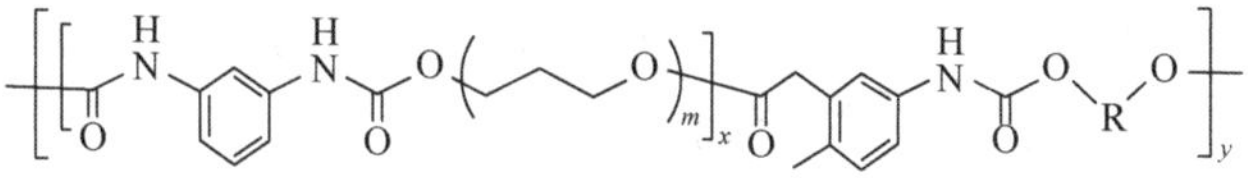

图 3.32　PBFMO-b-PNIMMO 嵌段共聚物的分子结构

3.5　含能增塑剂

3.5.1　含能增塑剂的性质

引入替代常用的惰性增塑剂的含能增塑剂是提高推进剂的能量水平的另外一种方式。推进剂以受控的方式燃烧，主要分为两大类，即枪炮发射药和火箭推进剂。当前，正在开发先进固体推进剂以获得更高的环境友好性，使用强氧化剂、含能黏合剂［如 GAP、BAMO(3,3-双叠氮甲基环氧丙烷)］和含能增塑剂。为了改善黏合剂本身的力学性能，通常加入一种增塑剂，通过降低其玻璃化转变温度，

并确保该材料在最低的操作温度下保持橡胶状，不会失去其物理完整性。为了恰当地获得这个功能，增塑剂应与黏合剂形成均相的混合物。当含能增塑剂加入聚合物形成胶态分散体，该分散体进行加热，形成橡胶状固体。

在推进剂配方中，含能增塑剂的主要作用是修正它们的感度、提高力学性能和增强易加工性，除此之外还额外提高能量。这是通过软化聚合物基体，使其更柔软获得的。为了发挥这些作用，即易加工性，提高能量和力学性能，提高增塑剂的推进剂配方与其他成分的化学和物理相容性及稳定性，低毒性，高储存寿命，可获得，可承受成本，具有同样高的重要性。

含能增塑剂在本质上往往是有某种程度的黏性，这在维持良好的加工性的同时限制了推进剂配方中的固含量。降低推进剂的固含量一般会降低推进剂的比冲。含能增塑剂作为表面剂，改善晶体材料与塑化黏合剂之间的黏附性。一个最佳的含能增塑剂具有低玻璃化转变温度、低黏度、低迁移能力、高的氧平衡、正的燃烧热 (H_{comb}) 和负的生成焓 ($\Delta_f H$)。它应该是热稳定的，具有低的冲击感度。

3.5.2 含能增塑剂的迁移

考察增塑剂，迁移是一个共同的性质。复合推进剂有几个易迁移的组分。这些组分的迁移影响老化的进程。增塑剂迁移的现象仍然继续吸引很多人的兴趣。固化过程对迁移现象的影响关系已经建立。假如二茂铁基的燃速催化剂发生迁移，燃烧速率将恶化，但是增塑剂的迁移将中和此不利影响。一般情况下，增塑剂的耗竭是推进剂的力学性能恶化和质量损失的原因。

开发包覆层限制 DBP 和 CMDB 火箭推进剂在表面上的燃烧一直是一个困难的问题，这是由于推进剂中 NG 的存在及其随后从推进剂到包覆层表面的迁移。低的增塑剂迁移通常对推进剂和包覆层之间的黏接是有益的，但高的迁移率影响推进剂弹道性能。它表现出较低的性能，同时，增加包覆层的燃烧，导致更多的推进剂表面暴露。由于增塑剂的大量迁移，包覆层膨胀，力学性能下降和变软。这会导致火箭推进剂包覆层失败，压力时间曲线变化很大。NG 迁移过多也导致包覆层与推进剂之间脱粘，并导致推进剂的锥面燃烧。NG 从 DB 和 CMDB 推进剂的迁移可以被各种方法阻止，如使用氯化树脂和传统的树脂/化合物。

基于 NG 和包覆层之间的静电引力导致的迁移，多个定量解释 NG 迁移规律的概念已经被提出来。NG 在尺寸上很小，能够容易地渗透进聚合物结构中，加入填料后 NG 迁移率降低。对 NG 在不同交联密度的聚合物材料内的迁移研究显示，随着交联密度的增加，在有限的时间内 NG 的扩散系数和迁移率降低。

增塑剂(如 NG)在包覆和推进剂固化过程中都将分别向其他部分迁移。迁移可能是推进剂弹道性能变化、点火延迟恶化、储存过程中脱粘和包覆层破裂的主要原因。

因此,双基推进剂的服役寿命被认为主要取决于"物理老化"效应导致的 NG 从推进剂到包覆层的迁移。NG 迁移通常采用极谱、气相色谱、重量法和红外分析等方法。采用 TG-DTG 的新方法也使之成为可能。该方法具有简单快速、精确和样品需要量少等优点,可以用来检测 NG 在储存期间随着时间、温度和厚度的迁移量和迁移速率的变化,对于研究 NG 迁移动力学和揭示其规律是有益的。固体推进剂作为不敏感含能材料的能力很大程度上取决于配方中黏合剂和增塑剂的相容性。为了正确地发挥其功能,增塑剂必须和黏合剂完全互溶,以达到必需的力学性能。

3.5.3　含能增塑剂的合成、物理化学性质和应用

1. N-硝胺基增塑剂

N-硝胺基增塑剂如硝氧乙基硝胺(NENA)、甲基 NENA、乙基 NENA、丙基 NENA、正丁基 NENA、戊基 NENA 等[78]。图 3.33 给出了 NENA 的分子结构。

硝胺基增塑剂是含能增塑剂的一个重要子类。硝酸酯基乙基硝胺(NENAs)有优异的增塑特性,为枪炮发射药和火箭推进剂组分提供高的物理化学性质。NENA 的合成包括两个步骤:①正丁基溴与乙醇胺的缩合,②硝化正丁基乙醇胺,如图 3.34 所示。

$$R = Me, Et, Pr, \textit{n}\text{-Bu}, \textit{n}\text{-}C_5H_{11}$$

NENA

图 3.33　硝胺基增塑剂的分子结构

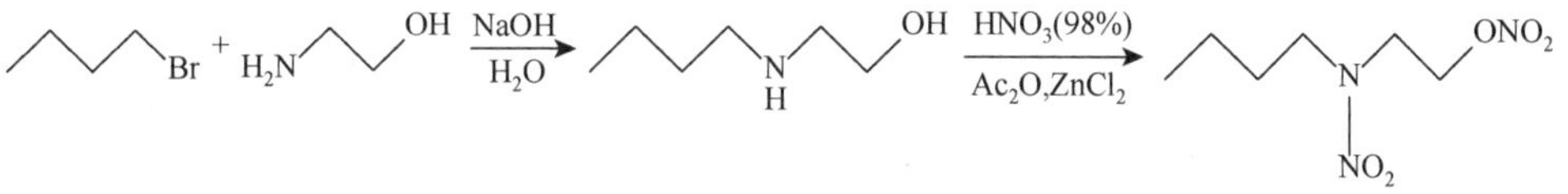

图 3.34　NENA 的合成路线

与 DEP 推进剂相比,正丁基 NENA 的 CMDB 推进剂比冲从 238 s 增加到 246 s,EDB 推进剂比冲从 221 s 增加至 233 s。CMDB 推进剂的能量计算值从 4549 J/g 提高到 4742 J/g,EDB 推进剂从 4708 J/g 提高至 4750 J/g。因此,获得的结果显示使用正丁基 NENA 的推进剂配方,燃烧效率提高,计算值更高和力学性能优越。此外,使用正丁基 NENA 的推进剂配方的热稳定性和相容性被发现是在可接受的范围内。

在单基推进剂中引入 NENA,导致能量的增益,而不改变燃烧速度系数。在

双基推进剂的情况下，以 NENA 替代 DEP 导致能量和综合强度的提高。对于三基推进剂，NENA 的替代导致感度的下降，带来了更好的力学性能[79]。

含有硝酸酯基团的丁基 NENA 容易出现自催化分解。它是一种中等稳定的化合物，并且不需要额外的稳定剂。与 NG 相比，正丁基 NENA 的稳定性更高和感度更低，但正如所有的硝酸酯一样，由于低键能 O—NO$_2$ 的存在，它具有内在的不稳定性。分解过程伴随着中等程度的放热和气体产生，水分的存在也加速它的分解。

2. 硝基脂肪链增塑剂

包含多硝基有机缩甲醛/缩乙醛的硝基脂肪链增塑剂有多种，如双-(2,2-二硝基)缩乙醛(BDNPA)、双-(2,2-二硝基)缩甲醛(BDNPF)、双-(2-氟-2,2-二硝基)缩甲醛(FEFO)、双-(2,2,2-三硝基)缩甲醛(TEFO)、2,2-二硝基丙基-2,2,2-三硝基乙基缩甲醛(TNEPF)、2,2-二硝基-2,2-二硝基丁基缩甲醛(DNPBF)、双-(2,2-二硝基丁基)缩甲醛(BDNBF)等。几种硝基脂肪链增塑剂的分子结构如图 3.35 所示[80]。

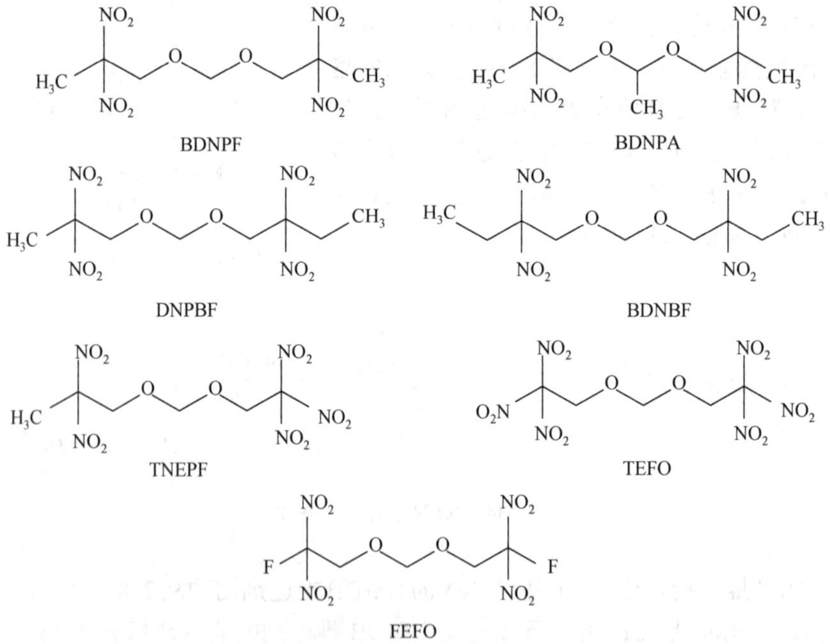

图 3.35　硝基脂肪链增塑剂的分子结构

推进剂用多硝基脂肪链聚增塑剂因其密度低，氧含量高，有效降低了固含量而不会牺牲任何弹道性能。等量混合的 BDNPF/A 加上 0.16%苯基-β-萘胺抑制剂的增塑剂是一个很有前途的候选者。该混合型硝基增塑剂与所有常见的固体推进剂的组分相容性良好。在 AP/HTPB/Al 复合推进剂体系，采用非爆炸性增塑剂如壬酸异癸酯(IDP)可以获得低温(−54℃)下的低模量。BDNPF/A 可以通过 Shechter-Kaplan 方法合成，如图 3.36 所示。

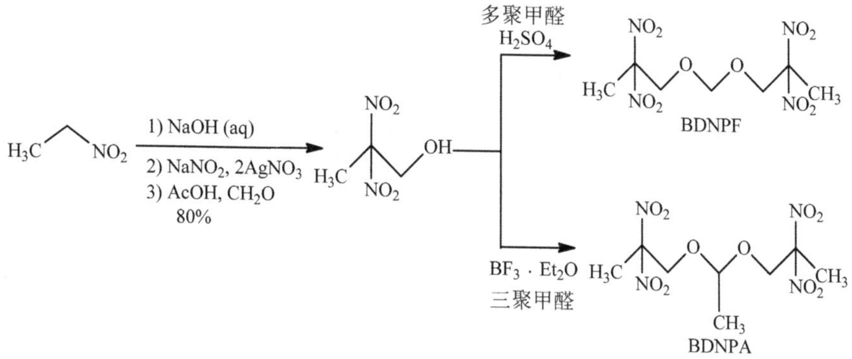

图 3.36　BDNPF/A 的 Shechter-Kaplan 方法合成路线

聚硫橡胶公司已经开发出一种环境友好的工艺，它克服了使用氯的缺点，如图 3.37 所示。

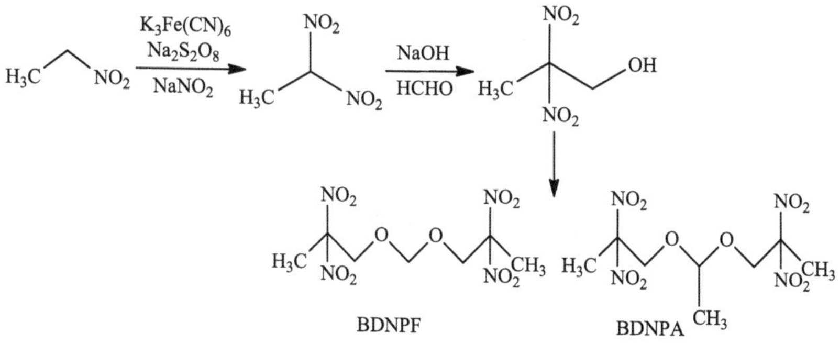

图 3.37　聚硫橡胶公司的 BDNPF/A 合成工艺

在 RDX/AP 基 CMDB 推进剂中以低共熔混合物 BDNPF/A 替代非含能增塑剂 DEP，在燃烧速率和 I_{sp} 方面产生了积极的影响。加入 BDNPF/A 导致燃烧速率提高 9%~46%和 I_{sp} 提高 5~10 s。然而，AP/DEP 和 AP/BDNPF/A 体系活化能为 (102±2) kJ/mol。BDNPF/A 增塑剂的宏观动力学显示 BDNPF/A 催化 CMDB 推进剂体系的表面反应[81]。

研究人员合成了多硝基有机缩醛，如 BDNPF，作为含能推进剂和炸药配方的含能增塑剂(图 3.38)。FEFO 具有较高的能量，但易挥发且有毒，具有相对较高的熔点。BDNPF 的能量相对较低，但具有较高的熔点，需要使用能降低熔点的含能抑制剂。FEFO 和 BDNPF 的混合物能够被使用，以获得较低的熔点、适当的能量和挥发性。

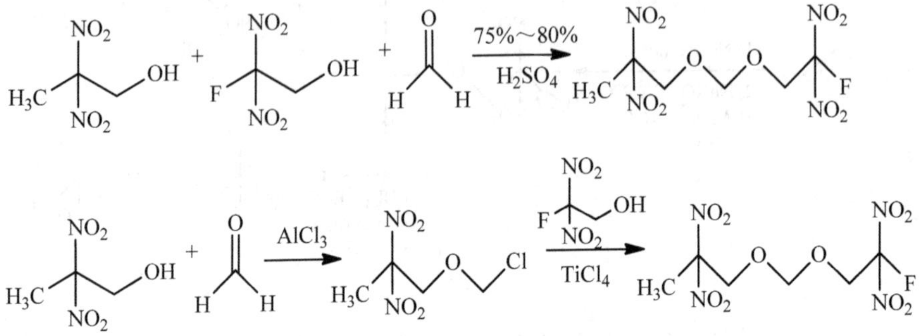

图 3.38　FEFO 的两种合成路线

3. 硝基芳烃增塑剂

K10，又称 Rowanite 8001，是最常见的硝基芳烃增塑剂。它由 2,4-二硝基苯和 2,4,6-三硝基乙苯以 65∶35 比例的混合物构成（图 3.39），为透明的黄色/橙色液体，由英国皇家军械厂制备[82]。

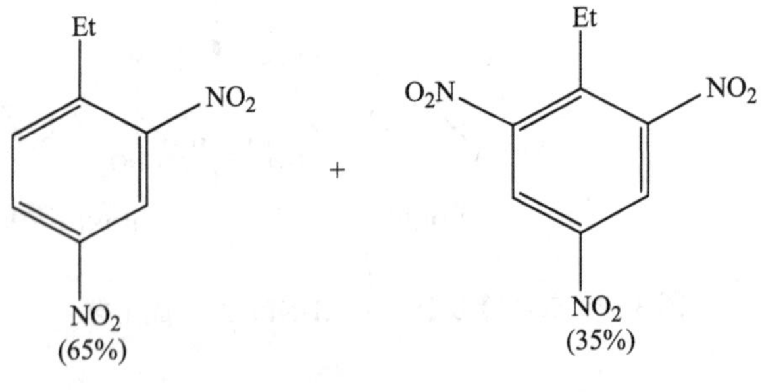

图 3.39　K10 增塑剂组分的分子结构

4. GLYN 二聚体增塑剂

GLYN 二聚体增塑剂是硝化甘油的衍生物。GLYN 二聚体的分子结构示于图 3.40。

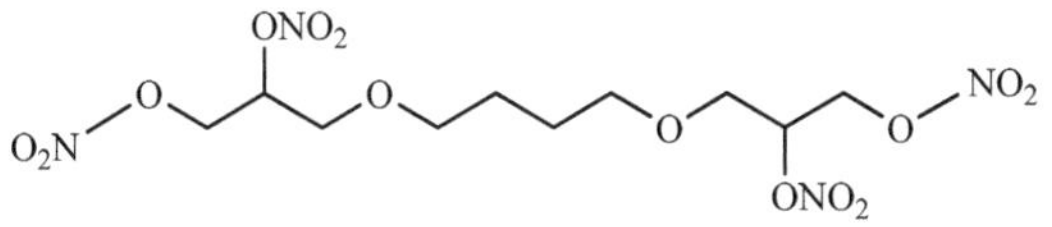

图 3.40　GLYN 二聚体的分子结构

GLYN 二聚体用于增塑聚醚黏合剂体系，如 PGLYN、PNIMMO。它是通过制备 GLYN 封端的 1,4-丁二醇，然后硝化末端羟基(图 3.41)。硝化同时增加了氧平衡和能量，阻止了增塑剂与异氰酸酯交联剂发生不必要的反应。它通常是低聚物的混合物，与硝酸酯如 BTTN 和 TMETN 相比，具有低的玻璃化转变温度和撞击感度[83]。

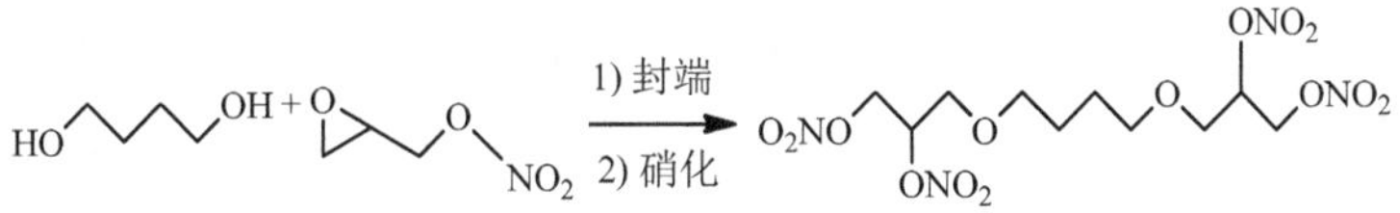

图 3.41　GLYN 二聚体的合成路线

5. 氧杂环丁烷增塑剂

氧杂环丁烷增塑剂是与 3-硝酸酯甲基-3-甲基-氧杂环丁烷(NIMMO)类似的线型低聚物。线型 NIMMO 低聚物(由 1～10 个单体组成)比环状 NIMMO 的玻璃化转变温度低。氧杂环丁烷增塑剂的分子结构见图 3.42[84]。

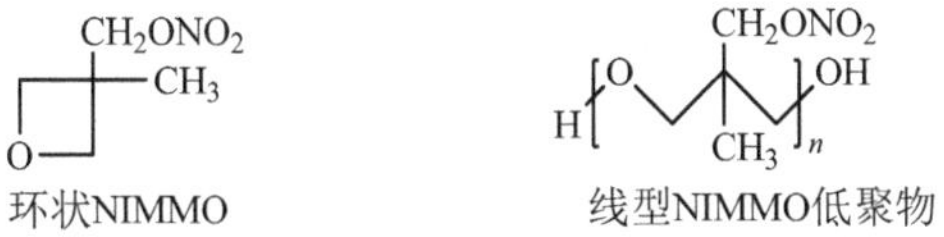

环状NIMMO　　　　线型NIMMO低聚物

图 3.42　氧杂环丁烷增塑剂的分子结构

最有前景的用于硝酸酯取代聚醚的含能增塑剂似乎是 NIMMO 低聚物。线型 NIMMO 低聚物(1～10 个单体单元)是可以用于 PNIMMO 黏合剂体系的增塑剂[84]。为了除去末端羟基，防止与异氰酸酯交联剂发生不良反应，低聚 NIMMO 已进一步硝化，这也增加了氧平衡和黏合剂系统的能量。该化合物的合成路线如图 3.43 所示。

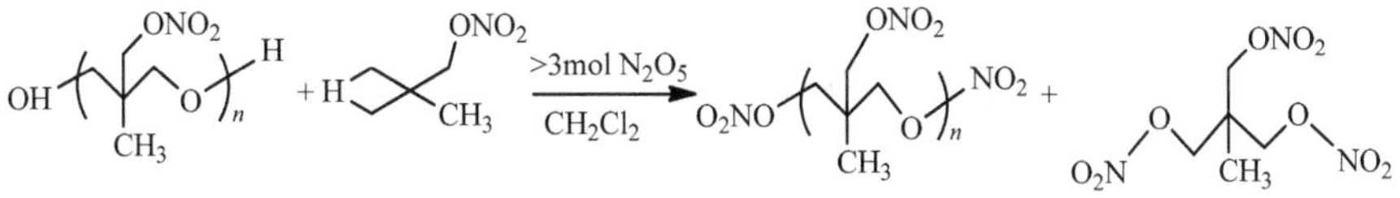

图 3.43　线型 NIMMO 的合成路线

3.5.4 其他含能增塑剂

其他含能增塑剂，如 1,5-二叠氮-3-叠氮氮杂戊烷(DANPE)、1,5-二硝酸酯-3-叠氮氮杂戊烷(DINA)、1,2,3-三(1,2-双(二氟胺)乙氧基)丙烷(TVOPA)、2,2-双(二氟胺)-5-二硝基戊基缩甲醛(SYFO)、2,2-双(二氟胺)-1,3-双(氟二硝基乙氧基)丙烷(SYPE)、3,3-双(二氟胺)-1,5-二硝酸酯基戊烷(BFDNP)、2,2-二硝基-1,3-双(硝酸酯基)丙烷(NPN)、双(2-硝酰乙基)硝胺、DMMD、DMED、1-氟-1,1,5-三硝基-3-氧杂-5-氮杂己烷、二硝基二氮杂烷烃(DNDA)、二(2,2-偕二硝基丙基)硝胺(BDNPN)、双(2-硝基-2-氮杂丙基)乙醚、2-硝基-2-氮杂丙基乙酸、2-硝基-2-氮杂丙基三氟乙酸、DANTC、六(2-硝酰乙基)三氟氰胺等，已经在发展先进的、更大的力常数的枪炮发射药和火箭推进剂方面取得应用。此外，2,4-二硝基-2,4-二叠氮-6-硝基己烷、1,5-二叠氮-3,3-硝基叠氮戊烷和2,2-二硝基-1,3-丙二醇缩二甲醛(二醇缩二甲醛或ADDF)、6-叠氮己基叠氮己酸酯(AHAH)、硝化 PGN 低聚物、三(2-硝酸酯基乙基)三聚氰胺等也已被开发和用来获得高性能含能材料[85]。图 3.44 列举了几种其他的含能增塑剂。

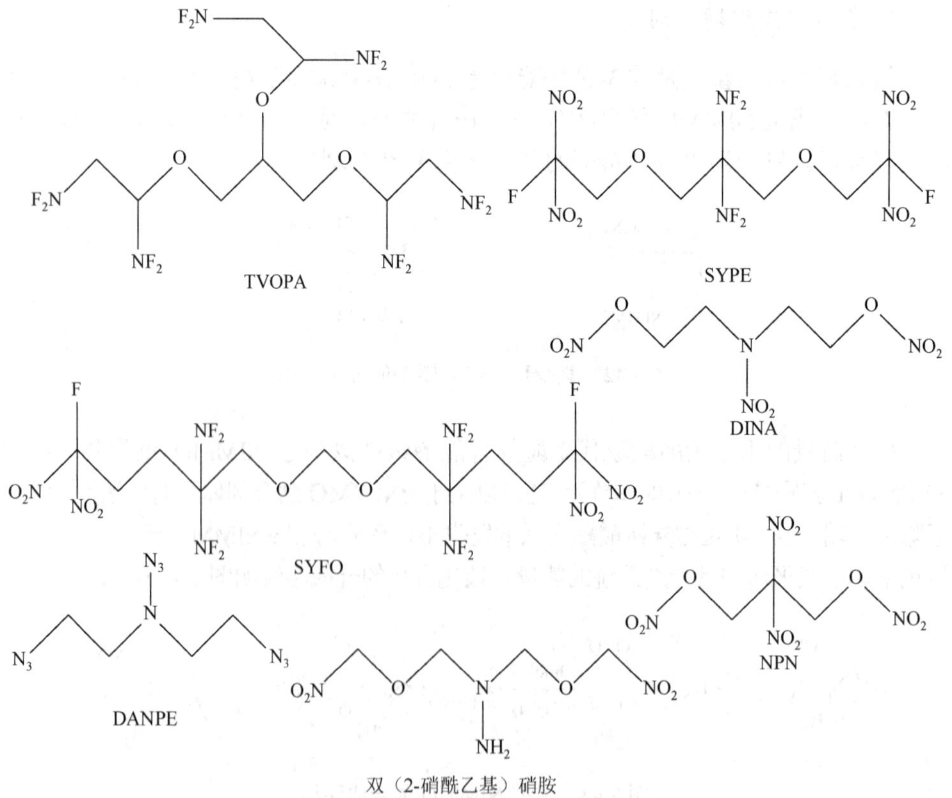

TVOPA

SYPE

SYFO

DINA

NPN

DANPE

双（2-硝酰乙基）硝胺

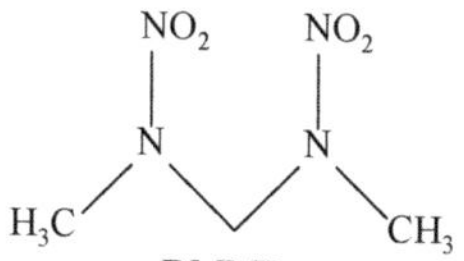

图 3.44　其他含能增塑剂的分子结构

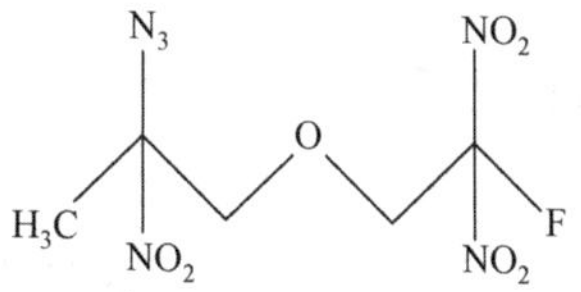

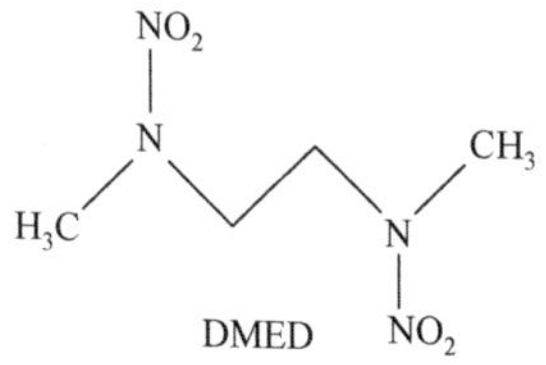

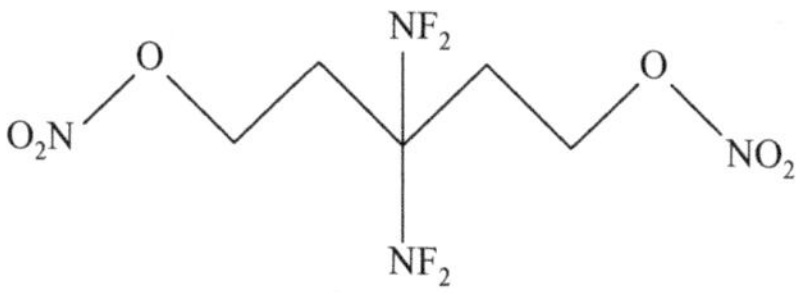

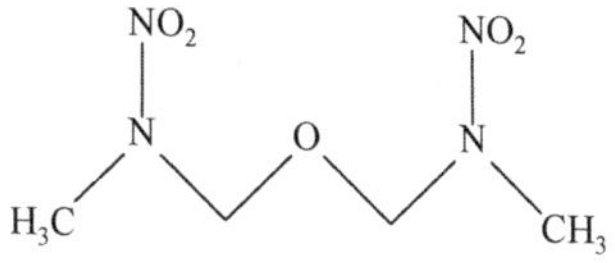

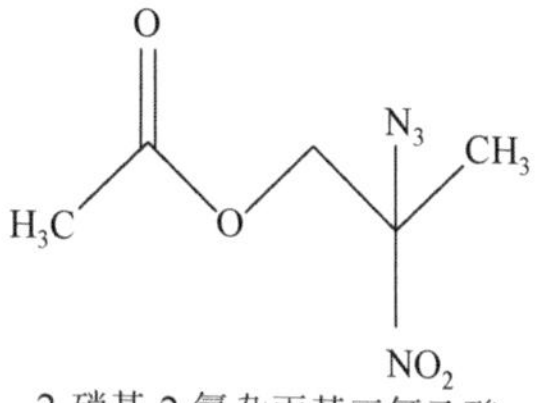

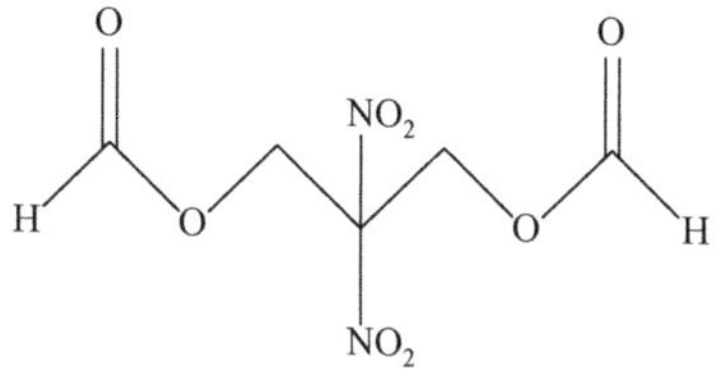

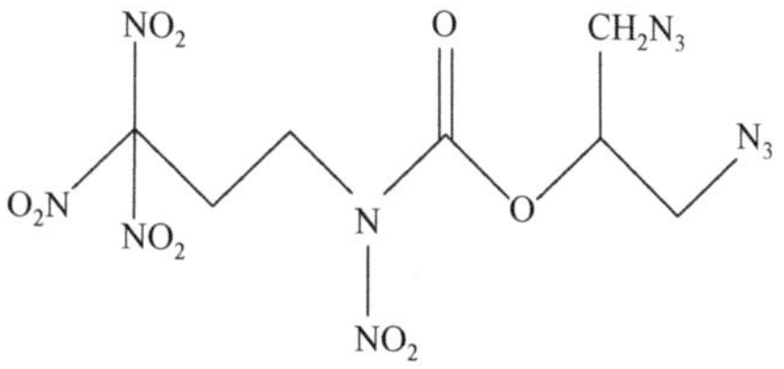

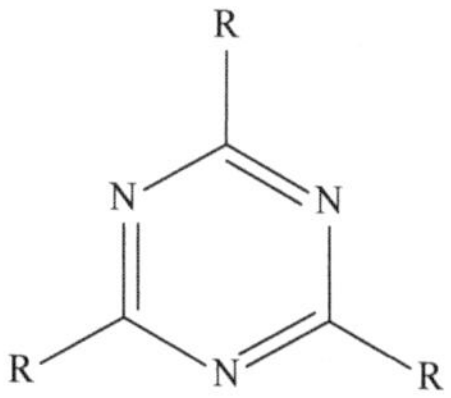

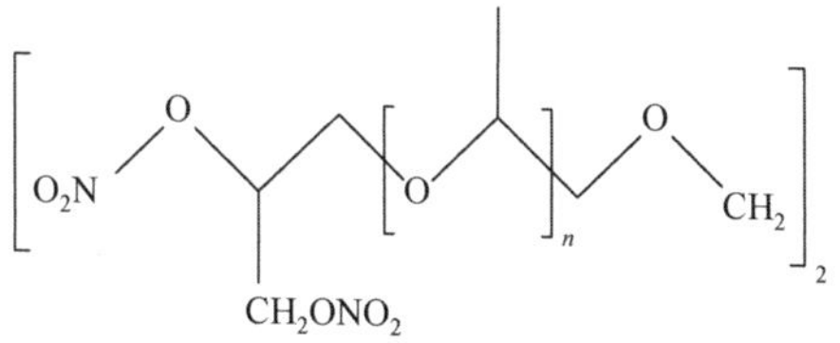

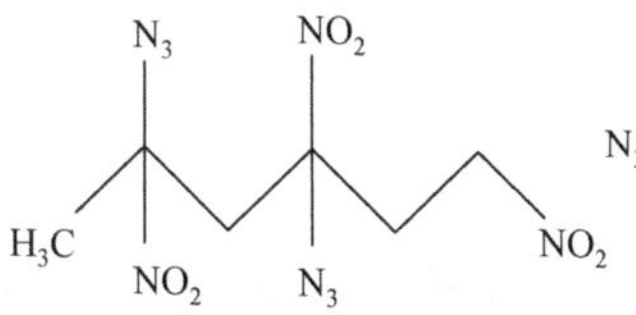

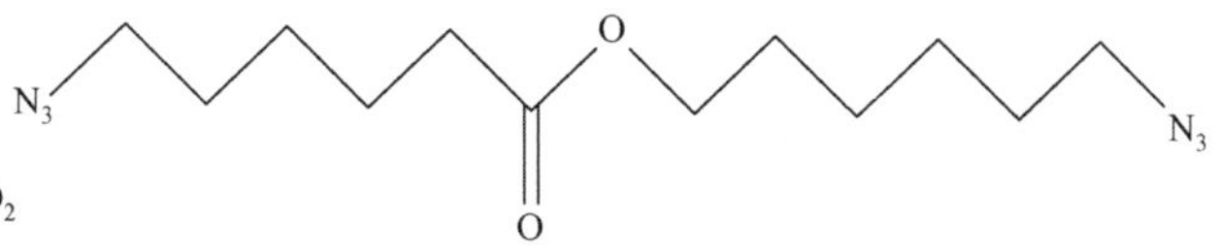

3.5.5 含能增塑剂性能的理论评价

使用分子轨道和分子动力学的方法，可以预测含能材料的感度。研究人员对 NENA 含能增塑剂进行了量子化学研究[86]，发现 NENA 中两种类型的 NO_2 基团（—N—NO_2 和 —O—NO_2）中连接在酯基上的硝基更容易消耗热能，或更易比硝胺上的 NO_2 带上负电荷。此外，他们发现 NENA 的顺式构象稍微比反式构象更稳定，对比见表 3.8。

表 3.8 NENA 等的性能

名称	密度/(g/cm³)	生成焓/(kcal/mol)	组分生成焓/(kcal/mol)	氧平衡/%	玻璃化转变温度/℃
NG	1.60	−83.97	368.4	+ 3.5	−68
BTTN	1.5	−99	523	−16	−65.51
TMETN	1.49	−99.6	674	−34.5	−62.67
TEGDN	1.3	−149	823	−66.6	—
乙基 NENA	1.32	−34	3549	−67.0	—
丙基 NENA	1.26	−37	4132	−87.0	—
正丁基 NENA	1.21	−40	4630	−104.0	−80
BDNPF/A	1.39	−142.584 (BDNPF) −158.268 (BDNPA)	—	−51 (BDNPF) −63 (BDNPA)	−65.2
EGBAA	1.34	−167.36	796.26	−84.15	−70.8
DEGBAA	1.00	−329	1081.07	−100	−63.3
TMNTA	1.45	−230	1294.04	−72	−34.1
PETKAA	1.39	−215	1714.76	−89	−35.4
GAP	1.3	+ 27.86	—	−121	−45
线型 NIMMO	1.26	−79.76	—	−114	−25
GLYN 二聚体	1.38	−188.6	—	−61	−64.9
TAAMP	—	−37.5	—	−110.6	−47.0
BABAMP	—	+ 144.19	—	−90.8	−51.9

3.5.6 展望

含能增塑剂的范围涵盖从硝酸酯、叠氮化合物、叠氮基酯到 N 硝胺。这些增塑剂提高了推进剂的性能。然而，这些含能增塑剂的稳定性是一个重大挑战，今后的研究方向指向寻找低易损性和更稳定的含能增塑剂。

参考文献

[1] Luk'yanov O A, Gorelik V P, Tartakovskii V A. Dinitramide and its salts* 1. Synthesis of dinitramide salts by decyanoethylation of *N,N*-dinitro-*β*-aminopropionitrile[J]. Russian Chemmical Bulletin, 1994, 43(1): 89-92.

[2] 曹明宝, 曹端林. 新型氧化剂 ADN 的合成研究进展[J]. 安徽化工, 2003, 29(5): 18-19.

[3] 潘永飞, 刘卫孝, 赵欣, 等. 活性炭吸附法分离纯化 ADN[J]. 火炸药学报, 2017, 40(4): 61-65.

[4] Carin V, Henrik S. Method of producing salts of dinitramide acid: WO 070823[P]. 2005.

[5] Ek S, Skarstind M, Latypov N, et al. Synthesis of amonnium dintramide: WO 115962[P]. 2015.

[6] Stefan E K, Johansson J. Synthesis of ammonium dinitramide(ADN): US 0033262A1[P]. 2022.

[7] Jadhav H S, Talawar M B, Dhavale D D, et al. Synthesis, characterization and thermal behavior of hydrazinium nitroformate(HNF) and its new *N*-alkyl substituted derivatives[J]. Indian Journal of Chemical Technology, 2005, 12(2): 187-192.

[8] Schödel H, Dienelt R, Bock H. Trinitromethane[J]. Acta Crystallographica Section C: Crystal Structure Communications, 1994, 50(11): 1790-1792.

[9] Murray J S, Lane P, Göbel M, et al. Intra- and intermolecular electrostatic interactions and their significance for the structure, acidity, and tautomerization behavior of trinitromethane[J]. Journal of Chemical Physics, 2009, 130(10): 104304.

[10] Howard G C, Decatur A, Charles W P, et al. The preparation of polynitro derivatives of methane: US 3067261[P]. 1962.

[11] Welch D E, Hein R W. Process for producing nitroform: US 3491160[P]. 1970.

[12] Huang Y G, Gao H X, Twamley B, et al. Synthesis and characterization of new energetic nitroformate salts[J]. European Journal of Inorganic Chemistry, 2007, 2007(14): 2025-2030.

[13] Langlet A, Latypov N V, Wellmar U, et al. Formation of nitroform in the nitration of gemdinitro compounds[J]. Propellants Explosives & Pyrotechnics, 2004, 29(6): 344-348.

[14] Langlet A, Latypov N V, Wellmar U. Method of preparing nitroform: WO 018514A1[P]. 2003.

[15] Yan C, Ding P, Yang H W, et al. New synthetic route of nitroform(NF) from acetylacetone and study of the reaction mechanism[J]. Industrial & Engineering Chemistry Research, 2016, 55(41): 11029-11034.

[16] 毕富强, 王伯周, 王锡杰, 等. 硝仿(NF)高安全制备工艺研究[J]. 火炸药学报, 2010, 33(3): 14-17.

[17] Davegardh A R, Wetterholm G A. Method in the recovery of trinitro-methane(nitroform) from a mixture of trinitromethane, nitric acid and water: US 3880941[P]. 1975.

[18] Wetterholm G A, Nilsson E L. Method for recovery of nitroform from a reaction mixture containing nitric acid and nitroform: US 2658084[P]. 1953.

[19] Frankel M B, Raniere F D, Thompson W W, et al. Process for nitroform isolation: US 4147731[P]. 1979.

[20] 李婷婷. 黑索金的合成及驱酸过程[D]. 南京: 南京理工大学, 2016.

[21] 于娜娜, 王笃政. HMX 的合成工艺研究进展[J]. 化工中间体, 2011, 8(3): 22-26.

[22] Nielsen A T. Caged polynitramine compound: US 5693794[P]. 1997.

[23] 庞思平, 申帆帆, 吕尤浩, 等. 六硝基六氮杂异伍兹烷合成工艺研究进展[J]. 兵工学报, 2014, 35(5): 726-732.

[24] Sheremetev A B, Ivanova E A, Spiridonova N P, et al. Desilylative nitration of C,N-disilylated 3-amino-4-methylfurazan[J]. Journal of Heterocyclic Chemistry, 2005, 42: 1237-1241.

[25] 王军, 周小清, 张晓玉, 等. 一种高能量密度材料 DNTF 的低成本制备技术[J]. 含能材料, 2011, 19(6): 747-748.

[26] 周彦水, 王伯周, 李建康, 等. 3,4-双(4′-硝基呋咱-3′-基)氧化呋咱合成、表征与性能研究[J]. 化学学报, 2011, 69(14): 1673-1680.

[27] Zhu Y L, Ding L, Xu L P, et al. Evaluation of the thermal hazard of the oxidation reaction in the synthesis of 3,4-bis(4-nitrofurazan-3-yl)furoxan[J]. Organic Process Research & Development, 2022, 26(5): 1389-1397.

[28] Fischer N, Fischer D, Klaptke T M, et al. Pushing the limits of energetic materials—the synthesis and characterization of dihydroxylammonium 5,5′-bistetrazole-1,1′-diolate[J]. Journal of Materials Chemistry, 2012, 22(38): 20418-20422.

[29] Steve N, Philip S, Dr R D, et al. 5,5′-bis-tetrazole-1,1′-diolate(TKX-50)synthesis and lab scale characterization[J]. Journal of Materials Science, 2019, 41: 13022-13040.

[30] Sinditskiia V P, Filatov S A, Kolesov V I, et al. Combustion behavior and physico-chemical properties of dihydroxylammonium 5,5′-bistetrazole-1,1′-diolate(TKX-50)[J]. Thermochimica Acta, 2015, 614(1): 85-92.

[31] Lee W H, Kwon K. Safe synthesis of TKX-50 using an insensitive intermediate[J]. Propellants Explosives & Pyrotechnics, 2019, 44(11): 171-176.

[32] 唐泉, 庞爱民, 汪越. 固体推进剂铝粉燃烧特性及机理研究进展分析[J]. 固体火箭技术, 2015, 2(38): 232-238.

[33] Li Z Y, Wang N F, Shi B L, et al. Effects of particle size on two-phase flow loss in aluminized solid rocket motors[J]. Acta Astronautica, 2019, 159: 33-40.

[34] Foley T J, Johnson C E, Higa K T. Inhibiton of oxide formation on aluminum nano-particles by transition metal coating[J]. Chemistry of Materials, 2005, 17: 4086-4091.

[35] Fernando K A S, Smith M J, Harruff B A, et al. Chemical assisted thermal decomposition of alane N,N-dimethylethylamine with titanium(IV)isopropoxide in the presence of oleic acid to yield air-stable and size-selective aluminum core-shell nanoparticles[J]. Jornal of Physical Chemistry C, 2009, 113: 500-503.

[36] Zeng C, Wang J, He G, et al. Enhanced water resistance and energy performance of core-shell aluminum nanoparticles via in situ grafting of energetic glycidyl azide polymer[J]. Journal of Materials Science, 2018, 53: 12091-12102.

[37] 李鑫, 赵凤起, 高红旭, 等. 纳米 Al/GAP 复合粒子的制备、表征及对 ADN 热分解性能的影响[J]. 推进技术, 2014, 35: 694-700.

[38] Guo L G, Song W L, Hu M L, et al. Preparation and reactivity of aluminum nanopowders

coated by hydroxyl-terminated polybutadiene (HTPB) [J]. Applied Surface Science, 2008, 254: 2413-2417.

[39] Auman C E, Skofronick G L, Martin J A. Oxidation behavior of aluminum nano-powder[J]. Vacuum Science and Technology B, 1995, 13: 1178.

[40] Malchi J Y, Foley T J, Yetter R A. Electrostatically self-assembled nanocomposite reactive microspheres[J]. ACS Applied Materials & Interfaces, 2009, 1: 2420-2423.

[41] Apperson S J, Bezmelnitsyn A V, Thiruvengadathan R, et al. Characterization of nanothermite material for solid-fuel microthruster applications[J]. Journal of Propulsion and Power, 2009, 25: 1086-1091.

[42] Marc C, Denis S, Piere M J. Nanothermites for space and defence applications[J]. Proceeding of the SPIE, 2009, 7314: 73140W1-73140N8.

[43] 王为强, 薛云娜, 杨建明, 等. 高燃速推进剂用硼氢化物的研究进展[J]. 含能材料, 2012, 1 (20): 132-136.

[44] 李猛, 赵凤起, 徐司雨, 等. 含金属氢化物复合推进剂的能量性能[J]. 固体火箭技术, 2014, 1 (37): 86-90.

[45] Brower F M, Matzek N E, Reigler P F. Preparation and properties of aluminum hydride[J]. Journal of American Chemistry Society, 1976: 2450-2453.

[46] Shark S C, Sippel T R, Son S F, et al. Theoretical performance analysis of metal hydride fuel additives for rocket propellant applications[C]. 47th AIAA/ASME/SAE/ASEE Joint Propulsion Conference & Exhibit, August 2011.

[47] 朱朝阳, 哈恒欣, 张素敏, 等. 高品质 α-AlH₃ 晶体的合成和性能研究[J]. 兵工学报, 2012, (增刊 2): 201-205.

[48] Qin M N, Zhang Y, Tang W, et al. The preparation of Al/α-AlH₃ and its stability and security[J]. Science and Technology of Energetic Materials, 2021, 82 (2): 56-59.

[49] 李文江, 夏宇, 邢校辉, 等. 一种制备三氢化铝的方法: CN 109179317B[P]. 2022.

[50] 庞爱民, 朱朝阳, 徐星星. 三氢化铝合成及应用评价技术进展[J]. 含能材料, 2019, 27 (4): 317-325.

[51] Matzek N E. Non-solvated aluminum hydride coated: US 3844853[P]. 1975.

[52] Petrie M A, Bottaro J C, Schmitt R J, et al. Preparation of aluminum hydride polymorphs, particular stabilized α-AlH₃: US 6228338[P]. 2001.

[53] Schmidt D L. Non-solvated particulate aluminum hydride coated with a cyano-containing compound useful in solid propellants: US 3850709[P]. 1974.

[54] Cianciolo A D, Sabatine D J. Process for the preparation of mercury-containing aluminum hydride composition: US 3785890[P]. 1974.

[55] Roberts C B, Toner D D. Stabilization of light metal hydride: US 3803082[P]. 1974.

[56] 邢校辉, 夏宇, 王建伟, 等. 一种提高三氢化铝热稳定性的方法: CN 109019507B[P]. 2021.

[57] Qin M N, Yao B J, Shi Q, et al. PDA modification and properties of α-AlH₃[J]. Scientific Reports, 2022, 12: 12348.

[58] Zhang D M, Zou H, Cai S Z. Effect of iron coating on thermal properties of aluminum-lithium alloy powder[J]. Propellants Explosives & Pyrotechnics, 2017, 42: 1-8.

[59] Liu T, Chen X, Ye M Q, et al. Coating of activated metal hydride and application in the fuel-rich propellant[J]. Chinese Journal of Energetic Materials, 2016, 24(9): 868-873.

[60] Zhu Y L, Le W, Zhao W J, et al. Promising fuels for energetics: Spherical Al-Li powders with high reactivity via incorporation of Li[J]. Fuel, 2022, 232: 124393-124398.

[61] Liu T, Chen X, Xu H X, et al. The effect of Li-Al alloy on combustion performance of B/PTFE fuel-rich propellant[J]. Advanced Materials Research, 2014, 904: 222-227.

[62] Stober K J, Cantwell B J, Otaibi R A L. Hypergolic ignition of lithium-aluminum-hydride doped paraffin wax and nitric acid[J]. Journal of Propulsion and Power, 2020, 36(3): 435-445.

[63] Terry B C, Sippel T R, Pfeil M A, et al. Removing hydrochloric acid exhaust products from high performance solid rocket propellant using aluminum-lithium alloy[J]. Journal of Hazardous Materials, 2016, 317(5): 259-266.

[64] Shoshin Y L, Mudryy R S, Dreizin E L. Preparation and characterization of energetic Al-Mg mechanical alloy powders[J]. Combustion & Flame, 2002, 128(3): 259-269.

[65] Nie H, Schoenitz M. Heterogeneous oxidation of mechanically alloyed Al-Mg powders by water and oxygen[C]. 14 AlChE Annual Meeting, November 2014.

[66] 毛根旺, 吴婉娥, 胡松启, 等. HTPB/镁铝合金含量对含硼富燃料推进剂压强指数影响[J]. 机械科学与技术, 2008, 1: 5-8.

[67] Mansed G E, Fletcher E W, Knight M R. High energy binders[R]. Final Report to Office of Naval Research, N00014-82-C-0800, 1985.

[68] Garaev I K, Kostochko A V, Petrov A I, et al. Synthesis of azido oxetane statistical polymers and copolymers[J]. Russian Journal of General Chemistry, 2016, 86(6): 1459-1468.

[69] Reddy T S, Nair J K, Satpute R S, et al. Rheological studies on energetic thermoplastic elastomers[J]. Journal of Applied Polymer Science, 2010, 118(4): 2365-2368.

[70] Brian M, Aliza C, Chad S. Thermal decomposition behavior of poly(3-nitratooxetane)[C]. Bulletin of the American Physical Society: 16th APS Topical Conference on Shock Compression of Condensed Matter. Combustion Institute. New York, 2009.

[71] Willer R L, Baum K, Lin W H. Synthesis of poly(3-nitratooxetane): US 8030440B1[P]. 2011.

[72] 廖林泉, 郑亚, 李吉祯. NMMO 及其聚合物的合成、性能及应用研究进展[J]. 含能材料, 2011, 19(1): 113-118.

[73] Abrishami F, Zohari N, Zeynali V. Synthesis and characterization of poly(glycidyl nitrate-block-caprolactone-block-glycidyl nitrate)(PGN-PCL-PGN)triblock copolymer as a novel energetic binder[J]. Propellants Explosives & Pyrotechnics, 2017, 42(9): 1032-1036.

[74] 王晓川, 舒远杰, 莫洪昌, 等. 三嵌段烯基聚 NIMMO 含能黏合剂的合成与固化[J]. 火炸药学报, 2018, 41(6): 562-566.

[75] Wang X C, Li P, Lu X M, et al. Synthesis and curing of allyl urethane NIMMO-THF copolyether with three functional groups as a potential energetic binder[J]. Central European Journal of Energetic Materials, 2020, 17(1): 142-163.

[76] 王晓川, 舒远杰, 莫洪昌, 等. 三嵌段 PNIMMO-PCL-PNIMMO 含能黏合剂的合成与表征[J]. 火炸药学报, 2020, 43(4): 378-382.

[77] Xu M, Lu X, Mo H, et al. Studies on PBFMO-*b*-PNMMO alternative block thermoplastic

elastomers as potential binders for solid[J]. RSC Advances, 2019, 9(51): 29765-29771.

[78] 张恒宁, 樊学忠, 王晗. 高能钝感推进剂配方改性的研究进展[J]. 科学技术与工程, 2018, 18(24): 195-198.

[79] 王连心, 薛金强, 郑永津, 等. N-丁基硝氧乙基硝胺的合成工艺研究进展[J]. 化学推进剂与高分子材料, 2013, 11(5): 22-33.

[80] 苗成才, 朱天兵, 刘海洲, 等. BDNPF/A 增塑剂的性能研究及应用进展[J]. 化学推进剂与高分子材料, 2021, 19(5): 21-26.

[81] 朱天兵, 刘长波, 张寿忠, 等. BDNPF/A 含能增塑剂在炸药中的应用[J]. 化学推进剂与高分子材料, 2013, 11(4): 29-32.

[82] Edgar A, Yang J, Chavez M, et al. Physical characterization of bis(2,2-dinitropropyl) acetal and bis(2,2-dinitropropyl) formal[J]. Journal of Energetic Materials, 2020, 38(4): 483-503.

[83] Yang D L, Zhang D Z. Role of water in degradation of nitroplasticizer[J]. Polymer Degradation and Stability, 2019, 170: 1-11.

[84] Ang H G, Pisharath S. Energetic polymers, binders and plasticizers for enhancing performance[J]. Weiheim: Wiley-VCH, 2012.

[85] 刘栓虎, 程根旺, 骆广梁. 高能推进剂钝感含能材料研究现状[J]. 化学推进剂与高分子材料, 2010, 8(2): 5-10.

[86] 李焕, 樊学忠, 庞维强. 低易损性固体推进剂钝感特性及评估试验方法研究进展[J]. 化学推进剂与高分子材料, 2017, 15(2): 56-59.

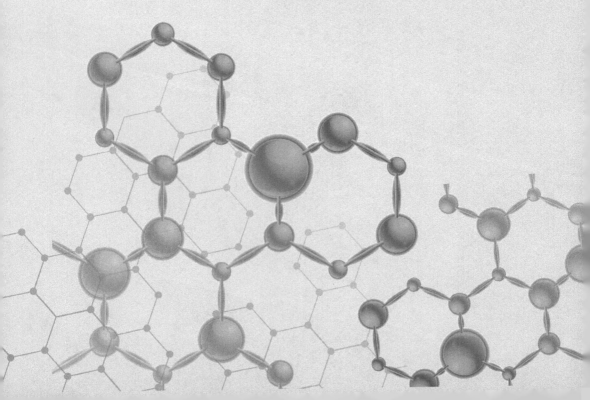

第4章

固体推进剂含能材料设计原理

含能材料主要用于含能炸药和固体推进剂。含能炸药的研究以爆压、爆速(密度是决定能量水平的关键,产气量、爆热次之)等高效毁伤能力为需求牵引,基于爆轰特性的设计理念,专注于增加含能单元的环张力能和氮含量,同时采用减少氢含量和提高氧含量至零氧平衡附近的策略来提升含能材料的能量水平。固体推进剂对含能材料的要求与炸药不完全相同,固体推进剂用含能材料的分子结构及性能特征专注于高生成焓、高氧含量、高氢含量(能量转换效率高),通过提高燃烧热和降低燃气产物平均分子量来大幅度提高固体推进剂的比冲。

4.1　固体推进剂的含能材料筛选判据

含能材料燃烧或爆炸产物在固体推进剂中的做功能力与两个因素有关:燃气体积和燃烧室温度。燃气体积越大,燃烧室温度越高,固体推进剂的比冲越大。

含能材料在燃烧室中的燃烧状态是有差别的。如果是充分燃烧,其燃烧热可以直接按照化学反应方程式进行计算,但是,对于氧平衡小于 0 的化合物的燃烧,产气量与燃烧过程有密切的联系。通常遵守 Springall-Roberts 规则[1]:①碳原子转换为 CO;②如果仍然有氧剩余,氢被氧化为水;③如果仍然有氧剩余,1/3 的 CO 被氧化为 CO_2;④所有的氮原子均被转换为氮气。如果在体系中仍然有氢气存在时,则⑤1/3 的 CO 转化为固体碳和 CO_2,⑥1/6 的 CO 转化为固体碳和水。

对于 AP、硝酸铵等不含碳的氧化剂,氧含量是远远过量的,第⑤、⑥条是不适合使用的,而在推进剂中必须使用黏合剂和增塑剂,因此碳是很容易获得的。针对氧化剂在推进剂中的使用情况,有必要增加补充规则:对于 1/3 的 CO 转化为 CO_2 仍然有剩余,剩余的氧可以将其他的碳转化为 CO 和 CO_2,即对于分子式为 $C_aH_bN_cO_d$ 的含能化合物,CO 为 $\left(d-\dfrac{b}{2}\right)\times\dfrac{1}{2}$ mol,CO_2 为 $\left(d-\dfrac{b}{2}\right)\times\dfrac{1}{4}$ mol。

根据比冲计算公式,很容易推导产气量与比冲的关系:

$$M=\frac{22.4}{V} \tag{4.1}$$

$$I_s=\frac{C}{g_0} \tag{4.2}$$

式中,M 为平均分子量;V 为单位质量固体推进剂燃烧时燃气的体积。

根据等熵流假设,可以推导:

$$C = \sqrt{\frac{2k}{k-1}\frac{R'T_0}{M}\left[1-\left(\frac{p_e}{p_c}\right)^{\frac{k-1}{k}}\right]} \qquad (4.3)$$

等效排气速度 C 与排气平均分子量 M 有关，而理想比冲 I_s 与 C 成正比，同理可以得出它们的关系。

$$I_s = \frac{1}{g_0}\sqrt{\frac{k}{k-1}\times\frac{R'T_0V}{11.2}\left[1-\left(\frac{p_e}{p_c}\right)^{\frac{k-1}{k}}\right]} \qquad (4.4)$$

T_0 近似与焓变成正比，因此含能材料的焓变与产气量的乘积 $\Delta H \cdot V$ 可以作为评估含能材料对固体推进剂的比冲贡献的能量判据，固体推进剂组分 $\Delta H \cdot V$ 越高，对比冲的贡献越大。对于体积比冲，可以用 $\rho\sqrt{\Delta H \cdot V}$ 作为衡量指标。常见含能化合物的计算结果列于表 4.1。

表 4.1　含能化合物的能量判据

含能化合物	密度/(kg/cm³)	焓变/(kJ/kg)	产气量/(m³/kg)	$\Delta H \cdot V$/(kJ·m³/kg²)	$\rho\sqrt{\Delta H \cdot V}$
NG	1.59	5306	0.7175	3807	98
RDX	1.81	5098	0.908	4629	123
HMX	1.91	5026	0.908	4563	129
TATB	1.938	3202	0.867	2776	102
TNT	1.65	3979	0.789	3139	92
CL-20	2.04	5838	0.805	4700	139
FOX-7	1.885	3850	0.908	3495	111
AP	1.95	4623	0.929	4294	127
ADN	1.82	5169	0.992	5122	130
NH_4NO_3	1.72	3405	1.05	3575	102

 ## 4.2　固体推进剂含能组分分子设计

近二十年来，计算机技术的飞速发展，超级计算机的海量计算能力，新型含能物质家族的不断丰富以及由之而来对含能物质结构认识的深化，为含能物质的探索提供了新的机遇。其重要发展趋势是将分子设计、理化性能预估、虚拟筛选、实验合成、配方研制整合为一个系统工程，从而建立研究化合物分子、晶体乃至复合材料的结构、性能及其相互之间的构效关系的多维研究体系。生成焓、晶体密度、氧平衡、稳定性(起始分解温度)、感度、爆速和爆压是含能物质领域专家较为关心的几个参数，理论化学计算方法对这些参数的预测和计算已经达到可以接受的精确度。随着计算方法的不断成熟，在合成实验之前已经能够设计并筛选大量的候选分子。以"分子设计、性能计算、虚拟筛选"指导含能物质合成的思路在世界各国已经成为主流的研究模式。

分子结构设计、性能预测(生成焓、密度)是新型含能物质理论研究的两个主要方面。

基于经验的分子结构设计是最常用的设计方法。自从现代有机化学诞生起，化学家就在不断地进行分子结构的设计和合成。借助 ISISDRAW、ChemOffice 等化学软件，化学家利用有机化学的知识设计了一系列的分子结构。当今的数百万有机分子大部分是化学家进行分子设计的产物。

计算机辅助含能物质设计(computer-aided energetic materials design，CAED)是一种建立在数学模型和理论模拟基础上，能够提高含能物质开发速度的新兴技术。它采用理论设计分子模拟技术，以现有的大量分子结构及性能为基础，设计出具有一定功能甚至更优异功能的新分子。

计算机辅助含能物质设计的方法主要分为两种，一种是基团组合法含能物质分子设计：以小分子的含能骨架为基础，通过改造或者修饰不同的含能基团而得到能量更高、感度更低的新的含能物质分子。另一种是结构生成法含能物质分子设计：也称基于结构的含能物质设计(structure-based energetic materials design，SEMD)，是从含能物质的分子式出发，通过计算机枚举法列出所有可能的同分异构体，再通过含能物质构建规则筛选出合适的含能物质分子结构。结构生成法含能物质分子设计是全新的含能物质设计方法。

目前含能物质的分子结构设计主要采用基团组合法含能物质分子设计方法。例如，在德国 Klapotke 报道了 5,5′-联四唑-1,1′-二氧二羟铵(TKX-50)这一新型含能物质后，雨后春笋般地出现了以 5,5′-联四唑-1,1′-二氧为阴离子，以铵离子、钾离子、钙离子等为阳离子的化合物。这些分子设计方法都是对某些离子或官能团进行替代，以期获得性质上的改进。

近年来，结构生成法含能物质分子设计开始受到重视。1994 年，俄罗斯 Pivina 等针对笼型含能化合物的分子结构开展了研究。以 IUPAC 的简化分子线性输入规范（simplified molecular-input line entry system，SMILES)为基础，制定了笼型分子搭建方法：首先搭建只含碳氢两种元素的笼型化合物，将笼型化合物上的活性碳原子以含能基团取代，从而形成新的笼型含能化合物。Pivina 认为含能化合物取决于两个因素：①能量取决于 sp^3 碳原子(对应于 C=C、C≡C)、氮原子、张力环、含能基团的数量；②晶体密度取决于分子结构的本征对称性。在此基础上提出了笼型化合物搭建方法：首先计算机生成具有较高能量的含能骨架，然后引入含能基团(如—NO_2、—NO、—ONO_2、—N_3 等)。含能骨架搭建方法：①剔除所有 C=C、C≡C 的分子结构；②所有的 C—C 均处于环形或笼型结构中，剔除所有悬挂的 C—C 链，因为 C—C 链结构降低了含能物质的密度；③三元环和四元环均被剔除，因为张力过大；④非对称结构被剔除。他们发现，笼型 CL-20 的同分异构体有 28 个(只含 C、H 元素，不包括 N、O)。

Pivina 的方法具有开创性，但受制于当时计算机的计算能力，这种方法也有一定的缺陷，如生成结构时只考虑 C、H 原子，不考虑 N、O 和 F 等杂原子，属于在当时计算能力有限的情况下一种折中的方法。但是，从分子式出发，通过计算机图形学方法生成所有的含能化合物结构的思想是创造性的、先进性的。

2010 年以来，随着计算能力的提高，药物工业对新型药物分子结构需求的迫切，国际上对同分异构体构建算法认识的加深，研究人员提出了不同的同分异构体构建准则。这些软件均以 SMILES/SMARTS(smiles arbitrary target specification，简化分子线性输入扩展目标规范)方法为基础，通过不同原子的排列组合产生同分异构体，再通过规则剔除重复的结构。

以这些方法为基础，结构生成法含能物质分子设计成为可能，即输入一个分子式，计算机通过计算枚举所有可能的含能物质同分异构体，给出这些潜在含能物质分子结构的 SMILES 编码。但是，这种方法产生的可能的同分异构体的数量是巨大的。同分异构体的数目随着原子个数的增加而呈指数级的增加。例如，分子式为 C_6H_{12} 的同分异构体数目为 25 个，$C_{12}H_{24}$ 的同分异构体数目为 5513 个，$C_{19}H_{40}$ 的同分异构体数目为 148284 个，链烷烃 $C_{24}H_{50}$ 的同分异构体数量达到 1400 余万，显然，这已经不是人力所能解决的问题。

4.2.1 枚举有机化合物同分异构体

新型含能化合物设计当前面临的问题：若根据基团组合法设计含能化合物的分子结构，有可能数量过少，缺乏系统性与全面性，大幅降低了设计的创新能力。结构生成法能够在指定分子式或者结构片段的情况下，预先穷举出全部满足要求的同分异构体作为候选化合物，然后进行逐步筛选，则能较好地解决全面性问题，避免遗漏有潜力的候选化合物。

1. 结构基元的生成

含能物质一般包含 11 种元素：碳、氢、氧、氮、硫、磷、硅、氟、氯、溴与碘。这些元素是构建结构基元的主体：将氢原子合理地分配到非氢原子上得到结构基元，即每个结构基元均由一个非氢原子与若干氢原子组成。由此，共得到 22 种结构基元，见表 4.2。

表 4.2　10 个非氢元素及其 22 个含氢结构基元

序号	结构单元	序号	结构单元
1	Si	12	SH
2	P	13	NH$_2$
3	S	14	NH
4	N	15	OH
5	O	16	CH$_3$
6	C	17	CH$_2$
7	SiH$_3$	18	CH
8	SiH$_2$	19	F
9	SiH	20	Cl
10	PH$_2$	21	Br
11	PH	22	I

2. 结构片段生成

将键属性引入结构基元，生成结构片段，以此得到 33 个结构片段，见表 4.3。

表 4.3　由 12 个基元衍生的 33 个结构片段及其成键类型

编号	结构片段	编号	结构片段	编号	结构片段
1	—CH$_3$	12	—O—	23	PH$_2$—
2	—CH$_2$—	13	O=	24	—PH—
3	=CH$_2$	14	SH—	25	—P<
4	—CH<	15	—S—	26	SiH$_3$—
5	—CH=	16	S=	27	—SiH$_2$—
6	≡CH	17	NH$_2$—	28	>SiH—
7	>C<	18	—NH—	29	>Si<
8	>C=	19	NH=	30	F—
9	—C≡	20	—N<	31	Cl—
10	=C=	21	—N=	32	Br—
11	—OH	22	N≡	33	I—

　　对于含能化合物来说，有两种重要的五价氮原子，即硝基和叠氮。因而在原有 33 种结构片段的基础上，引入了两个结构片段—N=和≡N=，使结构片段数达到 35 个。然而，这两个结构片段与前 33 个结构片段不同，其中—N=定义为

至少与一个 O═键相连，而═N═定义为必须与两个氮相连，即 N═N═N─的形式。

3. 邻接矩阵填充

在结构生成器中，最重要的一步是由结构片段对接生成整体结构，在此，采用邻接矩阵填充方法。所谓邻接矩阵是一个由 N 个结构片段产生的 $N×N$ 矩阵，以此表征结构片段之间的邻接关系。以 C_6H_{14} 的一个异构体为例，它的分子结构图及邻接矩阵见图4.1。

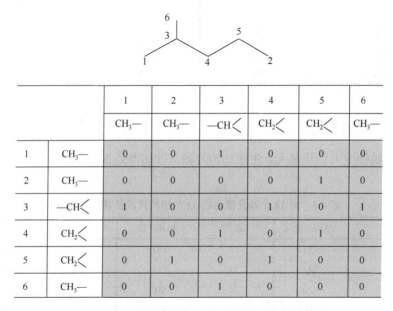

		1	2	3	4	5	6
		CH₃—	CH₃—	—CH<	CH₂<	CH₂<	CH₃—
1	CH₃—	0	0	1	0	0	0
2	CH₃—	0	0	0	0	1	0
3	—CH<	1	0	0	1	0	1
4	CH₂<	0	0	1	0	1	0
5	CH₂<	0	1	0	1	0	0
6	CH₃—	0	0	1	0	0	0

图4.1　带有结构片段编码的戊烷结构及其邻接矩阵

在图 4.1 中，戊烷结构式的每个结构片段均被赋予一个编号。这个编号与表格中第一行和第一列的分子中结构片段编号一致。第二行与第二列为结构片段，阴影部分为邻接矩阵。矩阵中，若两个片段键连则矩阵元素为 1；若不相邻则相应元素为 0。按照此规则，可以由分子结构得到邻接矩阵，反之，由邻接矩阵同样可以得到分子结构式。

不同的邻接矩阵填充方式可能得到不同的分子结构，由此可以通过矩阵填充的方式得到其他同分异构体。

4. 最终结构生成

尽管填充矩阵预先去除了大量的重复结构，但是仍然有一些重复结构出现。

因而结构生成的最后一步为消除冗余结构。有很多种方法来消除冗余结构，如采用一个整体结构的所有邻接矩阵中最大矩阵作为该整体结构的代表。但是这类算法的效率极低，不适合于结构生成器。因而，在实践中需要采用更高效的算法。在此，我们采用的是全通道拓扑指数法，即将一个化合物结构转化为一个数组，比较结构是否相同的问题也就转化为比较该数组是否相同，这要求拓扑指数具有非常高的区分能力。

4.2.2　结构约束方法研究

穷举法得到的化合物达到数千万甚至上亿个，面对如此海量的化合物，很难搜寻到目标化合物。穷举所得的一些化合物(如含长链烷烃子结构的化合物)明显不具备含能氧化剂的结构性质，应予以排除；某些结构可能是化学不稳定的，也应予以排除。因而可取的方案是预先在结构生成器中限定这些子结构即给定约束条件，从而减少穷举所得化合物数量。为此，在原结构生成器的基础上，本研究加入了多种结构约束功能，包括原子间键连关系、元素间键连关系、精确结构和子结构约束，以实现目标化合物的虚拟筛选。

1. 结构片段数量约束

如前所述，有些结构片段本身不应该出现在含能化合物中，如 CH_3—，因而在程序中加入了结构片段数量约束，如在结构片段部分预先去除 CH_3—。这将从穷举程序的起始部分约束，大大提高了穷举效率。

以 C_6H_{14}(共有 5 个同分异构体)为例，若对其进行结构约束，在对应左一功能区内下拉框中选择＞C＜和＞CH—结构，次数分别输入 0、0(分别表示最小和最大出现次数)，即代表生成不含＞C＜和＞CH—结构的化合物，则仅得到一个满足条件的化合物。结构约束实现过程见图 4.2。

输入约束条件：

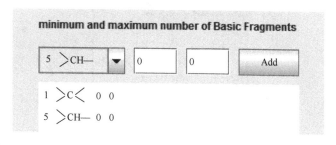

输出结果：

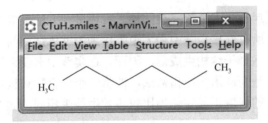

图 4.2　限定不含＞C＜和＞CH—结构后生成的 C_6H_{14} 的同分异构体

2. 精确结构约束

精确结构约束是指根据输入结构精确筛选(除输入结构的指定位置外，其他位置不能改变)。输入结构中指定的可取代位置（以 A 表示），结构可由 ChemDraw 软件画出，以 sdf. 文件格式存储。

如给定分子式 $C_4H_{12}N_2$，打开文件夹中要约束的结构 1.sdf，在后面的下拉框选定 1，即限定穷举出的候选化合物中结构 1 至少出现一次，结果得到符合条件的两种结构。约束条件的输入以及限定的结构和结果如图 4.3 所示。

输入约束条件：

限定的结构 1：

输出结果：

图 4.3　精确结构约束下的 $C_4H_{12}N_2$ 穷举

3. 排除指定结构片段间化学键类型约束

穷举时，有时需要排除指定两个基本结构片段间的化学键类型。在该功能区域，可在程序的下拉框中分别选择两个结构片段和其间的键型，1、2、3 分别代表单键、双键和三键，最终穷举结果将排除所选择的化学键类型。以 C_4H_6 为例，限定穷举结构中 $\rangle C{=}$ 和 $\rangle C{=}$ 间不能以双键相连，$\rangle CH{-}$ 和 $\rangle CH{-}$ 间不能以单键相连，${=}CH{-}$ 和 ${=}CH{-}$ 间不能以双键相连，约束条件的输入和得到的结果见图 4.4。

输入约束条件：

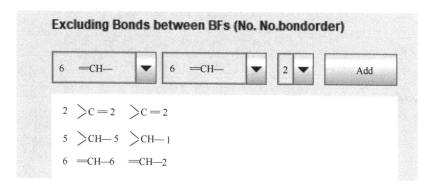

输出结果：

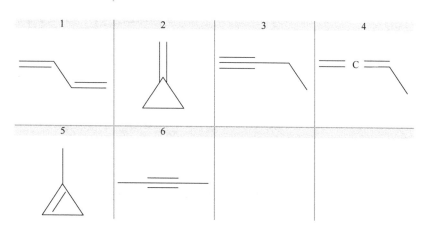

图 4.4　结构片段间键型约束示例和穷举结果

4. 排除指定两个元素间化学键约束

此功能与 3. 类似，其区别是排除的范围更广泛，即排除指定两个元素间的化学键。以分子式 $C_2H_2N_2O_2$ 为例，见图 4.5。在左边区域内排除五价氮，左三区域内排除＞C═和 O═以双键相连，即排除＞C═O，右区域内分别排除 N、O 之间，N、N 之间，O、O 之间的化学键。

输入约束条件：

输出结果：

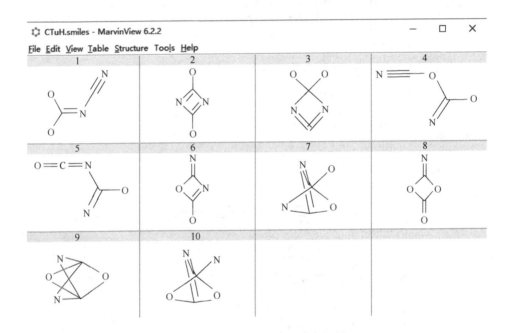

图 4.5　元素间键型约束示例和穷举结果

5. 子结构约束

与精确结构约束不同，该功能限定的子结构的任何位置均可以被取代。为了适应复杂的子结构限定要求，在结构限定时，加入了逻辑关系选择，即当添加两个及以上子结构约束时，可以选择结构间的关系为 AND 或者 OR，AND 表示候选化合物需要同时满足所指定的子结构，OR 表示指定的子结构满足一个即可。

子结构约束分为 4 种情况,分别为:包含子结构(原子不可重叠)、包含子结构(原子可重叠)、不包含子结构(原子不可重叠)和不包含子结构(原子可重叠)。

同样以给定分子式 C_6H_{14} 为例,见图 4.6。首先选择要限定的结构文件 2.sdf,结果满足条件的化合物只有一个;加上限定结构文件 3.sdf,若关系为 AND,则表明两个结构都要包含且原子不重叠,结果没有符合的化合物;若关系为 OR,则表明两个结构满足一个即可,结果 C_6H_{14} 的 5 个同分异构体均满足。

限定的结构 2 和结构 3:

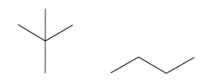

输入约束条件 1:

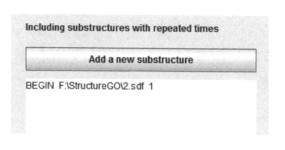

输出结果 1:

输入约束条件 2:

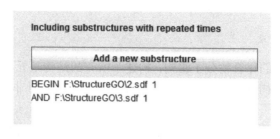

输出结果 2 为无满足条件的化合物存在。

输入约束条件 3:

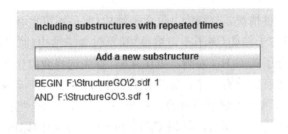

输出结果 3：

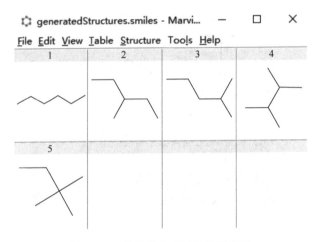

图 4.6　子结构约束示例和穷举结果

采用 java 语言，编制了结构生成器软件，实现了程序的正式运行。

4.2.3　含能物质约束规则

含能物质的结构有其自身的特点，根据其结构特征，排除其他非高能特征，可以提高筛选的精确度和速度。

1. 结构基元约束

软件针对全部的化合物分子结构，构建了所有的结构基元，一共有 35 个。但是，其中的部分结构基元不是含能结构必需的部分，或者对非含能结构基元的数量进行限制。

碳元素：有七种结构基元。在含能物质结构中一般以四面体型的单键或双键形式存在(图 4.7)，其余五种结构由于不稳定(如 $=C=$、$-C\equiv$、$CH\equiv$)，或者能量低(如 CH_3-、$CH_2=$、$=CH-$)，而不选择作为含能物质的结构基元。

图 4.7　碳元素的含能结构基元

氮元素：氮元素有两种化学价态，五种结构基元。在含能物质结构中一般以 —NO₂、＝N—、 （结构生成器中以—N＝表示）、＞N—的形式存在（图 4.8）。而 —NH₂、NH＝中的氢原子可以和固体推进剂中的异氰酸酯基团反应，应该予以排除。特例是类似于 FOX-7 这种硝基和氨基相邻形成氢键特殊结构，在后面的包含特殊结构部分进行处理。另外，N≡和≡N＝属于不稳定结构，应该予以排除（在结构生成器中，N≡和≡N＝分别以 N#和#N＝表示）。

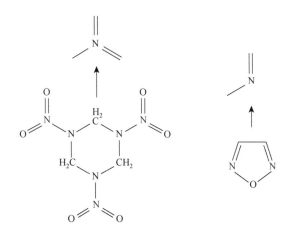

图 4.8　氮元素的含能结构基元

氧元素：氧有三种结构基元。—OH 由于和异氰酸酯反应，一般应该予以排除。

结构单元排除的设置：在结构生成器软件界面的 minimum and maximum number of Basic Fragments 栏，选择相应的结构单元，在允许的结构单元个数的区间限定上界和下界均为零，则可对这些结构予以排除（表 4.4）。

表 4.4　排除的结构单元

结构单元序号	结构单元	限定区间	结构单元序号	结构单元	限定区间
3	=C=	00	11	N#	00
4	—C#	00	12	#N=	00
6	=CH—	00	16	NH=	00
7	CH#	00	23	OH—	00
14	CH$_2$=	00			
21	CH$_3$—	00			

2. 相邻化学键约束

相邻结构单元通过化学键键合在一起。化学键键合时可以以多种方式键合，即键级是不同的，如单键、双键或三键相互键合。根据含能物质结构的特点，对相邻化学键的键级进行约束，可以提高筛选的精确度和速度。

—N= 和 —N= 基团之间不会以化学键相连，因此无论是单键还是双键都应予以排除。

10	—N=	10	—N=	1
10	—N=	10	—N=	2
9	=N—	18	O=	2
8	>N—	8	>N—	1
10	—N=	17	—O—	1
6	=CH—	18	O=	2
22	NH$_2$—	17	—O—	1
22	NH$_2$—	15	—NH—	1
22	NH$_2$—	10	—N=	1
22	NH$_2$—	9	=N—	1
10	—N=	15	—NH—	1
15	—NH—	17	—O—	1
15	—NH—	15	—NH—	1

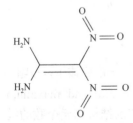

图 4.9　目标结构一

3. 应用示例

1) $C_2H_4N_4O_4$

目标结构一的结构如图 4.9 所示。

其分子式为 $C_2H_4N_4O_4$，在结构生成器中输入该分子式，在精确结构限定区域(左二区域)内指定 NO_2 结构出现两次，开始穷举。最后得到共计 100 个符合条件的候选化合物结构，其中目标结构为第 99 个。约束条件的输入和得到的结果如图 4.10 所示，目标结构在结果中用红框标出。

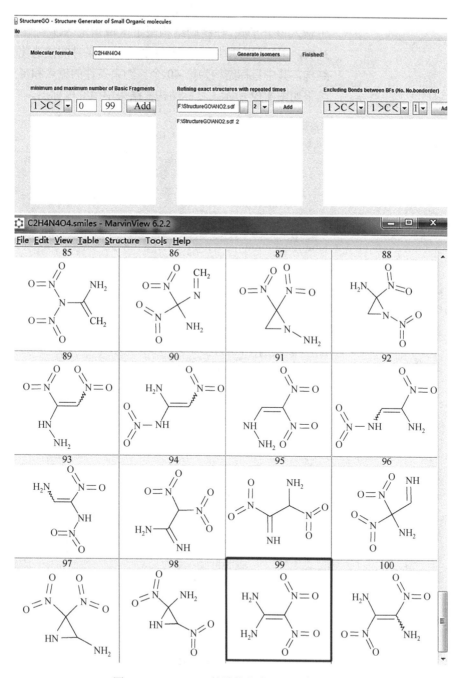

图 4.10　$C_2H_4N_4O_4$ 的结构约束示例与穷举结果

2) $C_3H_6N_6O_6$

目标结构二的结构如图 4.11 所示。

该目标结构分子为 $C_3H_6N_6O_6$，同样地在结构生成器中输入该分子式，在精确结构限定区域指定 NO_2 结构出现 3 次，运行后穷举共计得到 5472 个符合条件的候选化合物结构，其中目标结构为第 40 个。约束条件的输入和得到的结果如图 4.12 所示，目标结构在结果中用红框标出。

图 4.11 目标结构二

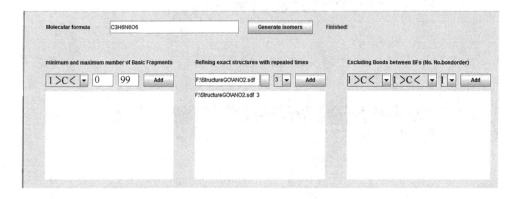

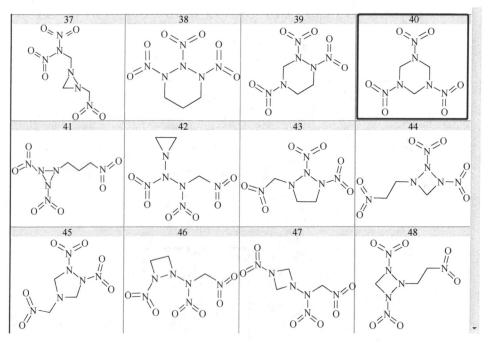

图 4.12 $C_3H_6N_6O_6$ 的结构约束示例和穷举结果

3）$C_4H_8N_8O_8$

目标结构三的结构如图 4.13 所示。

该目标结构分子式为 $C_4H_8N_8O_8$，同样地，在结构生成器中输入该分子式，在结构片段限定区域（左一区域）指定＞N—结构片段出现 4 次（至少且至多出现 4 次），在精确结构限定区域指定 NO_2 结构出现 4 次，运行后穷举共计得到 3879 个符合条件的候选化合物结构，其中目标结构出现于第 193 个。约束条件的输入和得到的结果如图 4.14 所示，目标结构三在结果中用红框标出。

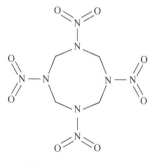

图 4.13　目标结构三

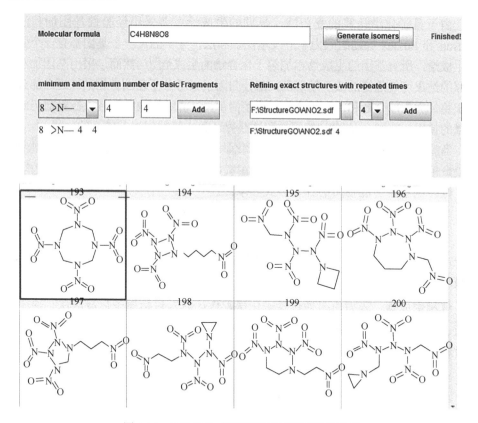

图 4.14　$C_4H_8N_8O_8$ 的结构约束示例和穷举结果

通过有机化合物同分异构体技术研究，提出结构基元和结构片段的生成规律，以及通过邻接矩阵构建同分异构体的方法。对于生成的海量异构体，通过结构约束技术，根据含能化合物的分子结构特点，从海量候选化合物中初步筛选含能化合物。在理论研究基础上，开发了分子结构生成器软件，可为含能化合物分子设计和结构筛选提供参考。

 4.3　固体推进剂含能组分性能预示

根据含能物质的化学组成、生成焓和密度等三个参数，即可通过热平衡方程计算固体推进剂的理想比冲。含能组分的性能预示主要解决含能物质生成焓和密度的预示问题。

4.3.1　分子晶体固相生成焓计算

由于量子化学计算的复杂性，早期的生成焓主要采用经验性基团加和法。Benson 和 Sussex 课题组致力于开发基团加和法，分子的每一个基团都有一个固定的生成焓，所有基团的生成焓相加等于化合物的生成焓[2]。然而，采用基团加和法计算的结果可能是错的或不精确的，部分归因于参考分子基团数据的缺乏，部分归因于整体大于部分之和。加和法具有模型简单、计算速度快的特性，在目前仍然有少量的使用。Keshavarz 等[3]使用加和法获得了和实验数据误差较小的结果。

当前主流的生成焓的计算方法是量子化学——半经验公式。通常情况下含能物质为凝聚相(固体或液体)，凝聚相的生成焓由气相生成焓和升华热/汽化热/晶格能构成。

固相或液相含能物质的计算公式如下：

$$\Delta_f H^\ominus(s) = \Delta_f H^\ominus(g) - \Delta H^\ominus_{sub} \tag{4.5}$$

$$\Delta_f H^\ominus(l) = \Delta_f H^\ominus(g) - \Delta H^\ominus_{vap} \tag{4.6}$$

式中，$\Delta_f H^\ominus(s)$ 为固相生成焓；$\Delta_f H^\ominus(g)$ 为气相生成焓；$\Delta H^\ominus_{sub}$ 为升华热；$\Delta_f H^\ominus(l)$ 为液相生成焓；$\Delta H^\ominus_{vap}$ 为汽化热。

气相生成焓　$\Delta_f H^\ominus(g)$ 通过量子化学软件计算，包括原子化反应法、原子等价法、生成反应法以及等键反应法等。当前一般采用原子化反应法，计算生成焓的过程如图 4.15 所示。

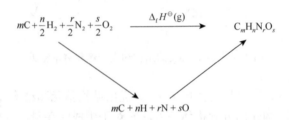

图 4.15　原子化反应法计算生成焓

需要 Gn、MPn 和 QCISD 等高水平的计算方法，但这类方法一般适用于小分子，对含原子数较多的含能化合物分子难以实现。Klapotke 课题组[4]在 CBS-4M 水平上进行计算，气相生成焓误差在 10 kJ/mol 以内。密度泛函理论(DFT)包含电子相关校正，不仅能算出可靠的几何构型和能量，而且计算也相对不贵，所以成为当前广泛运用的热门方法。

在 6-311 + G(2d,p)水平上优化分子结构，采用 CBS-4M 方法计算单点能。基于振动分析计算热力学校正值。根据单点能和校正值计算中性分子的标准状态下的气相生成焓。计算公式见式(4.7)：

$$\Delta_f H^{\ominus}_{(g,M,298)} = H^{\ominus}_{(molecule,298)} - \sum H^{\ominus}_{(atom,298)} + \sum \Delta_f H^{\ominus}_{(atom,298)} \tag{4.7}$$

升华热/汽化热的计算：Joback 和 Reid 采用基团加和法预估了化合物的升华热/汽化热，但是误差较大。对于有机分子组成的固体，其升华热取决于分子间相互作用能，相互作用能越大则升华热越大。因此，升华热与分子表面的静电势有关。Politzer 等[5]提出了基于分子表面静电势的预测升华热/汽化热的方法。

首先通过量子化学计算得到分子的波函数。分子表面一般用 Bader 定义的范德华表面，即电子密度为 $0.001e/Bohr^3$ 的等值面。在范德华表面按一定的间距划分格点，通过下面的公式计算各种不同定义的静电势。

分子表面静电势核：

$$V(r) = \sum_A^{核} \frac{Z_A}{|R_A - r|} - \int \frac{\rho(r')}{|r' - r|} dr' \tag{4.8}$$

正的平均静电势：

$$\bar{V}_S^+ = \frac{1}{n} \sum_{i=1}^{n} V_S^+(r_i) \tag{4.9}$$

负的平均静电势：

$$\bar{V}_S^- = \frac{1}{m} \sum_{j=1}^{m} V_S^-(r_j) \tag{4.10}$$

总的平均静电势：

$$\bar{V}_S = \frac{1}{m+n} \left[\sum_{j=1}^{n} V_S^+(r_j) + \sum_{k=1}^{m} V_S^-(r_k) \right] \tag{4.11}$$

正电势的方差：

$$\sigma_+^2 = \frac{1}{n} \sum_{i=1}^{n} \left[V_S^+(r_i) - \bar{V}_S^+ \right]^2 \tag{4.12}$$

负电势的方差：

$$\sigma_-^2 = \frac{1}{m} \sum_{j=1}^{m} \left[V_S^-(r_j) - \bar{V}_S^- \right]^2 \tag{4.13}$$

正负电势的平均方差：

$$\sigma_{tot}^2 = \sigma_+^2 + \sigma_-^2 \tag{4.14}$$

静电势平衡参数：

$$\nu = \frac{\sigma_+^2 \cdot \sigma_-^2}{\left[\sigma_{tot}^2\right]^2} \tag{4.15}$$

这些分子表面静电势可通过网格法计算，计算结果用来进一步计算升华热/汽化热：

$$\Delta H_{vap}^{\ominus} = \alpha_1 (A_s)^{\frac{1}{2}} + \alpha_2 \left(\nu \cdot \sigma_{tot}^2\right)^{\frac{1}{2}} + \alpha_3 \tag{4.16}$$

$$\Delta H_{sub}^{\ominus} = \beta_1 (A_s)^2 + \beta_2 \left(\nu \cdot \sigma_{tot}^2\right)^{\frac{1}{2}} + \beta_3 \tag{4.17}$$

式中，A_s 为分子电子密度为 0.001 a.u.的等值面的面积；α_1、α_2、α_3、β_1、β_2、β_3 等为拟合系数。

根据计算，拟合了各参数，结果如下：

$\beta_1 = 0.000267$ kcal/(mol·Å^4)；

$\beta_2 = 1.650087$ kcal/mol；

$\beta_3 = 2.966078$ kcal/mol。

根据式(4.7)计算了气相生成焓，根据式(4.17)计算了升华热，从而直接计算分子型含能物质的固相生成焓，部分含能材料的生成焓计算结果列于表4.5。

表 4.5　部分含能材料的生成焓计算结果

化合物	$\Delta_f H^{\ominus}(g)$ /(kcal/mol)	$\Delta H_{sub}^{\ominus}$ 或 $\Delta H_{vap}^{\ominus}$ /(kcal/mol)		$\Delta_f H^{\ominus}(s)$ 或 $\Delta_f H^{\ominus}(l)$ /(kcal/mol)	
	理论值	实验值	理论值	实验值	理论值
NG	−74.66	—	20.34	−88.4	−95.0
RDX	44.4	31.12	27.77	18.0	16.7
HMX	61.7	41.9	34.6	18.9	19.8
TATB	−0.7	40.2	30.42	−33.4	−31.12
TNT	11.47	25.0	24.07	−15.1	−12.6
CL-20	141.0	40.32	46.33	108.5	94.67
FOX-7	0.1	—	21.89	−32.0	−21.79

从表4.5可以看出，超过90%含能化合物的生成焓计算误差在5 kcal/mol以内。减小计算误差的方法有两种：一是提高气相生成焓的计算水平，采用高精度多基组的计算方法可以进一步减小气相生成焓的计算误差；二是对升华热和汽化热的计算公式根据实验数据进一步拟合，目前只是考虑了静电引力的影响，实际结晶

过程中，还应该进一步考虑氢键等其他分子间作用力的影响。

前述气相生成焓和气化热分别计算，同时气相生成焓计算在 CBS-4M//B3LYP/6-311G(2df,2p) 水平上进行，导致计算精度难以进一步提高。

研究发现，在 G2//B3LYP/6-311G(2df,2p) 水平上进行单点能计算，相较于 CBS-4M//B3LYP/6-311G(2df,2p) 水平上计算，气相生成焓计算精度得到了进一步提高。分子晶体的升华热除了与分子面积和分子表面静电势有关外，还与分子体积有关。同时不同的原子种类也影响升华热。因此，应该进一步考虑分子体积、分子式中原子个数等参数。

对于分子型含能物质，分子式为 $C_aH_bN_cO_d$，首先采用量子化学软件，在 G2//B3LYP/6-311G(2df,2p) 水平上计算 1 atm、298 K 的标准状态下的绝对气相生成焓，然后计算分子的体积、表面积、静电势平衡参数与正负电势平均方差的乘积，最后根据式(4.18)计算含能物质的固相生成焓。计算精度出人意料地得到了提升。

$$\Delta_f H^\ominus(s) = 1146.0106 + 2567.9131 \times \Delta_f H^\ominus(g) + 97763.9330 \times a + 1498.6117 \times b + 140492.3907$$

$$\times c + 192811.4189 \times d - 314.4588 \times V_m^{\frac{1}{3}} + 0.003062961 \times A_s^2 - 6.9702 \times \left[\nu \cdot \sigma_{tot}^2 \right]^{\frac{1}{2}}$$

$$(4.18)$$

式中，$\Delta_f H^\ominus(s)$ 为固相生成焓；$\Delta_f H^\ominus(g)$ 标准状态下的绝对气相生成焓；V_m 为分子的体积；A_s 为表面积；$\nu \cdot \sigma_{tot}^2$ 为静电势平衡参数与正负电势平均方差的乘积；a、b、c、d 为简单参数，根据分子式计算得到。

表 4.6 给出了部分分子晶体固相生成焓的计算结果。从中可以看出，采用式(4.18)计算固相生成焓，标准误差为 6 kJ/mol，最大计算误差为-9.40 kJ/mol。而通常文献中采用的计算方法，标准误差为 15 kJ/mol，最大计算误差为 40 kJ/mol。式(4.18)的计算精确度远远优于其他方法。

表 4.6　部分分子晶体固相生成焓的计算结果

化合物	$\Delta_f H^\ominus(g)$ / Hartree	V_m/Å³	A_s/Å²	$\nu \cdot \sigma_{tot}^2$ / (kcal/mol)²	$\Delta_f H^\ominus(s)$ 实测值/ (kJ/mol)	$\Delta_f H^\ominus(s)$ 计算值/ (kJ/mol)	误差/ (kJ/mol)
乙酰胺	−208.875099	85.35218	102.0101	73.60821	−317	−314.81	−2.19
2-氨基苯甲酸	−475.402054	167.3095	167.7838	86.40241	−400.9	−403.42	2.52
1,4-对苯二胺	−342.321051	151.7454	155.981	29.17798	3.1	12.19	−9.09
1,2,3-苯并三氮唑	−395.186258	146.5873	150.5582	69.08737	250	249.33	0.67
5-氨基四唑	−313.150274	97.81446	112.017	92.23701	207.8	209.24	−1.44
苯甲酸	−420.126453	153.4351	157.2928	40.97084	−385.2	−392.46	7.26

化合物	$\Delta_f H^\ominus(g)$ / Hartree	V_m/Å^3	A_s/Å^2	$\nu \cdot \sigma_{tot}^2$ / (kcal/mol)^2	$\Delta_f H^\ominus(s)$ 实测值/ (kJ/mol)	$\Delta_f H^\ominus(s)$ 计算值/ (kJ/mol)	误差/ (kJ/mol)
2,4-二硝基苯酚	−715.472975	185.7193	185.871	27.41154	−232.6	−231.26	−1.34
2,4-二硝基苯胺	−695.605174	191.8562	190.1747	46.27443	−67.8	−58.40	−9.40
FOX-7	−597.516317	147.1922	153.7173	72.19628	−133.88	−133.57	−0.32
5-甲氧基四唑	−372.226662	115.283	118.4857	64.21196	69.1	60.29	8.81
5-氨基四唑	−313.150274	97.81446	112.017	92.23701	207.8	209.24	−1.44
苯甲酰胺	−400.251621	159.5164	161.8946	59.00638	−202.6	−202.42	−0.18
2,4-二硝基甲苯	−679.551378	199.257	196.5692	23.97232	−66.4	−65.66	−0.74
RDX	−896.211779	211.4177	203.2878	32.0161	75.31	72.22	3.09
2,6-二硝基甲苯	−679.546509	198.8048	194.3474	24.13821	−51	−54.55	3.55
4-羟基苯甲酸	−495.270617	163.7391	166.8071	59.48246	−584.5	−581.30	−3.20
2-甲基-1H-吲哚	−402.360437	181.4002	181.3471	25.46644	60.7	60.14	0.56
3-甲基-1H-吲哚	−402.358013	181.3646	179.6547	24.87453	68.2	65.02	3.18
2-甲基-5-硝基苯胺	−530.559495	186.4111	184.825	61.37718	−91.3	−86.92	−4.38
4-甲基-3-硝基苯胺	−530.55328	186.6684	183.7085	67.66042	−71.7	−75.77	4.07
AN	−337.050688	92.41702	113.15144	50.17765	−388.6	387.3	1.3
硝酸肼 (HN)	−392.274764	109.07412	127.28393	48.89938	−251.6	250.43	1.17
HNF	−764.91557	185.85454	194.87182	19.73847	−71	103.65	22.65

4.3.2 分子型含能物质密度计算

以 0.001 a.u.的等电子密度面所包围的体积(单位：cm^3/molecule) 作为分子体积可以计算分子的密度。虽然完全忽略了晶格参数，但是公式具有较高的精确度，其原因在于 0.001 a.u.的等电子密度面所包围的体积正好等于晶格中分子的有效体积。

分子表面的静电势分布是不均匀的，局部为正或负。考虑分子表面正负电荷分布不均匀的程度，分子间相互作用对密度具有重要的影响，可将密度计算公式修正为

$$\rho = \alpha \left(\frac{M}{V(0.001)} \right) + \beta \left(\nu \cdot \sigma_{tot}^2 \right) + \gamma \qquad (4.19)$$

式中，ν 由式(4.15)计算；σ_{tot}^2 由式(4.14)计算；系数 α、β 和 γ 在 36 个含能化合物的基础上拟合。在 B3PW91/6-31G(d, p) 水平上，拟合的结果为：$\alpha = 0.9183$，$\beta = 0.0028$，$\gamma = 0.0443$。根据式(4.19)，常见含能化合物的密度计算结果列于表 4.7。

表 4.7 部分含能材料的密度计算结果

化合物	$M/(\mathrm{g/mol})$	$V(0.001)/(\mathrm{cm^3/molecule})$	$\nu \cdot \sigma_{\mathrm{tot}}^2$	$\rho/(\mathrm{g/cm^3})$ 实测值	计算值
RDX	222.12	121.901	37.5315	1.81	1.82
HMX	296.16	157.794	46.0288	1.91	1.90
TATB	258.15	141.294	39.05215	1.938	1.83
TNT	227.14	121.665	18.8580	1.654	1.81
CL-20	438.19	215.197	29.3967	2.04	1.996
FOX-7	148.08	81.43	57.2143	1.885	1.87

4.3.3 离子型含能物质固相生成焓计算

Jenkins 等[6-9]提出晶格能的计算公式。他们根据卡普斯钦斯基（Kapustinskii）公式的形式提出了对于不同电荷的离子晶体的晶格势能计算公式，在晶格势能的基础上计算晶格能，即

$$U_{\mathrm{POT}} = 2I\left[\frac{\alpha}{V_{\mathrm{m}}^{1/3}} + \beta\right] \tag{4.20}$$

式中，U_{POT} 为晶格势能；I 为离子强度；V_{m} 为分子的体积；α 和 β 为拟合的系数。这种计算方法即使对于无机的离子晶体，也存在较大的误差(约 100 kJ/mol)。

对于形如 $\mathrm{M}_p\mathrm{X}_q$ 的含能盐，晶格能根据式(4.21)计算：

$$\Delta H_{\mathrm{L}} = U_{\mathrm{POT}} + \left[p\left(\frac{c_{\mathrm{M^+}}}{2} - 2\right) + q\left(\frac{c_{\mathrm{X^-}}}{2} - 2\right)\right]RT \tag{4.21}$$

式中，ΔH_{L} 为晶格能；单原子离子 $c_i = 3$，线型多原子离子 $c_i = 5$，多原子离子 $c_i = 6$；R 为摩尔气体常量，$R = 8.314$ J/mol；T 为热力学温度。

为了较为精确地计算有机离子晶体的晶格能，Izgorodina 等[10]研究了计算马德隆常数进而计算晶格能的程序 EUGEN(expanding unit-cells generalized numerical)。与其他的马德隆常数计算程序不同，EUGEN 考虑了电荷离域的作用。例如，$\mathrm{NH_4^+}$ 由于电荷的离域作用，在每个正离子中，一个正电荷并不是分布于某个原子，而是均匀分布在 4 个氢原子上，即每个氢原子上具有 0.25 个正电荷。根据有机离子的特点，考虑电荷离域作用，EUGEN 计算的结果与实测值更相符。提取含能盐的晶体结构参数，输入到 EUGEN 程序中，便可计算它们的晶格能。根据式(4.22)计算固相生成焓，计算结果列于表 4.8。

$$\Delta_f H^\ominus(s) = \Delta_f H^\ominus(g) - \Delta H_L \qquad (4.22)$$

式中，$\Delta_f H^\ominus(s)$ 为固相生成焓；$\Delta_f H^\ominus(g)$ 为气相生成焓；ΔH_L 为晶格能。

表 4.8　部分含能盐的固相生成焓的计算值与实测值

序号	化合物	气相生成焓 $\Delta_f H^\ominus(g)$ [a]/(kJ/mol)	晶格能 ΔH_L/(kJ/mol)	固相生成焓 $\Delta_f H^\ominus(s)$/(kJ/mol)	
				计算值	实测值
1	硝酸铵	309.0	697.6	−388.6	−365.6[11]
2	硝酸肼	440.7	664.8	−224.1	−251.6[11]
3	硝酸胍	248.2	599.2	−351.0	−387.0[11]
4	硝酸脒基脲	52.3	525.0	−472.7	−427.2[11]
5	AGuaN	347.27	−544.2	−196.9	−278.7[12]
6	TAGN	635.71	−621.7	14.0	−50.25[12]
7	ADN	480.7	597.7	−117.0	−150.6[13]
8	高氯酸铵	370.4	635.9	−265.5	−295.3[11]
9	高氯酸羟铵	404.8	668.2	−263.4	−276.14
10	高氯酸三氨基胍	697.1	−687.1	10	36.32[14]
11	高氯酸胍	309.59	−583.8	−274.2	−310.03[15]
12	硝仿肼	499.5	544.1	−44.6	−71.0[16]
13	FOX-12	224.1	547.7	−323.6	−355[17]
14	硝酸脲	158.7	729.6	−570.9	−564.0[11]
15	二硝酰胺胍盐	420.0	−500.7	−80.7	−158.0[12]
16	二硝酰胺肼盐	612.5	591.8	20.7	−13.43[12]
17	TAGDN	807.51	−413.0	394.5	184.0[18]
18	偶氮双四唑铵盐	2065.8	1495	510.8	+ 444[19]

a. G2 方法计算值。

比较表 4.8 中固相生成焓的计算值与实测值，含能盐固相生成焓的计算误差大部分在 50 kJ/mol 以内。图 4.16 给出了部分含能盐的固相生成焓的计算值与实测值的对比图，与 Politzer 方法相比，CASTEP 的计算结果与实测值的误差更小。TAGDN 固相生成焓计算值（Politzer：315.1 kJ/mol，CASTEP：394.5 kJ/mol）与实测值（184.0 kJ/mol）相差较大，可能是因为实测值是不准确的。

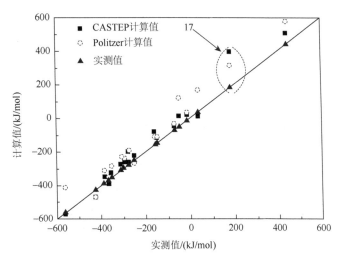

图 4.16　部分含能盐固相生成焓的计算值与实测值的对比

考虑到含能化合物的固相生成焓的测量误差一般在 ±5 kcal/mol，这种方法的计算精度是可以接受的。

4.3.4　离子型含能物质晶体密度计算

从微观的角度看，密度与单个分子所占的体积有关。肖鹤鸣等[20]运用 Gaussian 03 程序包中的 DFT-B3LYP 方法，在 6-31G** 基组级别上根据式(4.23) 计算了 45 种化合物的密度，发现理论计算值与实测值符合较好。

$$\rho_{cal} = \frac{M}{V_m} \tag{4.23}$$

式中，ρ 为晶体密度理论计算值；M 为分子的摩尔质量；V_m 为分子的摩尔体积。

式(4.23)用于计算分子晶体的密度符合较好，但是，用于计算离子盐的密度时有较大的偏差。Politzer 等[21]提出了修正公式：

$$\rho = \alpha \frac{M}{V_m} + \beta \left(\frac{\overline{V}_{S(cation)}^+}{A_{(cation)}^+} \right) + \gamma \left(\frac{\overline{V}_{S(anion)}^-}{A_{(anion)}^-} \right) + \delta \tag{4.24}$$

式中，$\overline{V}_{S(cation)}^+$ 和 $\overline{V}_{S(anion)}^-$ 为电子密度 = 0.001 a.u. 的等值面时的分子表面静电势的平均静电势，该区域的面积分别为 $A_{(cation)}^+$ 和 $A_{(anion)}^-$。α、β、γ 和 δ 为根据 25 个已知含能盐的密度拟合的参数，分别为 1.0260、0.0514、0.0419、0.0227。

Politzer 等[21]的研究表明，对于 32 个较典型的含能盐，式(4.23)的计算误差为 0.089 g/cm³，式(4.24)的计算误差为 0.033 g/cm³，准确度有了较大的提高。

通过晶胞参数也可以精确地计算晶体的密度。晶体的空间群共有 230 种，从中找出最可几的空间群计算量巨大。Belsky 等[22]对大量的有机晶体进行了统计，发现 88.6%的有机晶体属于 9 个空间群（$P2_1$、$P2_1/c$、$P2_12_12_1$、$P\bar{1}$、$C2/c$、$Pbca$、$Pna2_1$、$C2/c$、$Pbcn$）[22,23]。对于一般有机晶体，只对这 9 种晶体的空间群进行结构优化，可以大大减小计算量。

对晶体的空间群进行结构优化既可以采用分子动力学方法，又可以采用更精确的量子化学方法。CASTEP 是量子化学程序，与分子动力学方法相比，避免了力场的经验参数拟合，具有更高的准确度。晶体的稳定性与晶体密度有一定的关系，一般晶体密度越大，晶体结构越稳定。对含能盐搭建了 9 种常见的空间群的晶体结构，采用 CASTEP 法计算了不同空间群的晶胞结构参数，计算了不同晶体空间群的能量，选取能量最低的空间群作为最可几的晶体结构，晶胞结构列于图 4.17。

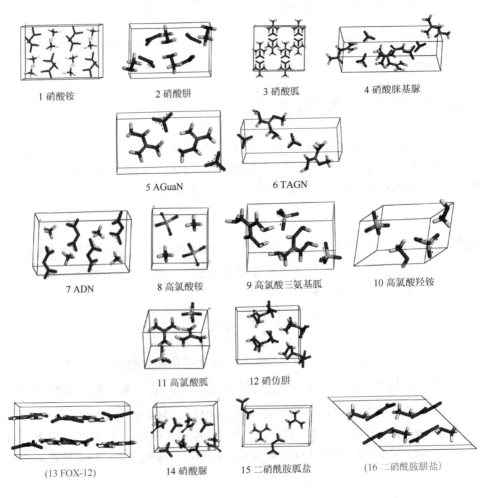

1 硝酸铵　　2 硝酸肼　　3 硝酸胍　　4 硝酸脒基脲

5 AGuaN　　6 TAGN

7 ADN　　8 高氯酸铵　　9 高氯酸三氨基胍　　10 高氯酸羟铵

11 高氯酸肼　　12 硝仿肼

(13 FOX-12)　　14 硝酸脲　　15 二硝酰胺胍盐　　(16 二硝酰胺肼盐)

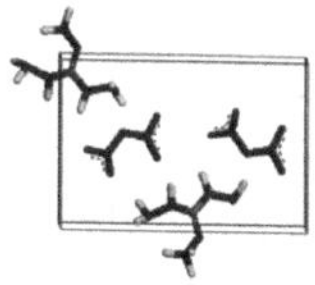

17 TAGDN 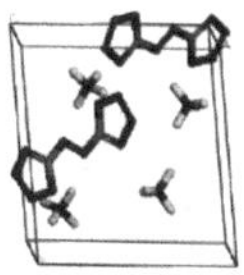   18 偶氮双四唑铵盐

图 4.17   部分含能盐晶胞结构的模拟结构

　　根据晶体的结构参数计算了晶体密度，晶体结构参数与密度的计算结果列于表 4.9。图 4.18 给出了部分含能盐的固相生成焓的计算值与实测值的对比图，可以看出，CASTEP 模拟的密度计算值与实测值接近，在 0.06 g/cm³ 以内，计算误差与 Politzer 公式(4.24)相当，但是 CASTEP 的模拟计算可以同时给出可能的晶体的晶胞参数。

表 4.9   部分含能盐晶体结构参数和密度的模拟计算结果

序号	化合物	空间群	晶体结构参数		密度/(g/cm³)		
			a/Å, b/Å, c/Å	α, β, γ	CASTEP 计算值	Politzer 计算值	实测值
1	硝酸铵	$Pbca$	$a = 10.5386$ $b = 7.0283$ $c = 8.1309$	$\alpha = 90.0000$ $\beta = 90.0000$ $\gamma = 90.0000$	1.76	1.67	1.72[11]
2	硝酸肼	$Pna2_1$	$a = 10.2023$ $b = 6.1723$ $c = 5.5459$	$\alpha = 90.0000$ $\beta = 90.0000$ $\gamma = 90.0000$	1.81	1.59	1.854[24]
3	硝酸胍	$Pbcn$	$a = 5.9792$ $b = 14.5053$ $c = 12.5378$	$\alpha = 90.0000$ $\beta = 90.0000$ $\gamma = 90.0000$	1.49	1.55	1.44[2]
4	硝酸脒基脲	$P2_12_12_1$	$a = 6.3548$ $b = 18.1622$ $c = 5.9736$	$\alpha = 90.0000$ $\beta = 90.0000$ $\gamma = 90.0000$	1.59	1.60	1.63
5	aguaN[a]	$P2_1$	$a = 3.4783$ $b = 12.7169$ $c = 6.5995$	$\alpha = 90.0000$ $\beta = 92.2800$ $\gamma = 90.0000$	1.561	1.52	1.564[25]
6	TAGN[b]	$P2_1$	$a = 4.2533$ $b = 15.4453$ $c = 5.7520$	$\alpha = 90.0000$ $\beta = 89.7220$ $\gamma = 90.0000$	1.469	1.539	1.50[26]
7	ADN	$Pna2_1$	$a = 7.6776$ $b = 13.3203$ $c = 4.3375$	$\alpha = 90.0000$ $\beta = 90.0000$ $\gamma = 90.0000$	1.86	1.86	1.81[27]
8	高氯酸铵	$P2_1$	$a = 6.7288$ $b = 4.3447$ $c = 6.7281$	$\alpha = 90.0000$ $\beta = 90.0300$ $\gamma = 90.0000$	1.98	1.98	1.95[27]
9	高氯酸三氨基胍	$P2_1$	$a = 7.7628$ $b = 7.8436$ $c = 6.4397$	$\alpha = 90.0000$ $\beta = 102.270$ $\gamma = 90.0000$	1.77	1.710	1.67[14]
10	高氯酸羟铵	$Pna2_1$	$a = 5.0737$ $b = 8.3832$ $c = 6.0193$	$\alpha = 90.0000$ $\beta = 53.9300$ $\gamma = 90.0000$	2.14	1.98	2.06

续表

序号	化合物	空间群	晶体结构参数		密度/(g/cm³)		
			a/Å, b/Å, c/Å	α, β, γ	CASTEP 计算值	Politzer 计算值	实测值
11	高氯酸肼盐	$P2_1$	$a=8.2511$ $b=7.9560$ $c=6.6668$	$\alpha=90.0000$ $\beta=100.920$ $\gamma=90.0000$	1..58	1.71	1.56
12	硝仿肼	$Pna2_1$	$a=9.0912$ $b=6.2729$ $c=11.0408$	$\alpha=90.0000$ $\beta=90.0000$ $\gamma=90.0000$	1.93	1.88	1.86~1.93[16]
13	FOX-12[c]	$P2_1/c$	$a=9.16927$ $b=13.8258$ $c=6.49798$	$\alpha=90.0000$ $\beta=105.6765$ $\gamma=90.0000$	1.75	1.71	1.75[17]
14	硝酸脲	$P2_12_12_1$	$a=10.3124$ $b=6.6496$ $c=7.4924$	$\alpha=90.0000$ $\beta=90.0000$ $\gamma=90.0000$	1.61	1.62	1.59[2]
15	二硝酰胺肼盐	$P2_1$	$a=3.5878$ $b=13.1395$ $c=7.7506$	$\alpha=90.0000$ $\beta=115.1944$ $\gamma=90.0000$	1.67	1.69	1.673[21]
16	二硝酰胺肼盐	$P\bar{1}$	$a=8.93930$ $b=7.05840$ $c=11.76749$	$\alpha=90.0000$ $\beta=44.00757$ $\gamma=90.0000$	1.791	1.76	1.848[21]
17	TAGDN[d]	$P2_1$	$a=3.5858$ $b=13.0504$ $c=8.8762$	$\alpha=90.0000$ $\beta=86.0547$ $\gamma=90.0000$	1.692	1.654	1.57[26]
18	偶氮双四唑铵盐	$C2/c$	$a=9.5747$ $b=11.1851$ $c=7.68448$	$\alpha=90.0000$ $\beta=91.4193$ $\gamma=90.0000$	1.62	1.73	1.53[19]

a. 氨基胍硝酸盐；b. 三氨基胍硝酸盐；c. 二硝酰胺酸脒基脲；d. 三氨基胍二硝酰胺盐。

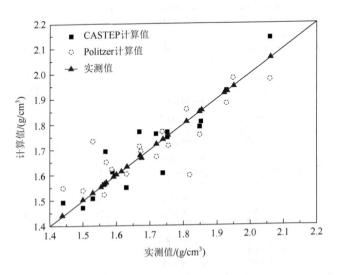

图 4.18　部分含能盐密度的计算值与实测值的对比

4.4　固体推进剂配方设计专家系统

　　新型含能推进剂的研发是一个包括新型含能物质的设计、合成、应用以及含能材料的配方、加工工艺等研究在内的综合性研发过程，涉及含能高分子材料的燃烧、力学、工艺、安全、储存等多学科、多领域知识。同时，由于含能推进剂高能量的特性，研制过程具有危险性高、成本大、周期长的特点。传统的"试错法"研制模式从设计到定型生产要经过许多次"设计-加工-试验"循环，每一次都需要加工试样并进行定性分析或定量计算实验，来验证设计的正确性以及是否达到技术指标。这些过程费时、费力，成本相当高，并且具有极高的危险性。目前推进剂的配方设计工作是以领域专家的经验知识、结合化学实验完成的，其中存在成本高、周期长、重复实验次数多等很多缺点[28]。这种完全依赖于实验和经验修正的设计理念和研究方法已经难以满足现今技术发展，成为进一步发展的瓶颈。

　　随着信息技术的飞速发展，越来越多的研发过程引入了计算机辅助设计技术，其发挥了越来越重要的作用。专家系统就是基于人工智能技术的一种辅助设计方法，该方法依据专家经验规则和试验数据挖掘结果辅助产品研发，具有效率高、准确性好、可扩展性强的优点。专家系统早期先导者之一，斯坦福大学的 Edward Feigenbaum 教授，把专家系统定义为"一种智能的计算机程序，它运用知识和推理来解决只有专家才能解决的复杂问题"，也就是说专家系统是一个含有大量的某个领域专家水平的知识与经验的智能计算机程序系统，能够利用人类专家的知识和解决问题的方法来处理该领域问题[29]。简而言之，专家系统是一种模拟(emulate)人类专家解决领域问题的计算机程序系统。

　　对于固体推进剂而言，传统实验方法消耗原材料多，浪费较多。研制成功一个新型固体推进剂配方要花费数十年，实验几千次，需要巨额的研制经费。固体推进剂配方设计专家系统作为一个知识管理平台，随着应用的不断深入，专家知识和试验数据的积累系统设计能力也会提高，能够在减少实验量、降低危险性的同时，还可以节约经费，提高效率，缩短研制周期。

　　国内计算机预示和模拟系统的研究主要集中在燃烧和力学性能方面[30]，至今仍未建立可应用新型含能固体推进剂配方设计系统；对实验数据潜在信息的挖掘和应用能力不足；对固体推进剂尤其是具有特殊、新型特性的含能固体推进剂性能的仿真方法和仿真模型的研究和综合应用基本处于空白状态。通常来说，固体推进剂配方设计过程可以表述为两个过程的集成，一是基于专家经验(规则)的基础配方建立(或选择)，二是对基础配方的优化，优化的设计参数一般在 20 个以内，优化目标在 8 个以内。配方组分通常难以建立精确的数理模型，因此，实际优化时往往以专家经验和实验数据的应用为基础，需要大量的反复调整和试验，效率低。对此，我们提出将专家系统技术和数据驱动的优化设计技术相结合，开发一套固体推进剂配方设计专家系统。

4.4.1　专家知识库及知识库管理

　　一个专家系统汇集了某个领域多位专家的经验知识以及他们协作解决重大问题的能力，因此，专家系统应表现出更渊博的知识、更丰富的经验和更强的工作能力。固体推进剂设计专家知识库中存放的知识主要包括设计变量、设计规则、经验公式模型和代理模型等。在对固体推进剂设计专家知识进行研究和整理过程中，将充分借鉴含能固体推进剂配方设计知识研究成果，在包含和兼容已有含能固体推进剂设计知识的基础上，进一步扩大知识库所能够表示的知识种类、范围和形式。对于各种配方设计问题，专家系统运用专家的经验和知识进行启发式推理，形成解决问题的推理链，从而对问题做出判断和决策。

　　其中，设计规则采用自主研发的规则语言 RueLang 进行表达，如图 4.19 所示。RueLang 采用类似 Python 的语法规则，通过缩进来定义逻辑块，能够同时支持多槽模板的定义、复杂模式的产生式规则($frule)的定义和逻辑规则($brule)的定义。为了降低学习和使用门槛，根据设计规则的特点，开发可视化的规则管理界面，如图 4.20 所示，用户只需根据面板指示，填入规则的关键元素，知识库管理系统可以自动地生成 RueLang 脚本，用于设计时的推理分析。

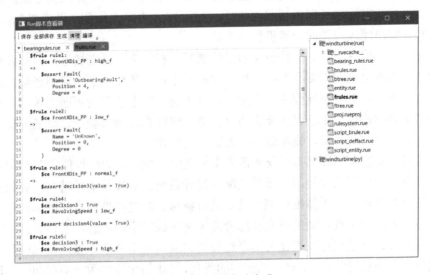

图 4.19　规则自动生成

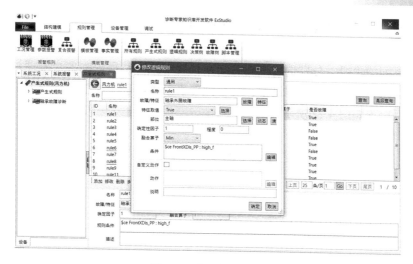

图 4.20　规则管理界面

4.4.2　基于规则的配方设计模块

基于规则的配方设计模块的核心是利用知识库中的设计规则进行推理分析的规则引擎。对此，专家系统采用基于智能推理算法的模糊专家系统(ruepy)架构，其架构如图 4.21 所示。该专家系统的核心组件包括：工作内存、模糊符号管理、知识库、混合推理引擎、解释器、规则编译等。

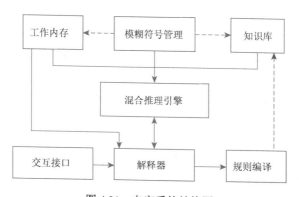

图 4.21　专家系统结构图

其中，模糊符号管理组件管理着知识库和推理机中涉及的所有模糊术语，并提供模糊匹配等功能；工作内存中存放当前所有的特征数据，用于模式匹配，供所有的推理机共享；知识库中存储着各种模糊规则；规则编译组件可以根据规则的添加和移除，动态地构造和维护模式匹配网络。

混合推理引擎集成了多种不同类型的推理机，实现对不同表达方式的知识的利用，所有的推理机共享相同的工作内存，进行信息交换。通过将整个推理过程划分成不同的阶段，分别选用不同的知识表达方式，然后控制各个推理机的执行顺序，可以完成复杂的推理过程。混合推理引擎中，基于产生式规则的推理引擎的工作流程图如图 4.22 所示。

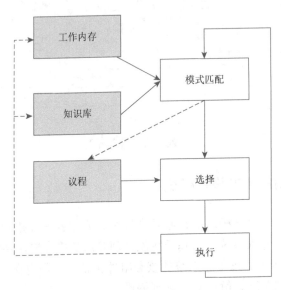

图 4.22　基于产生式规则的推理引擎的工作流程图

该执行的每个循环可概括为"模式匹配，选择激活规则，执行选择的规则"，直至匹配的规则数为 0。模式匹配环节对整个执行过程的计算效率影响最大，随着规则数量的增加，一个需要解决的问题是，在链式推理过程中，如何进行大量模式与事实的高效匹配。对此，我们采用模糊 Rete 算法进行模式匹配，支持高效的链式匹配分析。

对于给定的设计任务，通过调用 ruepy，载入知识库中的知识，进行推理分析，就可以得到各个设计变量的合理取值范围，降低后续优化设计的寻优空间，提高搜索效率，完成配方设计的第一个步骤。

4.4.3　数据驱动的配方设计功能研发

1. 数据的生成和处理

专家系统研究和开发前期，甚至是应用的早期，可供应用的实验数据相对不足，一方面数据整理收集需要一个相对较长的时间，另一方面还有很多研究尚未获取到足够的实验数据。为方便研究工作的开展，可以通过仿真的手段构建数据训练研究所需的数据集。仿真得到的数据会相对干净，但是实际采集到的数据存在非常多的扰动，可以通过在各个测点的模拟数据上叠加不同等级的高斯白噪声、固定偏差、异常点等成分来模拟实验的数据。

2. 数据治理

对于要训练的数据，不论是加干扰后的仿真数据还是采集的实际数据，数据的质量将会直接影响提取出的设计规则的精确度和准确度。因而，在进行数据统计分析和规则挖掘前，首先需要开展数据治理工作，以提升数据质量。数据治理环节主要的系统功能包括异常点数据提取、缺失数据填充、归一化等操作，如图 4.23 所示，其中尤以异常点数据提取最为核心，同时也是数据治理的难点，需要合适的数据处理算法来完成异常点数据的处理。

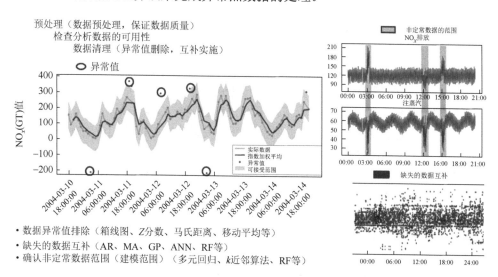

- 数据异常值排除（箱线图、Z分数、马氏距离、移动平均等）
- 缺失的数据互补（AR、MA、GP、ANN、RF等）
- 确认非定常数据范围（建模范围）（多元回归、k近邻算法、RF等）

图 4.23　数据治理

GP：高斯过程；ANN：人工神经网络；RF：随机森林

1）异常点识别（outliers detection）。

异常值有两种类型：单变量和多变量。单变量异常值是仅由一个变量中的极值造成的离群，而多变量异常值是至少两个变量的组合异常。异常值的存在会极大地影响我们的分析和统计建模结果。图 4.24 是关于异常值对于建模精度影响的可视化展示。

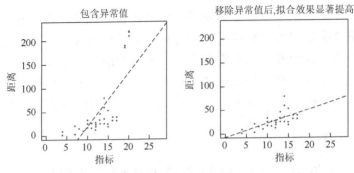

图 4.24　异常点识别

传统手段上，我们倾向于使用简单的方法，如箱形图、直方图和散点图来检测异常值。但是，专用异常值检测算法在处理大量数据，并需要在较大数据集中执行模式识别的方法中非常有价值。

异常点数据有很多种表现形式，有的很容易被发现，有的需要更深入细致的手段才能挖掘出来，据此可以分为以下两类。

(1) 全局异常点（global outlier）：和数据集中"大盘数据"格格不入，是全局范围可见的离群点。

(2) 局部异常点（local outlier）：仅看任何独立维度是看不出来异常问题的，需要结合具体的变量语境，放置在局部子集中才可表现出异常特征。

天洑数据孪生工具平台集成了常见算法和自研核心算法库，包含了高达 20 多种算法，适用于绝大多数异常点识别场景。按照算法原理分类说明如下。

①基于统计的离群检测方法。

主要是对数据的分布做出假设，并找出假设下人为定义的"异常"，因此往往会使用极值分析或者假设检验。

例如，对最简单的一维数据假设高斯分布，然后将距离均值（质心，centriod）特定范围以外的数据当作异常点。

推广到高维后，可以假设每个维度各自独立，并将各个维度上的异常度相加。如果考虑特征间的相关性，也可以用马氏距离（L1）来衡量数据点的异常度。

②基于聚类的离群检测方法。

通过机器学习无监督聚类算法，自主地在数据集中寻找明显"群簇"特征，正常点集往往呈现明显的群聚现象，而异常点大多呈现为孤立点或边缘点。

无监督聚类方法很多，但大多数聚类算法计算复杂度较高，由于很多聚类方法并不适合大规模数据计算，故而可扩展性较差。

③基于相似性度量的手段（距离度量、密度度量等）。

异常点和正常点的分布不同，相似度较低，因此衍生出一系列算法通过相似性指标来识别异常点。

①基于距离的离群检测方法，如 k 近邻算法(KNN)。

②基于密度的离群检测方法，如 COF/LOF 局部异常因子。

③基于集成模型的离群检测方法。

在无监督学习时，提高模型的鲁棒性很重要，因此天泱算法库中引入集成学习策略来强化异常点计算场景数值稳定性。

④孤立森林：构建多棵决策树来进行样本点离群特性计算，大数定律确保了最后结果的可靠性。

2) 缺失数据填充、定常范围确定等

考虑到有些数据采集和存储系统稳定性较差，甚至存在大量数据采集缺失的情况，需要对数据集缺失槽位特征进行填充，以解决有效数据不足的问题。该问题在大多数场合下，针对存在时序惯性的信号量可以直接采用自回归(AR)或移动平均(MA)等时序分析手段进行数值填充；针对可通过其他高度相关的信号特征间接测量的信号，可归结为机器学习的回归问题，从而可以使用常见的高斯过程、随机森林或神经网络等算法。

其他功能如归一化、范围合理性校验需要借助专家经验，不作赘述。

3. 特征选择

特征选择是特征工程中的一个重要问题，其目标是寻找最优特征子集，如图 4.25 所示。特征选择能剔除不相关(irrelevant)或冗余(redundant)的特征，从而达到减少特征个数，提高模型精确度，减少运行时间的目的。另外，选取出真正相关的特征简化模型，协助理解数据产生的过程。"数据和特征决定了机器学习的上限，而模型和算法只是逼近这个上限"，由此可见其重要性。

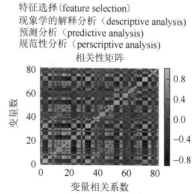

图 4.25　特征选择

特征选择算法可以被视为搜索技术和评价指标的结合。前者提供候选的新特征子集，后者为不同的特征子集打分。最简单的算法是测试每个特征子集，找到究竟哪个子集的错误率最低。这种算法需要穷举搜索空间，难以算完所有的特征集，只能涵盖很少一部分特征子集。

选择何种评价指标很大程度上影响了算法，基于选择的评价指标和思路不同，系统中研究开发的特征选择算法可分为以下三类：过滤类、包装类和嵌入类。

1）过滤类方法

采用代理指标，而不根据特征子集的错误率计分。所选的指标算得快，但仍然能估算出特征集好不好用。常用指标包括互信息、逐点互信息、皮尔逊积矩相关系数、每种分类/特征的组合的帧间/帧内类距离或显著性测试评分。过滤类方法计算量一般比包装类小，但这类方法找到的特征子集不能为特定类型的预测模型调校。由于缺少调校，过滤类方法选取的特征集会比包装类选取的特征集更为通用，往往会导致比包装类的预测性能更低。不过，由于特征集不包含对预测模型的假设，更有利于暴露特征之间的关系。许多过滤类方法提供特征排名，而非显式提供特征子集。要从特征列表的哪个点切掉特征，需要靠交叉验证来决定。过滤类方法也常常用于包装类方法的预处理步骤，以便在问题太复杂时依然可以用包装类方法。

2）包装类方法

使用预测模型给特征子集打分。每个新子集都被用来训练一个模型，然后用验证数据集来测试。通过计算验证数据集上的错误次数（即模型的错误率）给特征子集评分。由于包装类方法为每个特征子集训练一个新模型，因此计算量很大。不过，这类方法往往能为特定类型的模型找到性能最好的特征集。

3）嵌入类方法

嵌入类方法包括所有构建模型过程中用到的特征选择技术。这类方法的典范是构建线性模型的 LASSO 方法。该方法给回归系数加入了 L1 惩罚，导致其中的许多参数趋于零。任何回归系数不为零的特征都会被 LASSO 算法"选中"。LASSO 的改良算法有 Bolasso 和 FeaLect。Bolasso 改进了样本的初始过程，FeaLect 根据回归系数组合分析给所有特征打分。

4. 模型训练与测试

模型训练是为了得到系统或设备的各个参数之间的相关关系，如图 4.26 所示。通过对正常数据下的半监督学习，得到参数之间的相关模式，当相关模式出现异常改变时，即可以用于识别系统异常和评估系统健康状态。

建模选择和测试

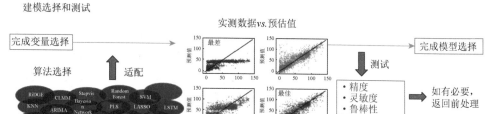

图 4.26　模型的训练与测试原理

对于给定的训练问题，我们采用多种数据建模方法进行模型的训练，包括线性回归、多项式拟合、梯度提升、支持向量机、神经网络等，然后综合多个评价指标对模型进行比选，从中选择预测效果好、复杂度低的模型，如图 4.27 所示。

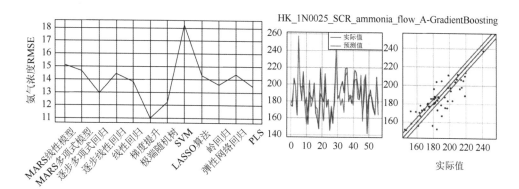

模型	效果	MAE	MSE	RMSE	Median AE	MAPE	R^2	校正R^2	阈值/%
MARS线性模型	HK_1N0025	12.34	228.84	15.13	10.8	6.53	0.56	0.44	21.05
MARS多项式模型	HK_1N0025	10.74	214.81	14.66	8.09	5.81	0.58	1.1	35.09
逐步多项式回归	HK_1N0025	10.14	167.02	12.92	8.8	5.41	0.68	0.64	29.82
逐步线性回归	HK_1N0025	11.62	209.19	14.46	9.82	6.17	0.6	0.58	28.07
线性回归	HK_1N0025	11.03	192.49	13.87	10.54	5.83	0.63	0.56	28.07
极端随机树	HK_1N0025	8.42	121.02	11	5.99	4.46	0.77	0.74	43.86
梯度提升	HK_1N0025	9.42	150.37	12.26	6.67	5.11	0.71	0.68	36.84
SVM	HK_1N0025	14.1	333.73	18.27	12.66	7.26	0.35	0.24	24.56
LASSO算法	HK_1N0025	11.58	205.06	14.32	9.99	6.1	0.6	0.5	22.81
岭回归	HK_1N0025	11.1	184.69	13.59	9.52	5.84	0.64	1.2	28.07
弹性网络回归	HK_1N0025	11.72	207.22	14.4	10.5	6.17	0.6	0.49	24.56
PLS	HK_1N0025	10.95	180.94	13.45	9.18	5.71	0.65	0.56	24.56

图 4.27　模型的训练与选择

SVM：支持向量机；PLS：偏最小二乘回归；MAE：平均绝对误差；MSE：均方误差；RMSE：均方根误差；Median AE：绝对误差中位数；MAPE：平均绝对百分比误差

模型选择和调校工作的本质是将模型选择、超参选择、数据训练等各个过程进行组合优化。考虑到组合优化问题的复杂性，专家系统通过结合多套优化框架进行有效迭代计算，如贝叶斯优化和随机坐标收缩等，并通过引入强化学习等新技术来加强算法空间搜索的目标性，来减少模型迭代训练时间。天洑公司开发的模型训练和测试调校工具系统——TF-AutoML 可以方便高效地辅助实现模型的选择和调校，如图 4.28 所示。以船舶阻力的代理模型训练为例，在 100～900 个不同样本集规模的情况下，采用天洑 AI 代理模型（AIAgent）和 CART 等其他常见模型训练算法的模型精度对比如图 4.29 所示。可以看到，在不同规模的数据集上 AIAgent 均可以实现速度和精度的最优均衡，训练效果远优于传统的训练算法。

- 深度学习等深层模型难以优化
  - 极度依赖于工程师的调参技巧，经验难以传递
  - 依赖硬件水平，训练极度耗时
  - 超参优化是非凸问题，梯度反向传播
  优化效果不稳定

- 为AIAgent深度定制的超参学习工具
  - 网格搜索＋贝叶斯优化＋进化算法灵活组合
  - 轻量级资源需求，定制化高效学习策略
  - 支持分布式训练，硬件使用率最大化
  - 用户无需介入训练过程，一键优化

图 4.28　TF-AutoML 学习框架

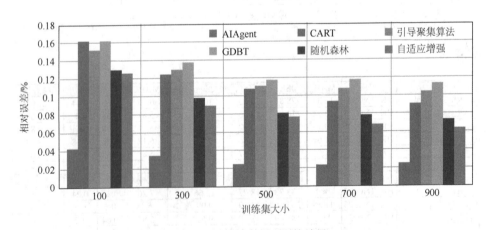

图 4.29　船舶阻力代理训练结果

　　在专家系统中，对于各个优化目标，可以利用上述技术分别建立多套代理模型，从而用于后续优化设计。

5. 基于数据驱动模型的优化设计

基于构建的代理模型(主要是性能预示模型),通过使用优化算法进行配方参数的优化,如图 4.30 所示。

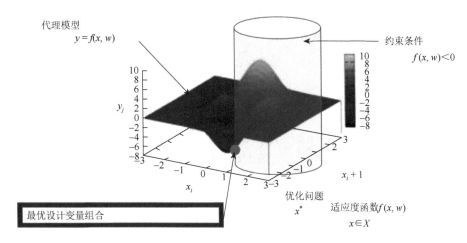

图 4.30 基于代理模型的优化设计

固体推进剂设计为多目标优化过程,配方设计专家系统采用如图 4.31 所示的技术方案。结合分解技术(将多目标分解为多个单目标),利用设计空间中均匀分布的参考向量和"邻域"思想,将多目标优化分解为一组同时进行、信息共享、不同权重组合的单目标优化,能够在获取完整帕累托前沿的前提下提升多目标优化速度。

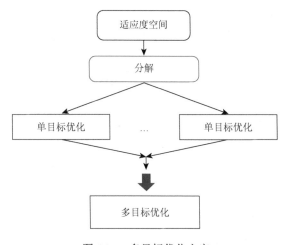

图 4.31 多目标优化方案

4.4.4 配方设计专家系统软件开发

1. 总体架构设计

配方设计专家系统的总体架构如图 4.32 所示。设计系统由专家知识库、知识库管理模块、数据库、数据管理模块、数据挖掘模块、优化设计模块和人机交互系统等几大部分组成。

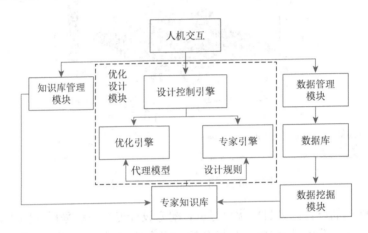

图 4.32 配方设计专家系统总体架构图

专家知识库存放设计所需要的专家知识，包括设计规则和代理模型两大类，分别被设计模块中的专家引擎和优化引擎进行调用。

数据库中存放预先整理好的实验数据和历史设计案例等数据，用户通过数据管理可以对数据库的相关数据进行查询和导入。

数据挖掘模块可以对数据库中的数据进行挖掘学习，建立高精度的代理模块，用于优化设计。

对于知识库中的规则知识，知识库管理模块也提供知识录入的接口，将专家规则录入系统中。

优化设计模块是系统最核心的模块，由两大部分组成，对于给定的设计需求，将首先调用专家引擎，利用设计规则进行定性的推理分析，给出各个设计参数合理的取值范围，然后调用优化引擎，进行优化求解，给出各个设计参数定量的设计值。

2. 数据库及数据管理

对于数据集中的数据，用户可以从多个角度对数据进行可视化分析，方便专家从中提取设计规则，如图 4.33 所示。

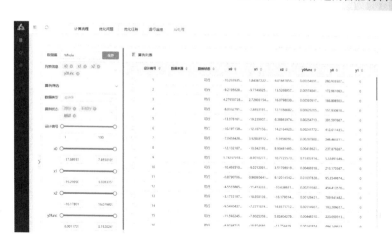

图 4.33　数据管理及数据可视化

3. 优化设计模块

对于要求解的优化设计任务，优化设计模块将首先运行基于规则的配方设计模块，确定各个设计变量合理的取值范围，缩小寻优空间，然后调用代理优化引擎，载入预先训练好的代理模型，进行优化分析，从而得到定量的优化设计参数，如图 4.34 所示。

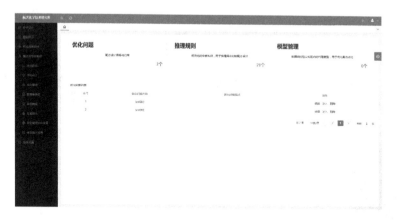

图 4.34　优化设计模块

4. 人机交互及使用流程

最终，通过集成上述各个模块，并定制符合用户使用习惯的人机交互界面，完成整个配方设计专家系统的开发。开发得到的专家系统的主要使用流程如图 4.35 所示。

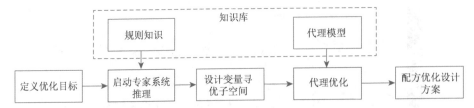

图 4.35 专家系统的主要使用流程

首先用户可以定义自己的优化目标，如图 4.36 所示。

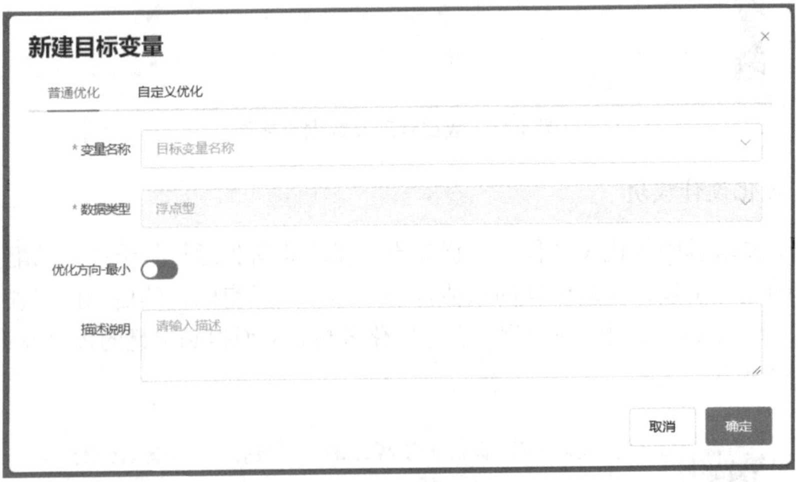

图 4.36 定义优化目标

然后，用户可以启动专家推理分析，得到各个设计变量的合理的取值范围，得到后续代理优化搜寻的设计子空间，如图 4.37 所示。

图 4.37 优化任务定义界面

之后，用户可以启动基于代理模型的优化分析，如图 4.38 所示，得到优化设计的结果。界面效果如图 4.39 所示。

图 4.38　代理优化任务创建界面

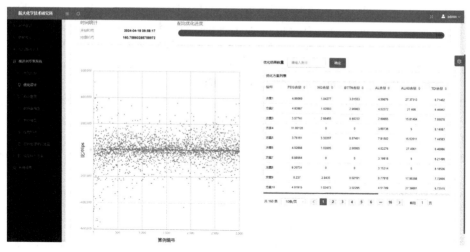

图 4.39　优化效果图

对于给定的配方设计问题，固体推进剂专家系统通过调用专家引擎，利用设计规则进行定性的推理分析，给出各个设计参数合理的取值范围，然后调用优化引擎，进行优化求解，给出各个设计参数定量的最优设计值，缩短配方设计周期，提高设计效率。

参考文献

[1]　Akhavan J. The Chemistry of Explosives[M]. 2nd ed. London: Royal Society of Chemistry,

2004: 80.

[2]   Bond D. Computational methods in organic thermochemistry. 1. Hydrocarbon enthalpies and free energies of formation[J]. Journal of Organic Chemistry, 2007, 72(15): 5555-5566.

[3]   Keshavarz M H. Improved prediction of heats of sublimation of energetic compounds using their molecular structure[J]. Journal of Hazardous Materials, 2010, 177(1-3): 648-659.

[4]   Fischer N, Fischer D, Klapötke T M, et al. Pushing the limits of energetic materials—The synthesis and characterization of dihydroxylammonium 5,5′-bistetrazole-1,1′-diolate[J]. Journal of Materials Chemistry, 2012, 22(38): 20418-20422.

[5]   Politzer P, Martinez J, Murray J S, et al. An electrostatic interaction correction for improved crystal density prediction[J]. Molecular Physics, 2009, 107(19): 2095-2101.

[6]   Jenkins H D B, Tudela D, Glasser L. Lattice potential energy estimation for complex ionic salts from density measurements[J]. Inorganic Chemistry, 2002, 41(9): 2364-2367.

[7]   Jenkins H D B, Roobottom H K, Passmore J, et al. Relationships among ionic lattice energies, molecular (formula unit) volumes, and thermochemical radii[J]. Inorganic Chemistry, 1999, 38(16): 3609-3620.

[8]   Glasser L, Jenkins H D B, Klapötke T M. Is the volume-based thermodynamics (VBT) approach valid for the estimation of the lattice enthalpy of salts containing the 5,5′-(tetrazolate-1N-oxide) dianion? [J]. Zeitschrift für Anorganische und Allgemeine Chemie, 2014, 640(7): 1297-1299.

[9]   Glasser L. Solid-state energetics and electrostatics: Madelung constants and madelung energies[J]. Inorganic Chemistry, 2012, 51(4): 2420-2424.

[10] Izgorodina E I, Bernard U L, Dean P M, et al. The madelung constant of organic salts[J]. Crystal Growth & Design, 2009, 9(11): 4834-4839.

[11] 迪安 J A. 兰氏化学手册[M]. 13 版. 尚久方, 等译. 北京: 科学出版社, 1991.

[12] Kon'kova T S, Matyushin Y N, Miroshnichenko E A, et al. Thermochemical properties of dinitramidic acid salts[J]. Russian Chemical Bulletin, 2009, 58: 2020-2027.

[13] Venkatachalam S, Santhosh G, Ninan Ninan K. An overview on the synthetic routes and properties of ammonium dinitramide (ADN) and other dinitramide salts[J]. Propellants, Explosives, Pyrotechnics, 2004, 29(3): 178-187.

[14] Matyushin Y N, Kon'kova T S, Titova K V, et al. Enthalpies of formation of triaminoguanidinium chloride, nitrate, and perchlorate[J]. Bulletin of the Academy of Sciences of the USSR, Division of Chemical Science, 1982, 31: 446-449.

[15] Matyushin Y N, Kon'kova T S, Titova K V, et al. Enthalpy of formation of guanidinium nitrate, perchlorate, and chloride[J]. Bulletin of the Academy of Sciences of the USSR, Division of Chemical Science, 1985, 34: 713-716.

[16] Dendage P S, Sarwade D B, Asthana S N, et al. Hydrazinium nitroformate (HNF) and HNF based propellants: A review[J]. Journal of Energetic Materials, 2001, 19(1): 41-78.

[17] Östmark H, Helte A, Carlsson T. N-guanylurea-dinitramide (FOX-12): a new extremely insensitive energetic material for explosives applications[C]. In ternational Detonation Symposium, USA. Norfolk, Virginia, 2006: 121-127.

[18] Wingborg N, Latypov N V. Triaminoguanidine dinitramide, TAGDN: synthesis and

characterization[J]. Propellants, Explosives, Pyrotechnics, 2003, 28(6): 314-318.

[19] Hiskey M A, Goldman N, Stine J R. High-nitrogen energetic materials derived from azotetrazolate[J]. Journal of Energetic Materials, 1998, 16(2-3): 119-127.

[20] 肖鹤鸣, 许晓娟, 邱玲. 高能量密度材料的理论设计[M]. 北京: 科学出版社, 2008.

[21] Politzer P, Martinez J, Murray J S, et al. An electrostatic correction for improved crystal density predictions of energetic ionic compounds[J]. Molecular Physics, 2010, 108(10): 1391-1396.

[22] Belsky V K, Zorkii P M. Distribution of organic homomolecular crystals by chiral types and structural classes[J]. Acta Crystallographica Section A: Crystal Physics, Diffraction, Theoretical and General Crystallography, 1977, 33(6): 1004-1006.

[23] Mighell A D, Himes V L, Rodgers J R. Space-group frequencies for organic compounds[J]. Acta Crystallographica Section A: Foundations of Crystallography, 1983, 39(5): 737-740.

[24] Robinson R J, McCrone W C. Crystallographic data 169. hydrazine nitrate(1)[J]. Analytical Chemistry, 1958, 30(5): 1014-1015.

[25] 张志刚, 张同来, 张建国, 等. 硝酸氨基胍的分子结构与晶体结构[J]. 含能材料, 2001, 9(3): 142-144.

[26] 敖国军, 刘振华, 张同来, 等. 三氨基胍系列含能化合物的研究进展[J]. 含能材料, 2008, 16(4): 450-457.

[27] Teipel U. Energetic Materials: Particle Processing and Characterization[M]. Chichester: John Wiley & Sons, 2006.

[28] 冯雪艳, 赵宏安, 赵凤起, 等. 推进剂配方设计专家系统知识体系设计[J]. 西北大学学报 (自然科学版), 2015, 45(6): 951-956.

[29] Wagner W P. Trends in expert system development: A longitudinal content analysis of over thirty years of expert system case studies[J]. Expert Systems with Applications, 2017, 76: 85-96.

[30] 李志琴, 赵宏安, 赵凤起, 等. 基于语义网络的推进剂配方设计知识表示[J]. 含能材料, 2014, 22(4): 542-547.

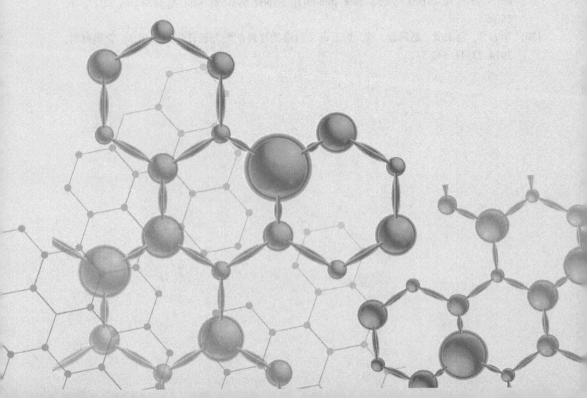

第 5 章

固体推进剂新型含能化合物

5.1　概述

　　飞行器要实现远射程、高准确性和高飞行速度三个方面的要求需要强大的动力系统作为保证，固体动力系统的基础是固体推进剂。推进剂发展，原材料先行。固体推进剂主要由氧化剂、金属燃料、黏合剂、增塑剂及其他一些功能助剂组成，是由这些不同功能的原材料通过特定制造工艺、复杂的物理及化学反应形成的含能黏弹性复合材料，其能量水平由组成它的原材料的性能决定。因此，原材料的发展将会推动固体推进剂的发展。本章主要详细介绍固体推进剂用新型含能原材料的研究情况。

5.2　新型含能氧化剂

　　氧化剂的升级与固体推进剂的更新换代息息相关，新型氧化剂的出现会极大地促进固体推进剂的发展。氧化剂在固体推进剂配方中的含量超过 50%，是固体推进剂的主要成分，其性能直接关系着推进剂能量的大小。含能氧化剂不仅能为推进剂中的黏合剂、金属燃料等成分燃烧时提供所需要的氧，而且自身分解还能释放大量能量。采用含能氧化剂是提高推进剂能量最直接、最有效的技术途径[1]。

　　在固体推进剂中应用最广的氧化剂是高氯酸铵（AP）。AP 由于氧含量高、密度高、合成简单、成本低等优势，一直在固体推进剂市场中占据着绝对地位。但其缺点也很明显，能量比较低，而且含有氯元素，燃烧时会产生大量的 HCl 气体，不仅污染环境，而且会与空气中水分结合形成大量白色烟雾，易被追踪和侦查，不满足动力系统的隐蔽性要求[2-3]。生产使用过程中的环保及健康问题也逐渐引起人们的重视，传统的含卤推进剂已经不能够满足现代环保和健康的需求。因此，推进剂研究者提出了高能量、低特征信号、环境友好型固体推进剂的概念[4]。为了寻找 AP 的替代物，研发出氧含量高、密度高、不含卤元素、安全性能好等综合性能优异的氧化剂成为研究者的不懈追求。目前研究较多的无卤含能氧化剂有二硝酰胺铵（ADN）、硝仿肼（HNF），还有作为高能添加剂应用的六硝基六氮杂异伍兹烷（CL-20）。此外，近几十年人们也陆续开发了多种新型含能氧化剂。

5.2.1　三硝基甲基类新型含能氧化剂

　　三硝基甲基［—C(NO_2)_3］具有高氧平衡、高能量密度的特性，在含能材料领域特别是氧化剂合成领域一直深受研究者的偏爱。自 NF 于 20 世纪 20 年代合成之初到现在近一个世纪以来，三硝基甲基类含能氧化剂层出不穷，种类多样。本小节选取部分比较有代表性的该类含能氧化剂进行详细介绍。

1. 四硝基乙酰胺酸

1）四硝基乙酰胺酸的合成

四硝基乙酰胺酸（TNAA）作为一种有潜力替代 AP 的新型含能氧化剂，有极高的氧含量（60%）和高氮含量（29%），氧平衡高达 30.1%，为美国爱荷华大学的 Shreeve 团队于 2014 年首次发现[5]。TNAA 的外观为无色晶体，室温下能够长期存储，无吸湿性。它是以 FOX-7 为前体经过发烟硝酸硝化而制得（图 5.1）。

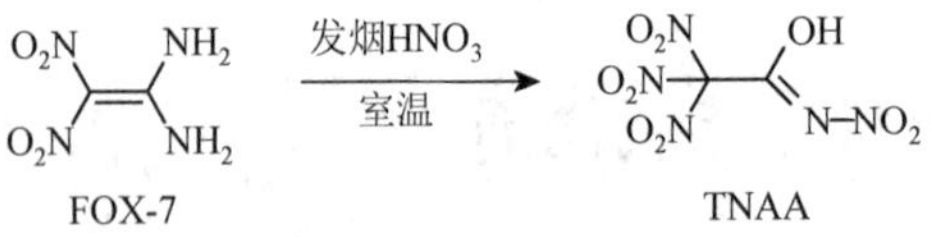

图 5.1　化合物 TNAA 的合成路线

室温下在一定量的 FOX-7 中滴加新鲜蒸馏的发烟硝酸，体系密封搅拌 10 min，然后在低温真空下去除多余的酸，得到无色晶体，即为 TNAA。在整个制备过程中，需要氮气保护，不能暴露在空气中，否则会使 TNAA 转化为化合物硝基脲。TNAA 分子内可以存在几个互变异构体（图 5.2）。

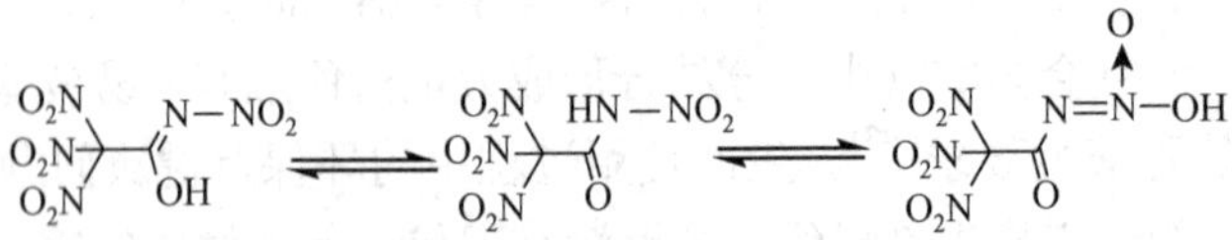

图 5.2　TNAA 的互变异构体

为了便于操作以及今后实现工程化放大，湖北航天化学技术研究所的研究人员对 TNAA 的硝化合成工艺进行了改进：在惰性溶剂的参与下，使用发烟硝酸/发烟硫酸在低温下对 FOX-7 进行硝化，反应结束后，分离有机相，有机相经过水洗、干燥、抽真空除去有机溶剂后即得 TNAA。该工艺进一步提高了硝化过程的安全性。

2）TNAA 的热分析

图 5.3 为 TNAA 的 TG-DSC 曲线。起始阶段为 TNAA 的熔融过程，其熔点为

92℃，吸热峰峰温为 95℃。然后是 TNAA 的分解过程，其分解峰温为 148℃。整个过程失重约 94%。

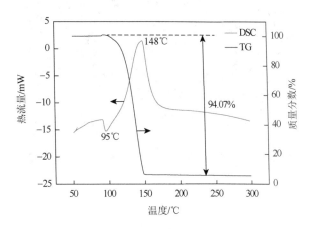

图 5.3　TNAA 的 TG-DSC 曲线

3）TNAA 的结晶研究

经过晶型控制工艺研究，通过调整结晶温度、搅拌转速、加料方式、溶剂与反溶剂体积比、非溶剂滴加速度等晶型控制条件，确定了 TNAA 结晶过程中的各项影响因素。表 5.1 列举了结晶控制工艺条件。制备的 TNAA 晶体呈长片状，表面光滑（图 5.4）。

表 5.1　结晶控制工艺条件

影响因素	溶剂/非溶剂	加料方式	非溶剂加入速度	溶剂与非溶剂体积比	搅拌强度/(r/min)	结晶温度/℃	得率/%
控制条件	二氯甲烷/环己烷	正加法	60 mL/min	1：3	300	25	56.3

4）推进剂安全性能研究及应用评价

（1）安全性能研究。

依据国军标 GJB 5891.22—2006 方法，用落锤撞击感度仪测试撞击感度，测试条件：药质量 20 mg，落锤质量 10 kg。依据国军标 GJB 5891.24—2006 方法，用摩擦感度仪测试摩擦感度，测试条件：药质量 20 mg，摆角 90°，压强 3.92 MPa。依据国军标 GJB 5891.27—2006 方法，用静电火花感度仪测试静电火花感度，测试条件：药质量 20 mg，电容(3×3900) pF，针距 0.5 mm。测试结果列于表 5.2。

图 5.4　TNAA 的 SEM 图

表 5.2　TNAA 与其他含能材料感度对比结果

化合物	撞击感度/J	摩擦感度/%	静电火花感度/mJ
TNAA	32	78	205.9
FOX-7	46	40	190.1
AP	45.9	96	>286.7
HMX	7	100	100.5
RDX	7.5	64	117.6

TNAA 的撞击感度为 32 J，摩擦感度为 78%。与一些常见的含能材料的机械感度相比，TNAA 的感度低于 RDX、HMX 等烈性炸药，但高于 FOX-7、AP 等低感度材料。

（2）相容性研究。

相容性是用来评价含能材料长期储存安全性与使用可靠性能的一项极为重要的性能指标，是指含能材料与其他材料相互接触（如混合、黏接、吸附、分层装药、填装金属壳体等）组成混合体系后，体系的反应能力与单一物质相比其变化的程度。氧化剂用于固体推进剂等领域，其与固体推进剂其他组分具有良好的相容性是一种好的氧化剂必须具备的要求之一。如果组分之间相容性较差，则会造成固体推进剂性能及寿命下降甚至安全事故的发生。相容性的测试方法很多，有真空稳定性分析法（VST）、恒温热重法（CTG）、差热分析法（DTA）、热重法（TG）、差示扫描量热法（DSC）、感度测试法以及这些方法之间的联用技术，如 TG-DTA、TG-DSC 等。

选用固体推进剂常用的氧化剂（AP）、燃料（Al）、黏合剂（HTPB）与所制备的 TNAA 按照质量比 1∶1 的比例混匀后，状态如表 5.3 所示。采用差示扫描量热法开展 TNAA 的相容性评价，结果如图 5.5 所示。

表 5.3　TNAA 与推进剂常用组分混合后的状态

材料	混合前/后的状态
TNAA	白色针状晶体
AP	白色晶体
Al	灰白色粉末
TNAA/AP	混合均匀，乳白色颗粒
TNAA/Al	混合均匀，灰白色粉末
TNAA/HTPB	出现气泡，浅黄色海绵状

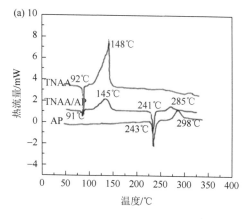
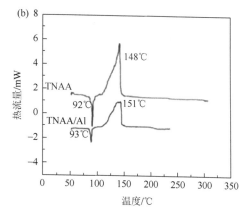

图 5.5　TNAA 与推进剂常用组分的 DSC 曲线

(a) TNAA/AP；(b) TNAA/Al

TNAA 与 AP 混合后的 DSC 曲线如图 5.5(a) 所示，兼具 AP、TNAA 的放热分解峰，且有向低温方向移动的趋势。这可能是由于 TNAA 削弱了 AP 原有晶格的一致性，使其易于破裂。TNAA 在达到 AP 熔融所需要的温度之前已完全分解，可以认为 TNAA 和 AP 在混合物中的分解是独立的。

TNAA 与金属燃料 Al 粉的相容性较好，在混合过程中未见放气、变色等明显反应现象，样品分散均匀性好，且将混合样品在室温下放置三个月后，样品外观状态无明显变化，也未出现放气现象。TNAA/Al 的 DSC 曲线如图 5.5(b) 所示，峰形与 TNAA 无异，峰温有向高温方向移动的趋势。

TNAA 与黏合剂 HTPB 发生了化学反应，混合物颜色、状态等均发生了明显的变化，表明 TNAA 与 HTPB 不相容。

2. 三硝基甲基富氮杂环类含能氧化剂

富氮杂环具有生成焓高、密度高、稳定性好及清洁环保(燃烧产物多为环境友

好的 N_2），是近二十年发展比较快的一类含能材料。通过一定手段向富氮杂环上引入三硝基甲基基团［主要有 C—C(NO₂)₃ 和 N—C(NO₂)₃ 两种类型］是获得综合性能优异的含能氧化剂的重要途径。C—C(NO₂)₃ 的引入一般是富氮杂环上的羧甲基基团或者肟基基团经过硝化而形成；N—C(NO₂)₃ 的引入通常是通过对富氮杂环 N 原子上取代的丙酮/丁酮基团的硝化来实现。通过上述两种手段获得的富氮杂环类含能氧化剂代表性的化合物 **1~8**(图 5.6)，其性能列于表 5.4。其中性能更为突出的氧化剂为吡唑类氧化剂 **7** 和 **8**。

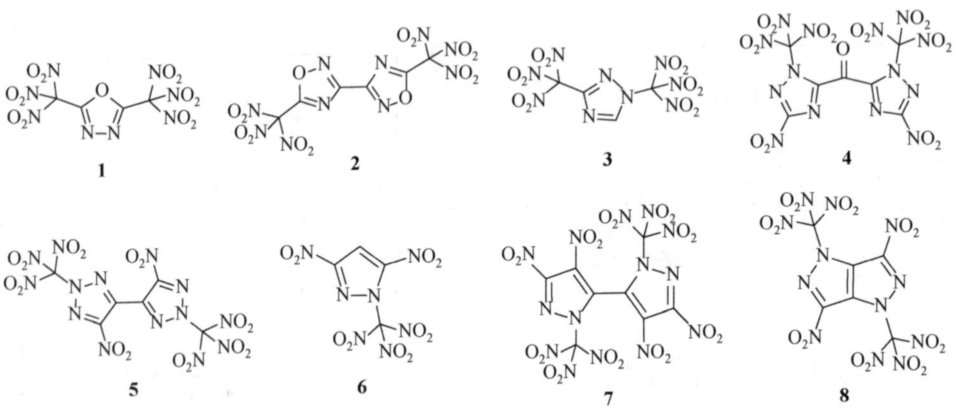

图 5.6 三硝基甲基富氮杂环类新型含能氧化剂

表 5.4 氧化剂 1~8 的关键物化性能参数

化合物	分子式	氧平衡/%	熔点/℃	分解温度/℃	密度/(g/cm³)	生成焓/(kJ/g)
1[6]	C₄N₈O₁₃	21.7	80	102	1.92	0.08
2[7]	C₆N₁₀O₁₄	7.3	119	124	1.94	0.14
3[8]	C₄HN₉O₁₂	15.3	—	157	1.90	0.06
4[9]	C₇N₁₄O₁₇	8.7	—	164	1.94	−1.13
5[10]	C₆N₁₄O₁₆	12.2	—	141	1.921	0.90
6[11]	C₄HN₇O₁₀	7.8	81	143	1.937	0.67
7[12]	C₈N₁₄O₂₀	10.5	—	125	2.02	0.85
8[13]	C₆N₁₂O₁₆	12.9	—	143	1.997	1.17

4,4′,5,5′-四硝基-2,2′-双(三硝基甲基)-3,3′-联吡唑(**7**)于 2018 年由俄罗斯科学院泽林斯基有机化学研究所的 Dalinger 等首次合成出来[12]。化合物 **7** 在室温下的晶体密度高达 2.02 g/cm³，分解温度 125℃，具有高氧平衡(10.5%)、

高生成焓(0.85 kJ/g)等特点。其合成是四硝基联吡唑与溴丙酮反应引入两个丙酮基团后,采用体积比 5∶6 的 100%HNO₃/100%H₂SO₄ 硝化体系硝化合成而得到(图 5.7)。

图 5.7　含能氧化剂 **7** 的合成路线

1,4-二(三硝基甲基)-3,6-二硝基吡唑[4,3-*c*]并吡唑(**8**,ONPP),氧平衡 12.9%,室温下的晶体密度高于 1.98 g/cm³,生成焓 1.17 kJ/g。化合物 ONPP 有两条合成路线,如图 5.8 所示。方法一是在三乙胺的催化下,3,6-二硝基吡唑[4,3-*c*]并吡唑(DNPP)与丁烯酮反应,在 1,6-位上引入两个丁酮基团,接着经过 100% HNO₃/H₂SO₄ 硝化体系硝化得到了 ONPP[13]。但此方法硝化收率低(18%),且丁烯酮为国家管制类精神毒品。针对这些弊端,湖北航天化学技术研究所的研究人员开发了 ONPP 的另一条新合成路线:DNPP 首先与 KOH 中和形成其钾盐,接着在相转移催化剂 TBAB 的催化下与溴丙酮反应,在 1,6-位上引入两个丙酮基团,使用发烟 HNO₃/浓 H₂SO₄/P₂O₅ 硝化体系对其进行硝化,以超过 30%的硝化收率合成了 ONPP,其收率有明显提升[14]。经过 TG-DSC 热分析测试,ONPP 的起始分解温度为 143℃,热稳定性较联吡唑化合物 **7** 有所改善。

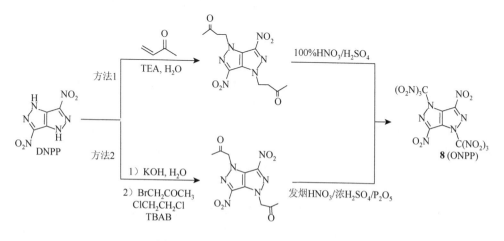

图 5.8　含能氧化剂 ONPP 的合成路线

5.2.2　高氢含量类氧化剂

燃气的平均分子量越小，意味着单位质量推进剂所产生的气体分子数越多，体积越大，即做功的工质越多，对比冲的贡献就越大。降低燃气的平均分子量的办法，一是设计合理的氧系数，使燃烧产物中所产生的低分子量物质如 CO 和 H_2 较多；二是在推进剂组分中加入含氢多的物质，如高氢含量的燃料和氧化剂。对氧化剂来说，提高氢含量的有效方法是形成富氮离子盐。ADN 和 HNF 分别是铵盐和肼盐，在具有高氧含量的同时，也具有高氢含量。羟胺具有高氢含量、高氧含量的特点，在提高氢含量的同时不会大幅降低氧平衡，在新型氧化剂合成领域有很大的发展潜力。

1. TODO 羟胺盐

$4H$-[1, 2, 3]氧化三唑并[4,5-c]呋咱（TODO）羟胺盐如图 5.9 所示[15]，密度 1.84 g/cm³，生成焓 99.3 kcal/mol，CO 氧平衡−10%，氢含量 2.5%，具有与 HMX 相当的能量水平。

1）TODO 羟胺盐的合成

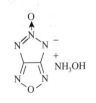

图 5.9　TODO 羟胺盐的分子结构

3,4-二氨基呋咱经过 70%硝酸硝化得到 3,4-二硝胺基呋咱，该中间体在硫酸-乙酸酐体系中成环，得到了 TODO 钾盐，再通过离子交换反应得到最终产物 TODO 羟胺盐（图 5.10）。其中，中间体 3,4-二硝胺基呋咱在室温下不稳定。湖北航天化学技术研究所的研究人员改进了此合成路线，3,4-二氨基呋咱经过发烟硝酸硝化、猝灭、乙酸乙酯萃取后得到 3,4-二氨基呋咱的乙酸乙酯溶液，接着向该溶液中加入氨水反应，得到了更稳定的 3,4-二硝胺基呋咱的双铵盐，该铵盐在硫酸-乙酸酐体系中也可成环。

2）TODO 羟胺盐的热性能

TODO 羟胺盐的 TG-DSC 曲线如图 5.11 所示。通过分析可知，TODO 羟胺盐在 125.1℃出现一个较小的吸热峰，这是该化合物的熔点，说明该化合物在 125.1℃开始吸热融化的相变过程，紧接着有一个放热分解峰，这是 TODO 羟胺盐的分解峰。TODO 羟胺盐的起始分解温度为 147.9℃，在 169.8℃时达到 DSC 峰值，整个过程质量损失 82%。分解温度较高，耐热性能较好。

3）TODO 羟胺盐的感度

TODO 羟胺盐的撞击感度、摩擦感度和静电火花感度测试结果见表 5.5，为了与常用炸药比较，将六硝基六氮杂异伍兹烷（CL-20）、二硝酰胺铵（ADN）、黑索金（RDX）的文献结果列于表 5.5。

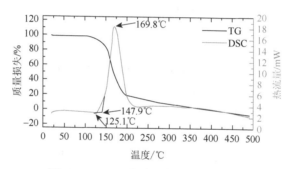

图 5.10　TODO 羟胺盐的合成路线

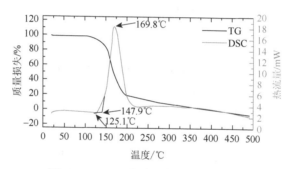

图 5.11　TODO 羟胺盐的 TG-DSC 曲线

表 5.5　TODO 羟胺盐的感度

化合物	撞击感度/J	摩擦感度/%	静电火花感度/mJ
TODO 羟胺盐	3.5	86	103.71
CL-20	4.5	100	142.6
ADN	5	76	126.4
RDX	7.5	64	117.6

由表 5.5 可知，TODO 羟胺盐的撞击感度高于 CL-20、ADN 和 RDX，摩擦感度低于 CL-20 但是高于 ADN、RDX，静电火化感度高于 CL-20、ADN、RDX，综合分析认为，TODO 羟胺盐的感度水平略高于 ADN。

4) 相容性实验

实验过程为：将 5%（质量分数）的 TODO 羟胺盐与硝酸酯混合，观察其颜色变化。实验现象显示，在加入 TODO 羟胺盐后，混合物迅速变色，并出现大量气泡爆裂（图 5.12），表明 TODO 羟胺盐与硝酸酯的相容性极差。

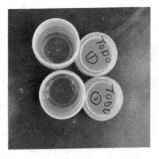
(a) 混合前

(b) 混合后

图 5.12　TODO 羟胺盐与硝酸酯的相容性实验

2. 3-偕二硝基-4-硝胺基呋咱双羟胺盐

3-偕二硝基-4-硝胺基呋咱双羟胺盐在室温下晶体密度 1.93 g/cm^3[16]，实测密度 1.906 g/cm^3，实测燃烧热 7208 J/g，生成焓–177.14 kJ/mol，氧平衡为–5.3%，氢含量 2.67%，分解温度 175℃。

以 3-氨基-4-偕氨肟基呋咱为原料，在盐酸溶液中经重氮化后脱氮生成 3-氨基-4-偕氯肟基呋咱。而 3-氨基-4-偕氯肟基呋咱经过 N$_2$O$_5$/N$_2$O$_4$ 硝化体系硝化以及碘化钾还原后得到 3-偕二硝基-4-硝胺基呋咱的双钾盐，之后经过酸化、乙酸乙酯萃取后得到 3-偕二硝基-4-硝胺基呋咱的乙酸乙酯溶液，最后向该溶液中加入羟胺的乙醇溶液，反应得到 3-偕二硝基-4-硝胺基呋咱双羟胺盐（图 5.13）。

将 5%（质量分数）的 3-偕二硝基-4-硝胺基呋咱双羟胺盐与硝酸酯混合，放置几天后观察其颜色变化。实验结果为体系未变颜色，且未有气泡出现，表明 3-偕二硝基-4-硝胺基呋咱双羟胺盐与硝酸酯的相容性较好。

图 5.13　3-偕二硝基-4-硝胺基呋咱双羟胺盐的合成路线

5.2.3　新型高能量密度氧化剂

1. 二硝基偶氮二氧化呋咱

在富氮杂环结构中引入配位氧基团即 N→O 键，可以进一步提高其密度、氧平衡。3, 3′-二硝基-4, 4′-偶氮二氧化呋咱（DNAFO）是目前已知的爆速最高的含能化合物之一，其密度高达 2.002 g/cm³，零氧平衡，实测燃烧热 7673.3 kJ/kg，生成焓 640 kJ/mol，实测爆速高达 10 km/s。

DNAFO 的合成路线见图 5.14。以丙二酸单肼单钾盐为原料，经亚硝化、硝化关环成 4-二叠氮羰基氧化呋咱，再经 Curtius 重排反应制得 4-氨基-3-叠氮羰基氧化呋咱（ANFO），ANFO 经偶氮化、重排和氧化等反应合成了 DNAFO[17]。关键中间体 ANFO 的制备主要有三种：①二硝基乙酰肼钾盐经 N_2O_4 氧化生成 3, 4-二叠氮羰基氧化呋咱，然后经 Curtius 重排为 ANFO。二硝基乙酸肼钾盐相当危险，不能大量用于合成 ANFO；②以乙酰乙酸乙酯为起始原料，经硝化、成环生成氧化呋咱 3, 4-二羧酸二乙酯，再经过肼解、亚硝化、Curtius 重排反应得到 ANFO，产率较低，合成工艺复杂；③丙二酸单肼单钾盐经亚硝化、硝化及 Curtius 重排反应制得 ANFO，该工艺合成效率较高。几种合成路线的原理基本相同，均经过点击反应关环为氧化呋咱环、Curtius 重排反应等反应过程。

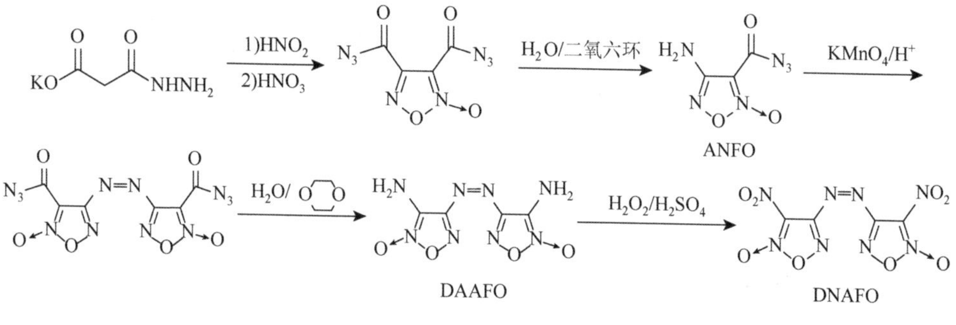

图 5.14　DNAFO 的合成路线

图 5.15 为二氨基偶氮氧化呋咱（DAAFO）和二硝基偶氮氧化呋咱（DNAFO）的 TG-DSC 曲线。从图 5.15 中可以看出：DAAFO 起始分解温度为 189℃，热分解峰温为 216℃，其分子结构中氢键的存在使其具有较好的热稳定性。DNAFO 起始分解温度为 119℃，热分解峰温为 149℃，并且分解过程为一个爆燃过程。

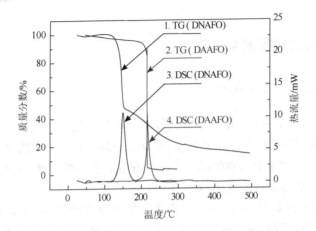

图 5.15　DAAFO 和 DNAFO 的 TG-DSC 曲线

2. 1, 2, 3, 4-四嗪并[5.6-*e*]-1, 2, 3, 4-四嗪-1, 3, 5, 7-四氧化物

1, 2, 3, 4-四嗪并[5.6-*e*]-1, 2, 3, 4-四嗪-1, 3, 5, 7-四氧化物(TTTO)的理论计算密度高达 1.98 g/cm³，零氧平衡，生成焓 861.1 kJ/mol，表明其能量水平有望达到传统 CHON 含能材料的能量极限。俄罗斯科学院泽林斯基有机化学研究所从 2, 2-双(叔丁基氧化偶氮基)乙腈出发，经过多步反应得到中间体 TDO，再在 HNO₃/H₂SO₄/Ac₂O 体系中硝化得到 TTTO[18]（图 5.16）。但 TTTO 的机械感度较高，合成路线较复杂，限制了其应用。

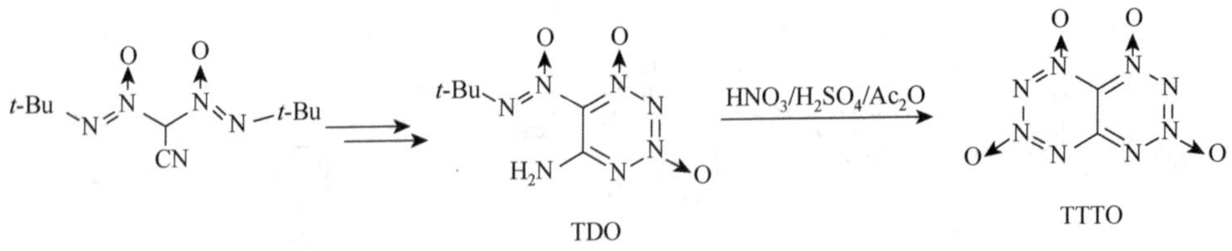

图 5.16　高能量密度氧化剂 TTTO 的合成

5.2.4　新型含氟含能氧化剂

氟是一种强氧化性元素，在含 Al 固体推进剂配方中引入氟原子可以生成比生成焓更小的燃烧产物 AlF₃，提高推进剂的爆热值，也能形成小分子量的气体产物 HF。含氟含能氧化剂主要包括氟偕二硝基甲基类和二氟氨基类氧化剂。

1. 氟偕二硝基甲基类氧化剂

与三硝基甲基类氧化剂相比，氟偕二硝基甲基类氧化剂具有更高的密度、更好的热稳定性以及较低的感度，但其氧平衡和焓值会在一定程度上降低。氟偕二

硝基甲基类氧化剂 **F-1**[19]在室温下密度为 1.96 g/cm³，氧平衡为–8.4%，熔点 67℃，分解温度 151℃，生成焓为–362 kJ/mol。氟偕二硝基甲基类氧化剂 **F-2**[20]密度为 1.97 g/cm³，零氧平衡，分解温度高于 270℃。氟偕二硝基甲基类氧化剂 **F-3**[21]的密度为 1.93 g/cm³，零氧平衡，熔点 91℃，分解温度 172℃。这类氧化剂是通过相应的偕二硝基甲基的盐经过氟化试剂氟化而得到(图 5.17)。

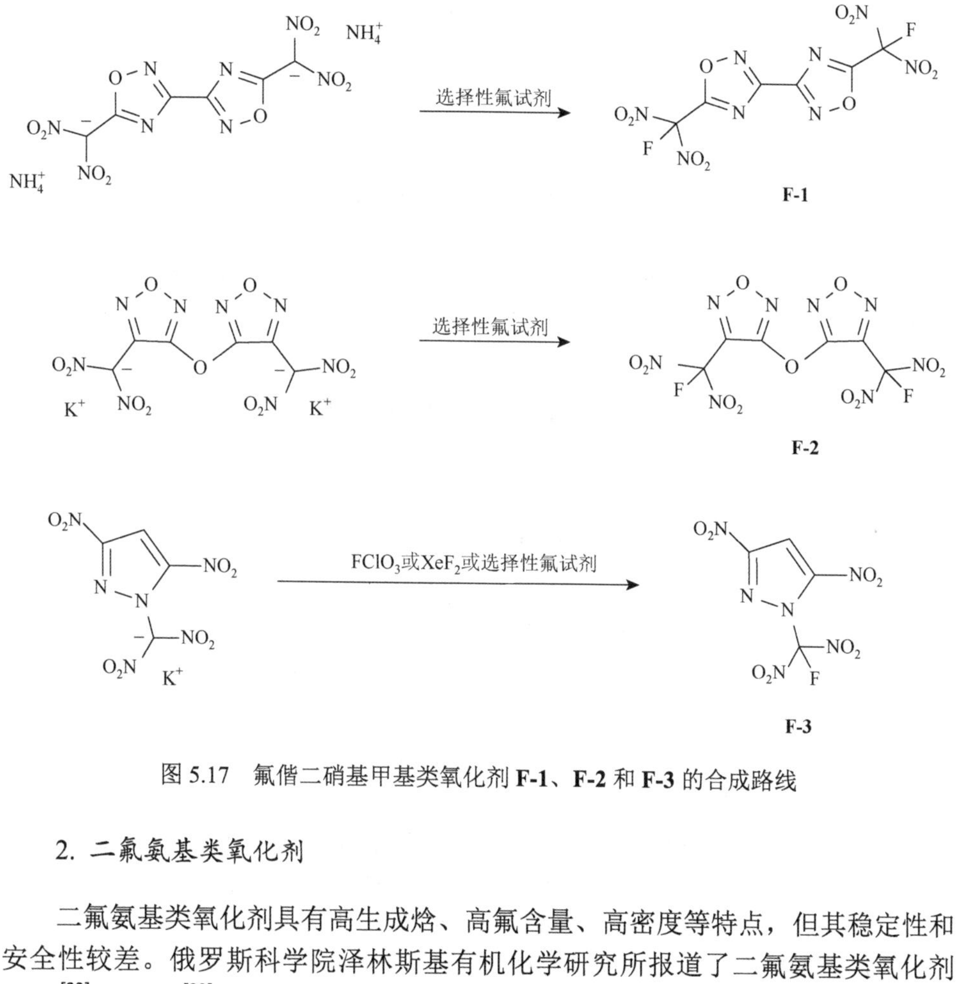

图 5.17　氟偕二硝基甲基类氧化剂 **F-1**、**F-2** 和 **F-3** 的合成路线

2. 二氟氨基类氧化剂

二氟氨基类氧化剂具有高生成焓、高氟含量、高密度等特点，但其稳定性和安全性较差。俄罗斯科学院泽林斯基有机化学研究所报道了二氟氨基类氧化剂 **NF-1**[22]和 **NF-2**[23]。**NF-1** 具有正氧平衡(2.55%)，密度 1.92 g/cm³，分解温度 113℃，其熔点较低，仅 38℃，是通过用二氟氨基化试剂对偕二硝基亚甲基的钾盐进行二氟氨基化而得到。**NF-2** 的密度 1.923 g/cm³，分解温度 100℃，机械感度很高，其合成是在相转移催化剂和碱的参与下，具有一定酸性的吡唑环通过与二氟氨基化试剂反应形成 N—NF₂(图 5.18)。

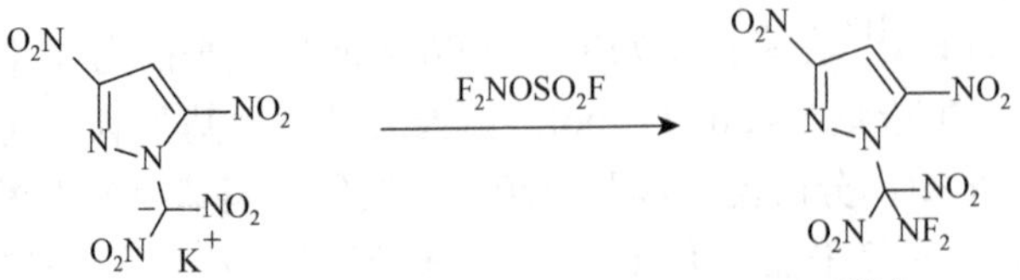

图 5.18　二氟氨基类氧化剂 **NF-1** 和 **NF-2** 的合成路线

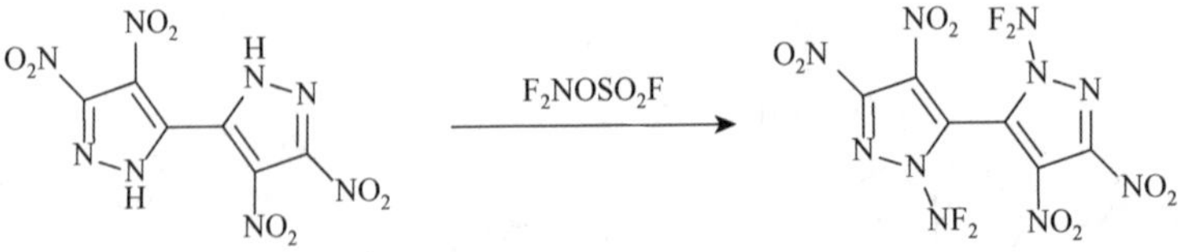

　　虽然新型含能氧化剂的发展已经取得了一定的突破，但新型含能氧化剂存在合成路线长、工艺复杂或分子稳定性等问题，且部分新型含能氧化剂在应用研究中的相容性问题也比较凸显。在追求能量密度高、氧平衡高、生成焓高以及安全性能好等综合性能优异的新型含能氧化剂的同时，也要关注其合成工艺的简便性、安全性、低成本及其应用方面的可行性等方面。

5.3　含能金属燃料

　　金属燃料是现代固体推进剂的基本组分之一。金属燃料的引入，显著地提高了固体推进剂的燃烧热和密度，燃烧形成的金属氧化物微粒也能起到抑制震荡燃烧的作用。金属燃料在推进剂中的应用只有 50 年左右，却成为现代固体推进剂不可或缺的组分之一，主要的原因在于：与碳氢燃料相比，单位质量金属燃料的氧化放热量更大，由于高密度的原因其单位体积放热量也更大，金属氧化物的汽化热很高，在金属氧化物以凝聚相存在的情况下，就会放出汽化热，能进一步增加推进剂的能量。目前复合固体推进剂配方中常用的金属燃料是 Al，因其密度高、无毒、原材料丰富、成本低、耗氧量低、燃烧焓高、对推进剂比冲增益显著等优点，被广泛应用于固体推进剂。未来，含能金属燃料的发展趋势主要包括以下几方面。

　　(1)以铝粉为基础，不断提高铝粉的燃烧效率，以进一步提高推进剂的实测比冲，如铝锂合金等。

　　(2)采用密度更大、燃烧热值更大的金属燃料替代铝粉，如锆粉、硼粉、钼粉等。

　　(3)采用金属氢化物(AlH_3)或储氢合金替代铝粉，降低燃烧产物平均分子量，提高推进剂比冲。

5.3.1　Al-Li 合金

微米铝粉由于具有较高的能量密度、较低的成本，目前仍然是固体推进剂最主要的金属燃料之一。然而，微米铝粉燃烧时会在推进剂燃面上熔化凝聚，形成尺寸较大的凝团。一方面，这会导致大尺寸的 Al 凝团将未燃烧的 Al 包裹在其内部，使 Al 燃烧不充分，造成能量性能损失；另一方面，Al 凝团尺寸越大，燃烧生成的 Al_2O_3 颗粒尺寸也越大，而在随燃气经喷管喷出过程中 Al_2O_3 颗粒的运动速度远低于气流，且 Al_2O_3 颗粒尺寸越大，热传导效率越低，不能将能量充分传给气流膨胀做功，从而造成严重的两相流损失，最大可使发动机比冲下降 10%左右，这种现象在低燃速、高铝含量的固体推进剂中非常明显。

为了提高铝粉的燃烧效率，降低两相流损失，国内外学者进行了大量的研究，主要包括铝粉纳米化、微米铝粉活化、铝粉合金化。纳米铝粉由于较高的反应活性，活性铝含量会大幅度降低，且随着储存时间的延长，活性铝含量会进一步降低，现在公开报道的纳米铝粉的活性铝含量都没有高于 90%。微米铝粉活化主要聚焦于微米铝粉的表面改性，典型代表为铝-氟聚物。氟聚物改性铝粉虽然能够提高燃烧性能，降低铝粉的团聚程度，但由于氟聚物的表面能较低，与固体填料以及黏合剂的黏接较差，从而影响固体推进剂配方的工艺性能。因此，虽然铝粉纳米化和微米铝粉活化在一定程度上提高了铝粉的燃烧效率，但是综合能量性能受损和配方工艺性能变差，致使两者均未获得实际应用。

相反，铝粉合金化能够发挥不同金属燃料在燃烧方面的各自优势，通过优势互补实现铝粉的高效燃烧。金属锂(Li)和镁(Mg)的熔沸点、点火温度均低于铝粉，燃烧速率更快，且都能够与 Al 金属产生微爆效应。这种微爆效应使燃料液滴更细小、更均匀地分散，有利于与氧化剂充分混合，从而促进氧化剂的热分解。这在一定程度上提高了金属燃料的燃烧效率，减小了燃烧产物颗粒的尺寸，从而减少了两相流动的损失。Al-Mg 合金在固体推进剂中的应用受限于其较低的能量性能，目前主要用于固体火箭冲压发动机中，改善硼粉的点火及燃烧性能。而锂的燃烧热为 43.1 MJ/kg，高于镁(24.8 MJ/kg)和铝(31.0 MJ/kg)的燃烧热，进一步研究发现 Al-Li 合金燃烧时极易产生微爆效应。因此，理论上用 Al-Li 合金代替铝可以提高固体推进剂的性能。

近年来，关于 Al-Li 合金粉末及其固体推进剂的燃烧和能量性能已经取得了许多进展。Zhu 等[24]采用离心雾化法制备了不同 Li 含量的 Al-Li 合金粉末，通过同步热分析仪(TG/DSC)研究了 Al-Li/高氯酸钾(KP)复合材料的氧化动力学，随着合金粉末中 Li 含量的增加，Al-Li/KP 复合材料的点火延迟缩短，反应速率提高。李锦勇等[25]通过差示扫描量热仪(DSC)研究了 Al-Li 合金粉对高氯酸铵(AP)的热分解特性的影响，发现 Al-Li 合金能够抑制 AP 的低温分解，促进 AP 的高温分解。与纯铝粉相比，Al-3Li 合金粉和 Fe/Al-3Li 复合粉均表现出显著改善的热反应活性，包括大幅增加的质量增益和强烈的热释放。Terry 等[26, 27]发现 Al-20Li 合金粉（Li 含量为 20%，质量分数）作为 AP 复合推进剂燃料添加剂具有性能优势，并使用热化学对含 Al-20Li 合金粉的丁羟推进剂的能量性能进行了计算，与含纯铝粉的推进剂相比，使用 Al-20Li 合金可减少 95%以上的盐酸生成，推进剂配方的理论比冲提高 7 s。随后 Terry 等[28]对含 Al-Li 合金推进剂的微爆机理进行了研究，发现熔融 Al-20Li 合金的路易斯数大约为 7440，比典型的多组分液体燃料液滴要大三个数量级，这使得合金熔滴具有较高的微爆倾向。王超等[29]研究了 Al-Li 合金对发动机的理论比冲的影响规律，当 Al-20Li 合金的配方含量为 22%时，推进剂的理论比冲较铝粉配方提高了 5.19 s。

1. 含 Al-Li 合金的 HTPB 推进剂理论能量性能研究

首先以纯 Li 的形式替换丁羟推进剂中的 Al 粉，计算了固含量为 88%、Al 含量为 19%，RDX 含量为（0，10%）条件下丁羟推进剂配方的能量性能，结果分别如图 5.19、图 5.20 所示。

由图 5.19 和图 5.20 可知，随着 Li 含量的增加，HTPB/AP/RDX/Al/Li 四组元推进剂和 HTPB/AP/Al/Li 三组元推进剂配方的标准理论比冲以及特征速度先升高后降低，密度以及密度比冲逐渐降低。当 Li 含量为 3.5%时，HTPB/AP/RDX/Al/Li 配方的标准理论比冲达到最大值；与对照配方相比，比冲提高了约 4.88 s，但密度比冲降低了约 6.9%。当 Li 含量为 4.0%时，HTPB/AP/RDX/Al/Li 配方的特征速度达到最大值，为 1637.4 m/s。当 Li 含量为 4.0%时，HTPB/AP/Al/Li 推进剂配方的比冲较对照配方提高了 5.93 s，密度比冲降低了约 7.7%。

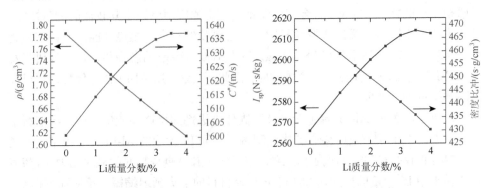

图 5.19　HTPB/AP/RDX/Al/Li 四组元推进剂的理论能量性能

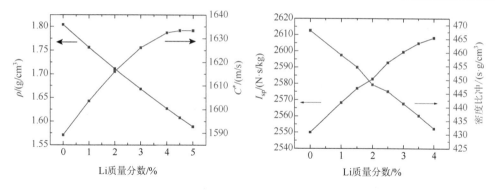

图 5.20　HTPB/AP/Al/Li 三组元推进剂的理论能量性能

根据标准理论比冲的公式可知[30]，推进剂的燃温和燃烧产物的平均摩尔质量对比冲有较大的影响。推进剂的燃温越高，燃气平均摩尔质量越小，推进剂的比冲越高。纯 Li 的质量热值高于铝粉，以部分纯 Li 替换 Al 粉，推进剂燃烧的产物平均摩尔质量低于铝粉配方。综合这两方面的原因，含纯锂推进剂的比冲高于铝粉配方。在丁羟推进剂中，当金属燃料与固含量相同时，三组元推进剂的 AP 含量高于四组元推进剂，Li 与 AP 反应可生成更多的气态产物，进一步降低推进剂产物的平均分子质量，进而提高推进剂的标准理论比冲。

以 Al-2.5Li、Al-4Li 和 Al-20Li 合金形式替换配方体系中的 Al，计算了含 Al-Li 合金燃料丁羟推进剂的能量性能，其中 Al-2.5Li、Al-20Li 的形成焓都是 −23.43 kJ/mol，Al-4Li 形成焓为 0，计算结果分别如图 5.21～图 5.26 所示。

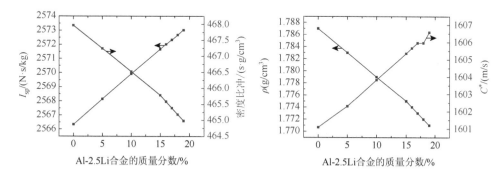

图 5.21　HTPB/AP/RDX/Al-2.5Li 四组元推进剂的理论能量性能

当用 Al-2.5Li 和 Al-4Li 合金替换配方体系中的 Al 粉时，随着合金含量的增加，四组元和三组元推进剂配方的标准理论比冲、特征速度逐渐升高，密度以及密度比冲逐渐降低。而用 Al-20Li 合金替换配方体系中的 Al 粉时，随着合金含量的增加，四组元配方的标准理论比冲以及特征速度先升高后降低，三组元配方的

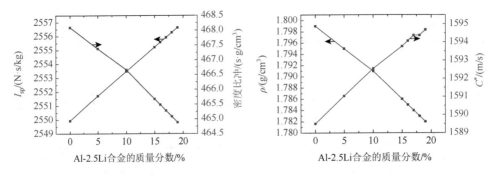

图 5.22　HTPB/AP/Al-2.5Li 三组元推进剂的理论能量性能

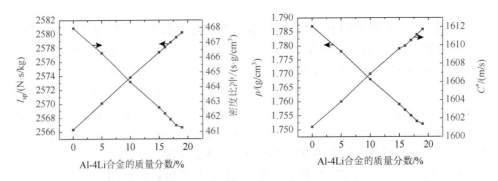

图 5.23　HTPB/AP/RDX/Al-4Li 四组元推进剂的理论能量性能

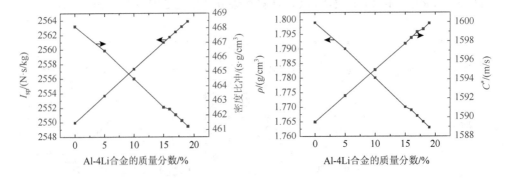

图 5.24　HTPB/AP/Al-4Li 三组元推进剂的理论能量性能

标准理论比冲以及特征速度逐渐升高, 两个配方的密度以及密度比冲均逐渐降低。当 Al-2.5Li 合金的含量为 19%时, 四组元配方的标准理论比冲较对照配方提高了约 6.7N·s/kg, 密度比冲降低了约 0.64%(图 5.21); 三组元配方的标准理论比冲较对照配方提高了约 6.5N·s/kg, 密度比冲降低了约 0.69%(图 5.22)。当 Al-4Li 合金的含量为 19%时, 四组元配方的标准理论比冲较对照配方提高了约 13.9N·s/kg,

密度比冲降低了约 1.43%(图 5.23)；三组元配方的标准理论比冲较对照配方提高了约 13.9N·s/kg，密度比冲降低了约 1.47%(图 5.24)。当 Al-20Li 合金的含量为 16% 时，四组元配方的标准理论比冲及特征速度达到最大值，标准理论比冲较 Al 粉配方提高了约 31.0N·s/kg，密度比冲较对照配方降低了约 6.67%(图 5.25)；当 Al-20Li 合金的含量为 19% 时，三组元配方的标准理论比冲较 Al 粉配方提高了约 39.1N·s/kg，密度比冲较 Al 粉配方降低了约 7.84%(图 5.26)。

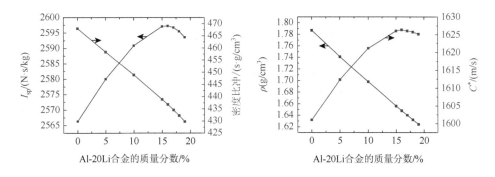

图 5.25　HTPB/AP/RDX/Al-20Li 四组元推进剂的理论能量性能

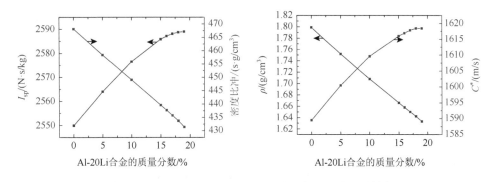

图 5.26　HTPB/AP/Al-20Li 三组元推进剂的理论能量性能

根据 Al-Li 二元合金的相图[31]可知，随着 Li 含量的不同，Al-Li 合金主要存在三种化合物，分别为 Al-Li、Al₂Li₃、Al₄Li₉。当温度达到 600℃时，Li 在 Al 中的固溶度最大为 4.0%，形成 Al-4Li 的固溶体；当 Li 含量超过 4%时，多余的 Li 将以纯 Li 的形式在 Al-Li 合金表面析出。当 Li 含量达到 20%时，Al-Li 合金较为稳定，以 Al-Li 合金相为主。纯 Li 与 Al-Li 合金的生成焓有较大区别，纯 Li 的生成焓为 0，而 Al-Li 合金随着 Li 含量的不同，形成的金属间化合物也有较大区别，其生成焓也不同。含能材料的生成焓影响推进剂的比冲。原材料的生成焓越高，燃烧产物的生成焓越低，推进剂的比冲越高。由理论计算可知，与纯 Li 相比，Li

与 Al 合金化后的热值降低，因此以 Al-Li 合金的形式替换铝粉时，推进剂的标准理论比冲增加的幅度低于含 Li 的丁羟推进剂配方。虽然 Al-Li 合金的生成焓低于 Al 粉，但含 Al-Li 合金 HTPB 推进剂体系燃烧产物 Al_2O_3 含量更低，燃气平均分子量更低，总体而言，含 Al-Li 合金的丁羟推进剂的标准理论比冲高于 Al 粉配方。当以 Al-Li 合金的形式替换铝粉时，Li 含量越高，丁羟推进剂的标准理论比冲提高幅度越大；以 Al-20Li 合金粉替换 Al 粉时，丁羟推进剂的标准理论比冲最大可提高 4.24 s。

2. Al-Li 合金对 AP/RDX/Al/HTPB 推进剂燃烧性能的影响

推进剂在充满惰性气体的量热弹中爆燃产生的热量经常被用于初步评估推进剂的热能转换。如表 5.6 和表 5.7 所示，推进剂配方的燃烧热随着 Al-2.5Li 合金含量的增加而逐渐增大，在 Al-2.5Li 合金含量为 19% 时达到最大值，燃烧热增加约 150 J/g。Al-2.5Li 合金、Al 及其混合物的燃烧热如表 5.8 所示，燃烧热也是随着 Al-2.5Li 合金含量的增加而逐渐增大，而且 Al-2.5Li 合金的燃烧热比 Al 粉高 700 J/g 左右。这是由于 Al-2.5Li 合金的反应性高于 Al 粉，较高的反应活性能够快速完成燃烧反应，从而具有更高的燃烧热。

表 5.6　推进剂配方

样品编号	HTPB 含量/%	AP 含量/%	RDX 含量/%	Al 含量/%	Al-2.5Li 合金含量/%
HA-1	11.5	59.5	10.0	19.0	0.0
HA-2	11.5	59.5	10.0	14.0	5.0
HA-3	11.5	59.5	10.0	9.0	10.0
HA-4	11.5	59.5	10.0	5.0	15.0
HA-5	11.5	59.5	10.0	0	19.0

表 5.7　含 Al-2.5Li 合金丁羟推进剂的燃烧热

样品编号	Al 含量/%	Al-2.5Li 合金含量/%	燃烧热/(J/g)
HA-1	19	0	6167.0±44.5
HA-2	14	5	6196.9±49.0
HA-3	9	10	6238.6±61.0
HA-4	4	15	6273.4±55.0
HA-5	0	19	6310.5±59.5

表 5.8　Al-2.5Li 合金、Al 及其混合物的燃烧热

样品编号	Al 含量/%	Al-2.5Li 含量/%	燃烧热/(J/g)
X-1	19	0	28880.20±40.10
X-2	14	5	29172.26±39.27
X-3	9	10	29348.80±35.86
X-4	4	15	29442.84±52.17
X-5	0	19	29598.41±39.65

为了进一步研究 Al-2.5Li 合金的氧化机理，采用 TG/DTA 研究了 Al-2.5Li 合金、Al 粉及其混合物在氧气中的热行为。样品在氧气中的 DTA 示踪如图 5.27(b) 所示。首先，从 DTA 曲线可以看出，在 660℃时，所有样品都出现一个微弱的吸热峰，在此温度下，TG 曲线没有明显变化。不难推断，此时 Al 在此温度下发生熔化转变。当温度达到 1100℃时，Al-2.5Li 合金燃料在氧化过程中表现出明显的放热现象，DTA 曲线显示出明显的集中放热峰，TG 曲线显示出明显的增重现象。纯 Al-2.5Li 合金和纯 Al 粉的放热峰值温度分别为 1076.8℃和 1069.8℃，但 Al-2.5Li 合金粉的放热能力高于 Al 粉，说明 Al-2.5Li 合金比 Al 粉具有更高的活性和热氧化反应。图 5.27(a) 显示了具有不同含量的 Al-2.5Li 合金和铝粉物理混合物的 TG 曲线。根据图 5.27(a) 所示的 TG 曲线，观察到的质量变化与图 5.27(b) 中 DTA 曲线所示的放热效应一致。Al-2.5Li 合金在热氧化后的质量增量约为 Al 粉的 1.6 倍。与 Al 粉缓慢和不完全的氧化相比，Al-Li 合金的氧化更强烈、更彻底。事实上，对于 Al 粉，颗粒表面致密的氧化膜 Al$_2$O$_3$ 会阻碍氧与内部活性 Al 的接触，从而限制了 Al 的进一步氧化。相反，Li 的优先氧化可能为氧与 Al 之间的接触提供更多的通道，并促进 Al-2.5Li 合金燃料的充分燃烧。

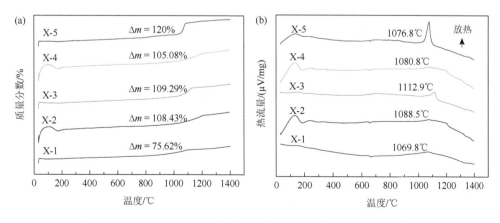

图 5.27　Al-2.5Li 合金、Al 及其混合物的 TG 曲线(a) 和 DTA 曲线(b)

Al-2.5Li 合金、Al 及其混合物在氧气中的加热速度为 20℃/min。

Al-2.5Li 合金对固体推进剂燃烧特性的影响是不言而喻的。固体推进剂的燃速与压力密切相关，不同压力下的燃速数据（图 5.28）也依据文献[32]中的类似方法给出，并且燃速可以根据 Vieille 燃速经验公式（$r = aP^n$）来计算。

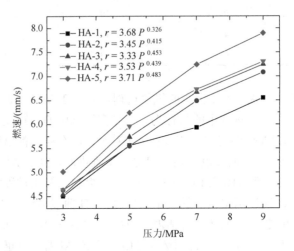

图 5.28　固体推进剂在 3～9 MPa 范围内的线性燃速与压力的关系

随着 Al-2.5Li 合金含量从 0% 逐渐增加到 19%，在 7 MPa 压力下，燃速从 5.391 mm/s 增加到 7.244 mm/s。当 Al-2.5Li 部分替代 5% Al 时，燃速系数从 3.68 变为 3.45，压力指数从 0.326 增加到 0.415。当推进剂中 Al-2.5Li 合金的含量增加到 19% 时，燃速系数达到 3.71，而压力指数增加到 0.483。结果表明，Al-2.5Li 合金的含量对推进剂的燃速有较大影响，Al-2.5Li 合金的加入使推进剂的燃速和压力指数增大，较小的 Al-Li 颗粒在低压下的微爆效应增强，从而提高了推进剂的压力敏感性。这种较高的压力敏感性可通过增加的较小 Al-2.5Li 合金颗粒的微爆效应是低压下燃速的主要驱动因素来解释。Al-2.5Li 合金中的 Li 在燃烧过程中迅速蒸发，产生微爆，使合金粉末分散成小颗粒，小颗粒可以增加界面面积和有效质量扩散速率。微爆会产生雾化的燃料雾，其燃烧时对压力更加敏感，并以动力学控制的方式燃烧，而不是以扩散控制的方式燃烧。敖文团队的工作[32]也揭示了铝合金在推进剂燃烧中的类似作用机理。

为了深入了解 Al-2.5Li 合金在固体推进剂中的燃烧过程，对推进剂粉末的激光点火进行了研究。图 5.29（a）显示了 Al 颗粒的典型团聚过程，包括点火燃烧和团聚，最终结块的特征是直径约为 950 μm 的液态金属的球形液滴。与 Al 粉相比，Al-2.5Li 合金粉末的燃烧比较彻底，在 5 MPa 燃烧室压力下无严重结块现象 [图 5.29（b）]。实验结果表明，Al 粉的着火反应温度较高，接近 660℃。对于复合固体推进剂，点火主要取决于 AP 的高温和黏合剂的扩散火焰。因此，Al 粉的点火燃烧区远离燃烧表面，并且普通 Al 粉倾向于在推进剂的燃烧表面上凝结以形成大 Al 凝团，所形成的大 Al 凝团倾向于远离燃烧表面点燃和燃烧［图 5.29(a)］，此时，反馈到 Al 粉的燃烧表面的能量相应地减少。与纯 Al 相比，Al-2.5Li 合金的熔点低，反应活性大大提高，在 500～600℃的低温下，反应迅速，在燃烧表面附近发生氧化放热、点火和燃烧，热反馈增加并且促进了推进剂的燃烧。因此，较高的燃速和反应活性迅速使 Al-2.5Li 合金离开推进剂的燃烧表面并扩散到气相中，从而减少冷凝燃烧产物的形成。

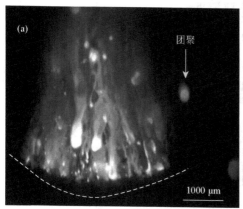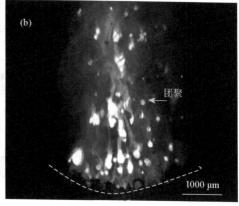

图 5.29　推进剂在 5 MPa 下的燃烧

(a) HA-1；(b) HA-5

为了进一步了解 Al-2.5Li 合金的高燃烧效率，对推进剂燃烧残渣的粒径分布进行了研究。压力为 5 MPa 时，HTPB 推进剂中不同 Al-2.5Li 含量的冷凝燃烧产物粒径分布的影响如图 5.30 所示。如图 5.30 所示，冷凝燃烧产物的尺寸范围为 0.02～2000 μm。Al 粉配方的冷凝燃烧产物的粒度分布主要在 100～1000 μm 范围内。随着固体推进剂配方中 Al-2.5Li 合金粉末加入量的增加，凝聚相燃烧产物的粒径分布向左移动，颗粒尺寸逐渐减小。5 种推进剂配方的冷凝燃烧产物的平均粒径分别为 165.31 μm、90.06 μm、57.48 μm、22.32 μm 和 12.95 μm。显然，含 Al-2.5Li 推进剂的粒径明显低于只含 Al 粉的推进剂。当 Al-2.5Li 含量为 0～19%时，HTPB 推进剂冷凝燃烧产物的平均粒径 d_{43} 急剧下降。当 Al-2.5Li 合金的含量为 19%时，大于 160 μm 的团聚体相对于冷凝燃烧产物的含量非常小，这表明随着 Al-2.5Li 合金含量的增加，大尺寸团聚体的含量减少。根据燃烧表面的图像，当 Al-Li 合金的含量为 19%

时，冷凝燃烧产物的平均粒径大大降低，一个可能的原因是参考推进剂配方中的 Al 粉含量高，本身具有不完全燃烧的现象。Al-2.5Li 合金在燃烧过程中产生微爆效应，Li 的燃烧产物能与氯化氢反应生成氯化锂，有利于减少凝聚相产物的形成，从而减小热燃烧残渣的粒径。此外，铝锂合金具有较高的放热和较低的点火燃烧温度，这减少了冷凝燃烧产物的形成，并且较高的燃速也可以抑制团聚体的形成。

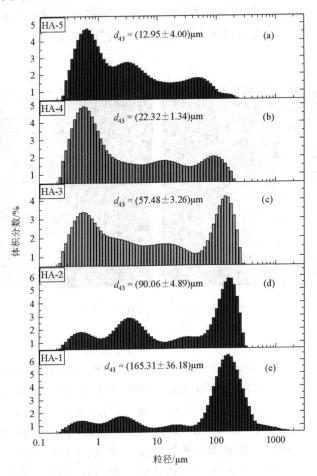

图 5.30　推进剂燃烧残渣的粒径分布

(a) HA-5；(b) HA-4；(c) HA-3；(d) HA-2；(e) HA-1

3. 含 Al-2.5Li 合金丁羟推进剂的能量性能验证

采用小型标准发动机试车法测量含 Al-2.5Li 合金丁羟推进剂的燃速，推进剂配方组成如表 5.9 所示，动态燃速测试结果如图 5.31 所示。

表 5.9　含 Al-2.5Li 合金的推进剂配方

样品编号	HTPB/KZ 含量/%	AP 含量/%	燃速调节剂含量/%	Al 含量/%	Al-2.5Li 含量/%
AH-1	12.5	65.5	4.0	18	0
AH-2	12.5	65.5	4.0	3	5
AH-3	12.5	65.5	4.0	8	10
AH-4	12.5	65.5	4.0	3	15
AH-5	12.5	65.5	4.0	0	18

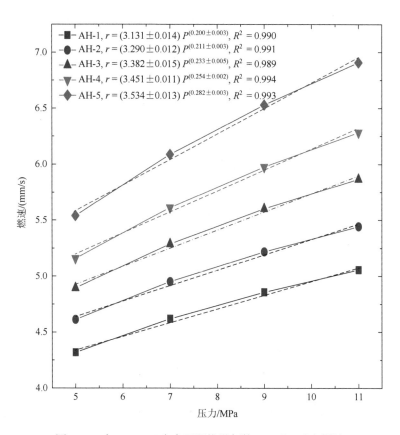

图 5.31　含 Al-2.5Li 合金丁羟推进剂的 BSFφ75 动态燃速

　　由图 5.31 可知，当配方中 Al 粉逐渐被 Al-2.5Li 合金取代后，丁羟推进剂配方动态燃速及压力指数逐渐升高；Al-2.5Li 合金的含量达到 18%时，配方 7 MPa 动态燃速较铝粉配方提高了约 1.4 mm/s，动态压力指数提高了约 0.082。这种较高的压力敏感性是由于 Al-2.5Li 合金中的 Li 在燃烧过程中迅速蒸发，形成微爆，使合金粉末分散成小颗粒。小颗粒可以增加界面面积和有效质量扩散速率。微爆会产生雾化的燃料雾，其燃烧时的动力控制方式比扩散控制方式更敏感。

采用表 5.9 中的 5 个配方，通过端燃 φ75 发动机试车试验验证了 Al-2.5Li 合金对低燃速丁羟推进剂燃烧效率的影响，实验结果如表 5.10 所示。随着 Al-2.5Li 合金燃料含量的增加，推进剂配方的燃烧效率逐渐升高，燃烧残渣中的活性铝含量逐渐降低。当推进剂配方中 Al-2.5Li 合金燃料的含量为 18% 时，推进剂配方的燃烧效率达到最高，为 96.36%，较空白配方提高了 3.96%；残渣中的活性 Al 含量降低至 3.76%，较对照配方降低了 56.2%。可能的原因是对照配方本身的燃速较低，且配方中的 Al 含量高达 18%，本身就存在燃烧不充分的情况。另外，Al-2.5Li 合金的加入提高了推进剂配方的基础燃速，在较高的燃速下推进剂燃烧得更加充分，燃烧产物的团聚程度也会降低，残留在发动机中的残渣也会相应减少；此外，Al-2.5Li 合金粉末具有较高的放热和较低的点火燃烧温度，锂的燃烧产物可以与氯化氢反应生成氯化锂，氯化锂在发动机工作条件下属于气态物质，可随气流直接从发动机的喷管喷出。综合得知，Al-2.5Li 合金的加入提高了推进剂配方的燃烧效率。

表 5.10　含 Al/Al-2.5Li 合金丁羟推进剂端燃 φ75 发动机试车结果

样品编号	Al 粉的燃烧效率 η/%	活性 Al 含量/%
AH-1	92.40	8.59
AH-2	93.41	6.87
AH-3	94.50	5.63
AH-4	95.45	4.98
AH-5	96.36	3.76

为了进一步研究 Al-2.5Li 合金对丁羟推进剂能量性能的影响，采用标准试验发动机进行试车试验。采用 15% 的 Al-2.5Li 合金粉取代推进剂配方中的 Al 粉，并采用 BSFφ165 发动机对丁羟推进剂的能量性能进行验证。收集发动机的燃烧残渣，并对燃烧残渣进行了分析表征，测试了燃烧残渣中的活性 Al 含量，结果如表 5.11、表 5.12 以及图 5.32 所示。相同的燃速条件下，含 Al-2.5Li 合金的低燃速丁羟三组元推进剂的实测比冲较空白配方提高了 19.64 N·s/kg，燃烧残渣较空白配方降低了 35.6%，活性 Al 含量较空白配方降低了 35.8%。对比分析了两种推进剂配方 BSFφ165 发动机试车后喷管以及前顶盖残渣沉积情况，结果如图 5.32 所示。当推进剂配方中添加 Al-2.5Li 合金后，推进剂燃烧残渣的团聚程度明显降低，大颗粒的残渣含量显著减少，BSFφ165 发动机试车后的残渣沉积明显降低。

表 5.11　含 Al/Al-2.5Li 合金丁羟推进剂的 BSFφ165 发动机试车结果

样品编号	I_{sp}/(N·s/kg) (15°)	r/(mm/s)	P_a/MPa
AH-1	2247.95	4.353	6.86
AH-4	2267.59	4.340	6.86

表 5.12　含 Al/Al-2.5Li 合金丁羟推进剂的 BSFφ165 发动机试车后的残渣以及残渣活性 Al 含量

样品编号	残渣含量/g	活性 Al 含量/%
AH-1	34.3	6.95
AH-4	22.1	4.46

图 5.32　含铝/Al-2.5Li 合金的丁羟推进剂 BSFφ165 发动机试车后的喷管及前顶盖残渣沉积示意图
(a, c) Al-2.5Li 合金配方; (b, d) Al 粉配方

　　综上所述,在 3～9 MPa 压力范围内,Al-2.5Li 合金含量对燃速和压力指数有较大影响。随着 Al-2.5Li 合金含量的增加,HTPB 推进剂压力指数和燃速均增大,燃烧残渣团聚程度和残渣中活性 Al 含量也降低。这主要是因为 Al-2.5Li 合金在燃烧过程中产生微爆效应,一方面,微爆效应使合金粉末分散成小颗粒,小颗粒可以增加界面面积和有效质量扩散速率,微爆也会产生雾化的燃料雾,其燃烧时对压力更加敏感,并以动力学控制的方式燃烧;另一方面,Li 的燃烧产物能与氯化氢反应生成氯化锂,有利于减少凝聚相产物的形成,从而减少丁羟推进剂燃烧过程中的颗粒团聚,提高推进剂配方的燃烧强度和燃烧效率。根据理论计算,Al-2.5Li 合金对丁羟三组元推进剂的标准理论比冲提升幅度并不大,但 BSFφ165 发动机试车结果表明了含 15% Al-2.5Li 合金 HTPB 推进剂配方的实测比冲明显高于 Al 粉配方。在固体推进剂配方固定的情况下,Al 粉合金化是当前提高 Al 粉燃烧效率的有效方法之一。

5.3.2 金属氢化物

相对于金属而言，金属氢化物（AlH₃）也可以充当固体推进剂的燃料，而且金属氢化物具有燃烧热值更高、可产生气体等优点。金属氢化物在推进剂中燃烧，相当于引进了金属燃烧剂的同时又引入了氢原子，氢的燃烧可以释放大量的热量，同时增加了燃气中水的分子数，降低了燃气的平均分子量，从而使推进剂比冲有了显著的提高。

1. AlH₃晶型

1）晶型结构

AlH₃目前共发现 α、α′、β、γ、δ、ε、ξ 七种晶型[34]。乙醚化学法合成中常见 α、α′、β、γ 四种晶型，四种常见晶型 AlH₃ 的表面形貌如图 5.33 所示[35]。

(a) α晶型　　　　　　　　　　(b) α′晶型

(c) β晶型　　　　　　　　　　(d) γ晶型

图 5.33　α-AlH₃、α′-AlH₃、β-AlH₃、γ-AlH₃ 的 SEM 图

α-AlH₃ 的晶体结构为三方晶型（$R\bar{3}c$），晶胞参数 $a = 4.449$ Å 和 $c = 11.804$ Å。单胞中含有 6 个 AlH₃ 分子，Al 原子和 H 原子交替形成平面结构，垂直 c 轴堆砌。

每个 Al 原子与周围 6 个 H 原子形成 AlH_6 正八面体配体,晶体由顶角共用的 AlH_6 正八面体配体构成,如图 5.34 所示。每个 AlH_3 单元体积为 33.5 Å³,Al—H 键长 1.715 Å,H—H 键长 2.418 Å,Al—Al 键长 3.236 Å。Al 原子外层的成键电子有 3 个,每 2 个 Al 原子共用 H 原子的 1 个电子,α-AlH_3 中 Al 的排布和 Al 金属的相同,但是氢化使得 Al 的原子间距离由 2.86 Å(Al 金属)变为 3.24 Å,使体积膨胀超过了 100%,AlH_3 的密度只有 Al 的一半。

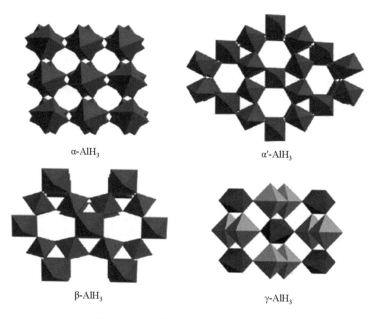

图 5.34　不同 AlH_3 晶型结构示意图

α'-AlH_3 的晶体结构为正交晶型($Cmcm$),晶胞参数 $a = 6.470$ Å、$b = 11.117$ Å 和 $c = 6.562$ Å。α'-AlH_3 晶体由两个 Al 原子和四个 H 原子的晶体位点并且由角连接的八面体(每个 H 由两个八面体共享)组成。每个 AlD_3 单元体积为 39.3 Å³,Al—D 键长 1.68 Å,D—D 键长 2.31 Å,Al—Al 键长 3.22 Å。

β-AlD_3 为立方晶型($Fd\bar{3}m$),晶胞参数 $a = 9.004$ Å。每个 β-AlD_3 单元体积 45.6 Å³,Al—D 键长 1.712 Å,D—D 键长 2.358 Å,Al—Al 键长 3.183 Å。

γ-AlH_3 的晶体结构为斜方晶型($Pnnm$),晶胞参数 $a = 5.3806$ Å、$b = 7.3555$ Å、$c = 5.77509$ Å,每个单元体积为 228.561 Å³,γ-AlD_3 晶胞有轻微的收缩,晶胞参数为 $a = 5.367$ Å、$b = 7.336$ Å、$c = 5.756$ Å,每个单元体积为 226.63 Å³。研究发现 γ-AlH_3 中有两种 AlH_6 结构(图 5.35),其中一种与 α-AlH_3 的结构一致(Al—H—Al)[图 5.35(b)],另一种是 Al—2H—Al 双键桥结构 [图 5.35(a)],这种结构中的

Al—Al 键长（2.61 Å）和 Al—H 键长（1.68～1.70 Å）更短。在 γ-AlH₃ 中 AlH₆ 的正八面体有更大的空间间隙，这使得 γ-AlH₃ 的密度比 α-AlH₃ 低 11%。

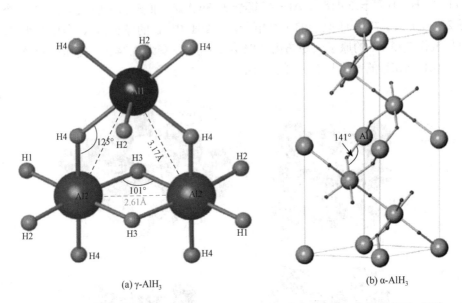

(a) γ-AlH₃   (b) α-AlH₃

图 5.35　(a) γ-AlH₃ 晶型中两种 AlH₆ 结构（Al1）（H2）₂（H4）₄ 和（Al2）（H1）（H2）（H3）₂（H4）₂。双桥键 Al2—H3—Al2 和单桥键 Al1—H4—Al2 如图所示。在 Al1 八面体中，所有 Al—H 键长较长，达到 1.78～1.79 Å，在 Al2 八面体中轴向 Al—H 键长较长，达到 1.78 Å，夹角 125°，双桥键中 Al-H 键长较短，仅为 1.68 Å 和 1.72 Å，导致 Al2—Al2 原子间距缩小（2.61 Å）及夹角变小（101°）；(b) α-AlH₃ 中 AlH₆ 八面体 Al—H—Al 夹角 141°

Al 金属、AlH₃ 晶体和铝氢化合物中的 Al—Al 和 Al—H（或 Al—D）键长如表 5.13 所示。四种 AlH₃ 晶型和 AlH₃ 乙醚络合物的合成条件和结构性质如表 5.14 所示。

表 5.13　铝基氢化物中 Al—H 和 Al—Al 键长

键	Al	α-AlH₃	α′-AlH₃	β-AlH₃	γ-AlH₃	[AlH₄]⁻	[AlH₆]³⁻
Al—Al	2.86	3.24	3.22	3.183	2.61～3.17	—	>3
Al—H	1.75（四面体） 2.02（八面体）	1.72	1.68(Al—D)	1.712(Al—D)	1.66-1.79	1.61～1.63	1.75～1.77

表 5.14　不同 AlH₃ 晶型和 AlH₃ 乙醚铬合物的结构、形态及转化焓

| 晶体类型 | 合成条件 | | 晶体结构 | 形态 | 转化焓/(kJ/mol H₂) |
	LAH：AH：LBH	温度/时间			
α-AlH₃	1：4：1	65℃/6.5 h	$R\bar{3}c$ $a = 4.449$ Å $c = 11.804$ Å	立方体	—

晶体类型	合成条件		晶体结构	形态	转化焓/(kJ/mol H$_2$)
	LAH∶AH∶LBH	温度/时间			
α′-AlH$_3$	1∶4∶0	75℃/2~4 h(压力条件下)	$Cmcm$ a = 6.470 Å b = 11.117 Å c = 6.562 Å	绒球	−1.1(α′→α)
β-AlH$_3$	1∶4∶1	65℃/1 h(不纯)	$Fd\bar{3}m$ a = 9.004 Å	不规则	−1.0(β→α)
γ-AlH$_3$	1∶4∶0	60℃/4 h	$Pnnm$ a = 5.367 Å b = 7.336 Å c = 5.756 Å	针状	−1.9(γ→α)
AlH$_3$·nEt$_2$O	0∶4∶0	25℃/1 h	无定形	半透明球	—

2)晶型转化

在 AlH$_3$ 的 7 种晶型中 α 相为正六面体,是最为稳定的晶相,其次较为常见的是 β 相和 γ 相。三者之间可以进行相互的晶型转化,而其他晶型或溶剂化的 AlH$_3$ 是无法直接通过晶型转化变为 α 相的,七种晶型间的转化关系如图 5.36 所示。

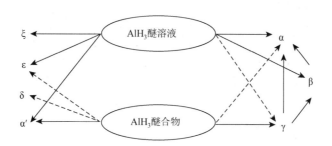

图 5.36　AlH$_3$ 各种晶型之间的转化关系

3)不同晶型的性质

采用乙醚化学法对合成条件进行调整得到了三种不同且晶体形貌较好的 AlH$_3$。合成得到的 AlH$_3$ 产品都为灰白色固体粉末,三种产品的表面形貌如图 5.37 所示,从 SEM 图可以发现 α-AlH$_3$ 晶体颗粒分散,大小均匀,棱角较为清晰,粒径基本为 30~60 μm。γ-AlH$_3$ 呈棒状,长度大于 100 μm,因为结晶条件波动,产品中还存在长度大于 200 μm 的棒状晶体,但晶体形貌一致,无其他形貌晶型存在。α′-AlH$_3$ 为绒球状,粒径为 30~50 μm,脱醚转晶过程中大量乙醚溶剂存在时,易生成 α′-AlH$_3$,同时生成部分 α-AlH$_3$。同时对三种 AlH$_3$ 进行 XRD 测试,测试结果如图 5.38 所示,与文献报道的相应晶型特征峰一致。

图 5.37 不同晶型 AlH$_3$ 的 SEM 图

通过差示扫描量热分析对不同晶型 AlH$_3$ 的热力学性能进行表征。在高纯氮气气氛下，以 10℃/min 的升温速率测试 AlH$_3$ 的热失重情况，从图 5.39、图 5.40、图 5.41 中的 TG 曲线可以观察到 α-AlH$_3$、γ-AlH$_3$ 和 α′-AlH$_3$ 的加热失重分别为 9.93%、10.03% 和 9.16%，与元素分析测试的氢含量结果基本一致，α′-AlH$_3$ 的氢含量与其他晶型相比偏低，可能是由于 α′-AlH$_3$ 稳定性差，在测试前已经发生分解导致氢含量降低。

从产物的 DSC 曲线可以观察到，高纯氮气气氛下，升温速率为 10℃/min，α-AlH$_3$ 在 175.3℃时开始分解，分解峰温达到 190.1℃。与 α-AlH$_3$ 的失重曲线相比，γ-AlH$_3$ 和 α′-AlH$_3$ 在 100℃出现失重，说明在 100℃ γ-AlH$_3$ 和 α′-AlH$_3$ 开始部分分解，γ-AlH₃ 起始分解温度相对较低，在 151.8℃ 处出现较强的放热峰，据文献报道此峰可能为 γ-AlH₃ 向 α-AlH₃ 的转晶过程产生，在升温过程中，部分直接分解为金属 Al 和 H₂，另一部分则转晶为 α-AlH₃，然后再分解为 Al 和 H₂。对比三种晶型 AlH₃ 的 TG-DSC 曲线，γ-AlH₃ 和 α′-AlH₃ 的起始分解温度和分解峰温都低于 α-AlH₃，在高温环境下 α-AlH₃ 的热稳定性相对较好。

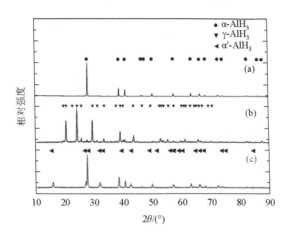

图 5.38　(a) α-AlH₃、(b) γ-AlH₃、(c) α′-AlH₃ 的 X 射线衍射图

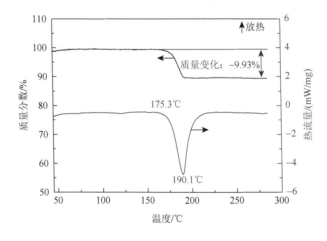

图 5.39　α-AlH₃ 的 TG-DSC 曲线 (10℃/min)

　　γ-AlH₃、α′-AlH₃ 的热稳定性低于 α-AlH₃，当 α-AlH₃ 产品中含有 γ-AlH₃、α′-AlH₃ 时会导致产品分解温度提前，增加 AlH₃ 生产和储存的安全风险。为评价 AlH₃ 的安全性能，对制备得到的 AlH₃ 样品进行感度测试，测试结果如表 5.15 所

示。摩擦感度测试条件为表压 4.0 MPa，摆角 90°，摩擦感度用爆炸概率 $P(\%)$ 表示；撞击感度测试条件为落锤重 10 kg，落高 50 cm，撞击感度用爆炸概率 I_{50} 表示；静电火花感度测试条件为电容 10000 PF，针距 0.5 mm，静电火花感度测试结果用静电火花感度值 E_{50} 表示。

测试结果显示样品的摩擦感度和撞击感度均为 0，但静电火花感度相对较高，因此在 AlH$_3$ 制备过程中需要注重其静电火花感度，γ-AlH$_3$、α'-AlH$_3$ 静电火花感度均为 10.3 mJ，α-AlH$_3$ 静电火花感度为 20.0 mJ，说明 α 晶型相对于 γ 和 α' 晶型 AlH$_3$ 更为稳定，安全性更高，因此在 AlH$_3$ 产品的合成中需要避免生成其他晶型 AlH$_3$ 以提高产品的安全性能。

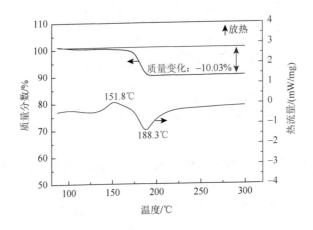

图 5.40　γ-AlH$_3$ 的 TG-DSC 曲线（10℃/min）

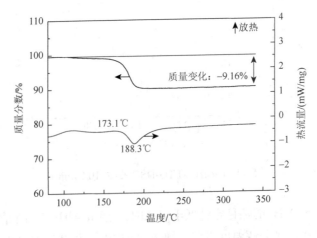

图 5.41　α'-AlH$_3$ 的 TG-DSC 曲线（10℃/min）

表 5.15　三种晶型样品的感度

感度	摩擦感度/%	撞击感度 I_{50}/J	静电火花感度 E_{50}/mJ
α-AlH$_3$	0(90°,4.0 MPa)	0(97.99 N,50 cm)	20.0
γ-AlH$_3$	0(90°,4.0 MPa)	0(97.99 N,50 cm)	10.3
α′-AlH$_3$	0(90°,4.0 MPa)	0(97.99 N,50 cm)	10.3

2. AlH$_3$ 释氢机理

关于金属氢化物具体的释氢机理，有许多理论和实验研究工作发表。但是，AlH$_3$ ⟶ Al + 3/2H$_2$ 这个看似非常简单的过程，其反应机理目前还没有形成统一的认识，仍然存在许多争议。主要有两种观点比较流行：一种观点认为晶体表面的基本结构和氢气释放过程密切相关，如实验上经过稀酸处理形成氧化层可以显著减慢释放氢气的过程；另一种观点认为，晶体体相内的缺陷迁移是释放氢气过程的关键步骤，即认为反应是扩散控制的。有的实验观测认为氧化层的厚度和释放氢气的速度相关性不强，支持这种观点。如果释氢过程是晶体内部的缺陷扩散控制的，那发展稳定化手段就比较困难，除了制备缺陷尽量少的完美晶体外，很难有其他手段来抑制释氢过程。

文献报道新鲜制备的 AlH$_3$ 样品分解能垒为 24.4 kcal/mol（即 102 kJ/mol），γ-AlH$_3$ 和 β-AlH$_3$ 分解能垒更低一些，分别为 22.0 kcal/mol（92 kJ/mol）、18.9 kcal/mol（79 kJ/mol）。作为化学反应的能垒，这些数值都不算高，常温下的反应速率不能忽略，不能长期稳定存储。若想长期稳定存储，在常温下反应速率必须极低。

据文献报道，实验测得陶氏化学（Dow Chemical Company）的 AlH$_3$ 样品分解能垒达 37.5 kcal/mol。分解能垒比未处理的 AlH$_3$ 提高了 13.1 kcal/mol，理论上可使分解反应速率降低多个数量级。陶氏化学的样品采用了有机分子薄层包覆，是迄今得到的最稳定的 AlH$_3$，在空气中保质期可长达 30 年。经过 30 年的存储，氢含量只是略有下降，下降为 8.3%。从图 5.42 看到，陶氏化学的 AlH$_3$ 样品在 150℃下的分解速率，仅相当于一般 AlH$_3$ 样品在 64℃时的分解速率。如果画反向延长线，可粗略估计陶氏化学的 AlH$_3$ 样品在 64℃时的分解速率大约在 10^{-6} g H$_2$/s，已经是一般 AlH$_3$ 样品分解速率的万分之一（1/10^4）。但是，陶氏化学公司并没有公开具体的操作处理过程。这些实验事实说明，对 AlH$_3$ 进行表面处理是可行的、有效的稳定手段，并且使我们相信 AlH$_3$ 的热分解释氢机理与晶体表面的组成和状态密切相关。

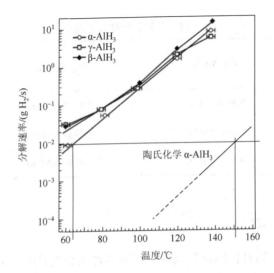

图 5.42 新鲜制备的 AlH₃ 样品和陶氏化学的 AlH₃ 样品的分解速率和温度的关系

图 5.43 是陶氏化学的 AlH₃ 样品在 180℃ 热分解率随时间的变化曲线。这个实验结果表明，AlH₃ 的分解反应存在明显的诱导期。这意味着初期的分解能垒较高，随着反应的进行，反应的中间产物可以促进反应的进行而使反应速率加快。未经特殊处理的 AlH₃ 氢气释放过程同样存在诱导期。

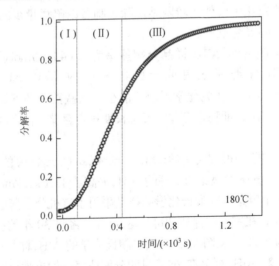

图 5.43 陶氏化学的 AlH₃ 样品在 180℃ 下热分解率随时间的变化曲线

到目前为止，AlH₃ 氢气释放详细机理的理论研究并不是特别多，研究深度也有待增加。美国夏威夷大学的 J. D. Head 等以 AlH₃ 的低聚物 $(AlH_3)_n (n = 1 \sim 4)$ 为研究模型，用 DFT 方法计算了各种异构体的相对稳定性、异构化能垒，以及释放氢气的能垒。其计算的氢气释放最佳能垒为：$n = 2$ 时，51.6 kcal/mol (216 kJ/mol)；$n = 3$ 时，41.8 kcal/mol (175 kJ/mol)；$n = 4$ 时，38.3 kcal/mol (160 kJ/mol)。但是，在最大的计算模型 $(AlH_3)_4$ 中只有 4 个 AlH_3 单元，Al 全部是四配位四面体结构，没有六配位八面体结构，因此，不能很好地代表晶体结构的性质。比利时的 T. Nguyen 教授使用从头算方法研究了 NH_3 配位的 AlH_3 的释放氢气的过程。当考虑 2 分子 AlH_3 时，2 分子 AlH_3 通过还原消除释放氢气，能垒高达 45.6 kcal/mol。加利福尼亚大学圣巴巴拉分校的 V. Walle 教授研究认为氢空位缺陷 (hydrogen vacancy defect) 的聚结是 AlH_3 释放氢气的可能途径。他们估算的总体释放氢气的能垒为 37.4 kcal/mol。这些理论研究工作有一个缺点，都忽略了熵的重要性。因为 H_2 气体释放是熵有利的，必须加以考虑。

　　AlH_3 在氧化气氛中的热反应过程比在惰性气氛 (氩气或氮气) 中更为复杂，分为释氢/钝化阶段、一次氧化阶段和二次氧化阶段。钝化和释氢反应重叠且竞争，钝化形成 3～4 nm 氧化铝层以抑制释氢。因此，与惰性气氛相比，在氧化气氛下颗粒表面出现更明显的团聚现象，释氢速率和释氢量要小得多。V. P. Tarasov 研究了 AlH_3 晶体粒径对其热分解释氢的影响，结果表明，粒径为 150 μm 的 AlH_3 完全分解释氢需要 350 min；而粒径为 50 μm 的 AlH_3 完全分解释氢仅需 90 min。另外发现，温度越高，诱导期越短，释氢越快。升温速率越低，初始释氢温度和终止释氢温度越低，最终释氢量越小。原因是多孔结构在较低的升温速率下更早坍塌，部分氢仍被困在颗粒内部。

　　M. K. Ismail 对 AlH_3 在氩气中的热分解释氢机理进行了研究，认为 AlH_3 释氢始于其外表面和内部的一些晶体缺陷，随着 AlH_3 逐步分解，颗粒逐渐变小，表面孔隙度增大，导致 AlH_3 释氢速率加快；还发现用固态转化动力学中的成核和生长机理来解释 AlH_3 的热分解更为合理。I. Gabis 认为 AlH_3 热分解前期形成的铝核金属区至关重要，该金属区充当氢气释放的便利通道。李和平提出了 AlH_3 在氧化气氛下分解/氧化的理想动力学模型，反应包括 AlH_3 的释氢、H_2 的氧化、Al 的钝化、非晶态 Al_2O_3 向 $\gamma\text{-}Al_2O_3$ 的相变、$\gamma\text{-}Al_2O_3$ 向 $\alpha\text{-}Al_2O_3$ 的晶体相变。还有研究发现，只有当氧化层破裂，游离的 AlH_3 与大气接触时，分解释氢才开始。因此，Al_2O_3 表面氧化层的存在及氧化层厚度会限制分解速率，提高分解温度。

3. AlH_3 稳定化机制

　　对 AlH_3 稳定性的关注最早来源于合成 AlH_3 的研究人员，美国陶氏化学、Powdermetinc 等公司是其中的代表。陶氏化学制备的 AlH_3 (氢质量分数约 9.5%) 在常温空气条件下储存 40 年以上 (1965～2005 年) 氢质量分数维持在 8.3%，而新鲜制备、未经特殊处理的 AlH_3 中氢质量分数为 10.1%，其在相同温度下的分解速度是陶氏化学公司制备的 AlH$_3$ 样品的 10^4 倍左右。Ismail 等研究了 AlH$_3$ 在真空和惰性(氩)环境下热分解动力学，推测 AlH$_3$ 在 10℃下储存 15 年基本不分解，在 15℃下储存 15 年分解 0.1%，不推荐在更高温度(如 30℃)下储存。美国 Powdermetinc 公司制备出达到或超过俄罗斯水平的 AlH$_3$，并提出纯 α-AlH$_3$ 制备推进剂可稳定储存 20 年以上。这些事实告诉我们，AlH$_3$ 存储稳定性是一个可以解决的问题，而且，对表面进行处理(如有机分子包覆)，可以有效地解决 AlH$_3$ 的存储稳定性问题。

在 AlH$_3$ 稳定性研究方面，严蕊等研究了环境湿度对 AlH$_3$ 稳定性的影响，获得 AlH$_3$ 的等温吸湿曲线以及不同温度下的临界相对湿度(CRH)，当环境湿度大于临界相对湿度时，AlH$_3$ 会发生明显的水解反应，并在晶体表面逐渐生成 Al(OH)$_3$。研究认为含有其他晶型的 α-AlH$_3$ 比纯 α-AlH$_3$ 的摩擦感度和静电火花感度均有不同程度的增加。而在提升 AlH$_3$ 及其推进剂的稳定性研究方面，国内公开报道较少。

梳理国外相关研究进展，α-AlH$_3$ 的稳定性可通过以下途径提高。

(1)表面钝化法。通过水洗、稀酸溶液浸泡、有机物浸泡和热处理等方法，可以洗去 α-AlH$_3$ 表面的杂质和不稳定晶型，使其表面钝化，在产品的表面形成一层物质，起到隔离作用，可以使 α-AlH$_3$ 的稳定性增加。

(2)表面包覆法。研究认为 AlH$_3$ 分解放气主要是受到了其表面电子和 Al^{3+} 电子空穴的催化，因此可采用电子给体或电子受体通过表面络合来改善 AlH$_3$ 的稳定性。James 等用有机物来包覆 AlH$_3$。Norman 等也研究过通过吸附气态或用液态的无机物质对 AlH$_3$ 进行包覆以增加其稳定性。Mark 等在 α-AlH$_3$ 表面包覆能调整 Al^{3+} 的物质(为多羟基的单体和高聚物)。Donald 将 AlH$_3$ 晶体用含有氰基的物质、单质铝等包覆，包覆物质起物理隔离作用。

(3)掺杂法在合成过程中掺入自由基接受体稳定剂或者某些金属离子化合物，通过各种金属离子与氢负离子的协同作用来提高 α-AlH$_3$ 的稳定性。Sonuggs 等通过向 AlH$_3$ 层状结构中掺入 Hg^{2+} 来提高其稳定性，Roberts 等研究向 AlH$_3$ 中掺入阳离子 R$_3$Si$^+$ 来增加其稳定性。

4. AlH$_3$ 合成方法

AlH$_3$ 的合成历史比较悠久，最早可追溯到 20 世纪 40 年代。现如今合成方法比较多，大致分为湿法合成和干法合成。

1)湿法合成

湿法合成又称溶剂法合成，使用过量的碱金属铝氢化物、碱金属或活泼碱土金属氢化物在乙醚或者 THF 溶剂中还原 AlCl$_3$ 得到 AlH$_3$ 乙醚络合物或 AlH$_3$·THF 络合物再脱醚得到 AlH$_3$。

1947 年，A. E. Finholt 等[35]首次报道了 AlH_3 的制备方法。使用 $AlCl_3$ 和 LiH 或者 $AlCl_3$ 和 $LiAlH_4$ 在乙醚溶液中反应，迅速生成 AlH_3，反应方程式为

$$3LiAlH_4 + AlCl_3 \longrightarrow 4AlH_3 + 3LiCl \tag{5.1}$$

$$AlCl_3 + 3LiH \longrightarrow AlH_3 + 3LiCl \tag{5.2}$$

反应(5.1)较反应(5.2)更加平稳、迅速。另外，反应(5.2)生成的 AlH_3 与 LiH 会进一步反应生成 $LiAlH_4$。实验结果表明，这两种方法得到的均为 AlH_3 乙醚络合物，长时间放置，乙醚络合物固体析出，室温条件下放置 1～2 周即会大量分解，限制了其应用。虽然此后有文献报道了在乙醚中脱醚，得到非溶剂化的 AlH_3，但是均为几种晶型的混合物，并未做深入研究。

直到 1976 年，F. M. Brower 等在 A. E. Finholt 等的基础上改进脱醚方式，将生成的 AlH_3 乙醚络合物溶液通过减压蒸出乙醚，得到 AlH_3 乙醚络合物固体，在少量 $LiAlH_4$ 存在的情况下在真空条件下 65℃脱醚转晶，首先得到了非溶剂化的 γ-AlH_3，延长脱醚时间可以得到 α-AlH_3；当使用少量 $LiBH_4$ 时，首先得到的是非溶剂化的 γ-AlH_3 和 β-AlH_3 混合物，延长脱醚时间可以得到 α-AlH_3。另外，AlH_3 乙醚络合物液体在 79℃的乙醚-苯混合溶剂中脱醚也制备出纯的 α-AlH_3。通过实验他们得到了 7 种晶型，并对其进行了 XRD 表征。其研究成果为 AlH_3 的深入研究奠定了基础，是近半个世纪以来最重要的湿法合成工艺，后续研究大多基于此合成方法进行改进探索。

2001 年，美国空军研究实验室 Mark A. Petrie 等[36]报道了基于此湿法合成方法改进制备稳定化的 α-AlH_3 的方法。该方法使用甲苯-乙醚作为溶剂，在该溶剂中 90～93℃下结晶得到 α-AlH_3，在使用 10%盐酸钝化后得到稳定化的 α-AlH_3。后续，科技工作者通过改进结晶促进剂、结晶方式、结晶溶剂等方式不断探索提高产率和产品品质的方法。通过不断地完善，湿法合成 AlH_3 已经发展为最为成熟的合成方法，但是其缺点是使用溶剂量很大、原材料 $LiAlH_4$ 和 $LiBH_4$ 成本较高。

2007 年，美国 Alliant Techsystems Inc. 公司 Cayr K. L Lund 等在专利中[37]指出制备 α-AlH_3 的改进方法。主要是用低黏度物质如聚二甲基硅氧烷(1 cSt)等，代替 $LiBH_4$ 添加在 AlH_3 乙醚络合物溶液中，这类物质能够降低溶液的表面张力，促进结晶。

2008 年，B. M. Bulychev 等[38]使用 $LiAlH_4$ 分别与 $AlBr_3$ 以及浓 H_2SO_4 反应，在纯甲苯或 5%～10%乙醚的甲苯溶剂中，制备非溶剂化的 AlH_3，但并非单一晶型的 α-AlH_3，并且操作过程中使用浓 H_2SO_4，其危险性巨大，因而限制了该方法的应用。

2009 年，B. M. Bulychev 等[39]又在高于 90℃的乙醚-甲苯混合溶液中，通过 $LiAlH_4$ 和 $AlCl_3$ 反应，一步法直接得到了非溶剂化的 α-AlH_3，通过使用添加剂 $LiBH_4$ 或 $LiAlH_4 \cdot Mg(AlH_4)_2$，以及将 $AlCl_3$ 改为 AlH_2Cl 或者 Al_2H_5Cl 等，反应产率高达 80%。

2010 年，S. I. Bakum 等[40]提出用 LiAlH₄ 或 NaAlH₄ 在乙醚-甲苯混合溶液中和 SiCl₄ 或者 SiHCl₃ 反应，制备非溶剂化的 α-AlH₃。这种方法的优点是样品中含氯量低，重现性好，并且原料 SiCl₄ 或者 SiHCl₃ 较 AlCl₃ 易纯化。

2016 年，美国空军实验室 David Stout 等[41]总结近期工作申请的专利详述了稳定 AlH₃ 的合成及钝化方法，其中提及了通过溶剂的循环利用及使用廉价的替代原材料（NaAlH₄ 取代 LiAlH₄，LiAlH₄ 取代 LiBH₄）的方法降低溶剂使用量和原材料成本。其总体合成如图 5.44 所示。

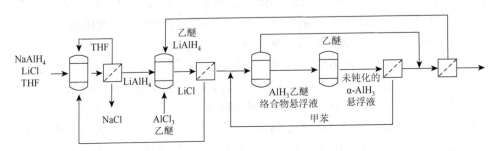

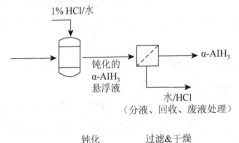

图 5.44　稳定 AlH₃ 合成及钝化流程图

该合成工艺使用较廉价的原材料 NaAlH₄ 和 LiCl 合成较昂贵的原材料 LiAlH₄，且溶剂 THF 循环使用，LiCl 为合成 AlH₃ 过程中的副产物。后续是常规的湿法合成 AlH₃ 的方法，将溶剂乙醚和甲苯循环使用，降低溶剂使用量，将 AlH₃ 乙醚络合物浓缩为浆状滴入高温的甲苯中析出晶体，再使用 1%盐酸进行稳定化处理。

以 F. M. Brower 为代表的"湿法"，其基本制备方法是将 AlH₃ 乙醚络合物溶液加入甲苯或苯中，通过醚合物脱醚转晶得到非溶剂化的 α-AlH₃。通过向反应体系中加入 LiBH₄ 等晶型控制剂，并通过近年来的摸索，该工艺要较干法合成更为成熟，产品品质较高。但湿法合成目前最大的问题是成本较高，与干法合成相比，由于 LiAlH₄ 和 LiBH₄ 的生产成本较高，以及大量乙醚、甲苯和 THF 等溶剂的使用，α-AlH$_3$ 的生产成本较以 Al 粉为原料的干法制备昂贵很多。目前，美国通过溶剂回收及重复使用，以及使用廉价原材料 NaAlH$_4$ 和 LiCl 等方式来降低湿法合成的原材料成本。

2）干法合成

所谓"干法"合成是与"湿法"合成相对而言的一种方法，主要是减少甚至不使用溶剂合成 AlH$_3$ 的一种合成方法，主要有直接合成法、络合加压法、机械研磨法、电化学法、超临界法和烷基铝催化法等。

（1）直接合成法。

直接合成法是指将金属 Al 和氢气直接制备 AlH$_3$ 的方法。由文献报道可知，在 298 K 条件下，AlH$_3$ 的生成焓为 11.4 kJ/mol，熵为 30.04 J/(mol·K)，吉布斯生成能为 46 kJ/mol，由此计算出反应的平衡压力需要达到 2.6×10^{10} Pa，因此直接合成 AlH$_3$ 条件非常苛刻。

2008 年，H. Saitoh 等[42]报道了将铝箔在 650℃、10 GPa 条件下反应 24 h 得到晶体 α-AlH$_3$。次年，该研究团队在此工艺条件上进行改进，在 6 GPa 压力条件下，以 100℃/min 的升温速率加热至 600℃，然后 0.1 min 内使温度下降到 400℃，保持 400℃和 6 GPa 的条件反应 2 h 制得 AlH$_3$。B. Baranowaski 等报道了在 2.8 GPa 和 300℃条件下使用铝粉和氢气直接制备 AlH$_3$。从这些报道的直接合成 AlH$_3$ 的方法可以看出，合成条件非常苛刻，需要高压高温条件，且合成的 AlH$_3$ 晶型难于控制，现阶段工业放大合成存在一定困难。

（2）络合加压法。

由于使用金属铝和氢气直接制备 AlH$_3$ 存在巨大困难，人们尝试将铝粉溶剂化，可以从原理上降低反应所需能量，使反应在相对温和的条件下进行。1946 年，Ashby 等使用活性铝粉和三亚乙基二胺（TEDA）在 THF 溶液中溶剂化，在 34.5 MPa 氢气压力下合成了 AlH$_3$ 的 TEDA 络合物。在此基础上使用 Ti 活化的铝，在室温、3.5 MPa 氢气压力下，合成了 AlH$_3$ 的有机络合物。先后使用三乙胺、二甲基乙基胺、三甲胺和奎宁环作为络合试剂制备 AlH$_3$ 的络合物。此方法改进后，虽然反应条件较直接合成法要温和，可在较低温度和压力下合成 AlH$_3$ 的络合物，但是其存在以下问题：①活性铝粉是由 LiAlH$_4$ 和 AlCl$_3$ 反应生成的 AlH$_3$ 乙醚络合物热分解得到的，成本很高且反应烦琐；②产物为 AlCl$_3$ 的 TEDA 络合物，需要在真空条件下进行分离，提纯复杂，目前尚无有效的方法得到纯度较高的 α-AlH$_3$。

（3）机械球磨法。

机械球磨法是在反应体系中引入机械能量，通过机械力化学效应合成 AlH$_3$，与基于溶剂的反应过程相比，该过程可以无溶剂进行。Brinks 等于 2006 年首次报道了同样以 LiAlH$_4$ 和 AlCl$_3$ 作为反应原料在 77 K 的低温条件下直接进行固相球磨反应，反应结束后成功制备了 AlH$_3$，但测试发现该 AlH$_3$ 中含有 α-AlH$_3$ 和

α'-AlH$_3$ 两种晶型的产品，由于在球磨过程中产生大量的热，对反应原料在常温下直接进行球磨时会导致生成的 AlH$_3$ 发生分解。而常温下直接进行球磨只能得到很少的 AlH$_3$ 和大量的金属铝。随后美国艾姆斯研究中心开展了大量的机械球磨法合成研究，Sabrina Sartori 等使用 Spex6750 低温球磨机在 77 K 低温下研磨 LiAlD$_4$ 和 AlX$_3$ 合成 AlH$_3$，研究表明使用 3NaAlH$_4$ + AlCl$_3$ 和 3LiAlD$_4$ + AlBr$_3$ 体系比 3LiAlD$_4$ + AlCl$_3$ 体系的收率要高，在球磨过程中加入 FeF$_3$ 等添加剂会影响产物中 α'-AlD$_3$ 和 α-AlD$_3$ 的产品比例。在低温条件下进行机械球磨合成 AlH$_3$ 对设备的要求较高，能量消耗较大，导致合成工艺的放大操作困难，因此艾姆斯研究中心开始探索室温条件下机械球磨合成 AlH$_3$ 的工艺条件，Ihor Z. Hlova 等研究了在室温下以 LiH + AlCl$_3$ 和 NaH + AlCl$_3$ 为原材料通过固相化学合成反应催化合成 AlH$_3$ 的反应过程及其反应机理，发现初始反应物中过量的 LiH 对于 Al—H 键的形成和稳定至关重要，通过分步加入 AlCl$_3$ 可以控制反应进程，防止在球磨过程中 AlCl$_3$ 的局部累积和易分解中间体的生成，研究表明高压氢气条件可以抑制球磨过程中生成铝的副反应，固体核磁共振和 XRD 研究结果表明整个反应可能是通过一系列部分氯化的 AlH$_3$ 络合物中间体进行的，球磨过程中局部高浓度的 NaH 可以稳定易分解的含氯衍生物，以阻止其分解成氢气和金属铝。S. Gupta 等研究了以 LiAlH$_4$ 和 AlCl$_3$ 为原材料在室温下快速、高效合成 AlH$_3$ 的机械化学方法，研究发现中等压力的气体（H$_2$、He 或 Ar）可以抑制该反应体系中形成金属 Al 的副反应，并且在 30～60 min 内就实现了原料中 Al 元素到 AlH$_3$ 化合物约百分之百的转化。

兰州理工大学的罗永春等在国内首次提出了球磨干法制备 AlH$_3$ 的方法。他们选用 AlCl$_3$ 和 LiAlH$_4$ 按照一定的当量比例混合进行球磨，制备出了非晶相的 AlH$_3$。国内哈尔滨工业大学胡连喜等研究了以廉价的原材料 LiH/AlCl$_3$、MgH$_2$/AlCl$_3$ 和 CaH$_2$/AlCl$_3$ 为反应体系固相反应球磨合成 AlH$_3$ 的方法。华北电力大学段聪文等报道了一种简便、经济的固相机械化学反应制备 α-AlH$_3$ 纳米复合材料的方法，加入 TiF$_3$ 后，LiH 和 AlCl$_3$ 可以在短时间内球磨形成 α-AlH$_3$ 纳米复合材料。

(4) 电化学法。

电化学法是利用电极电势来提高氢活度，从而驱使氢原子进入主体金属达到氢化的目的，实验装置如图 5.45 所示，由于电极电势与压力的自然对数成正比，因此只要一个相对较小的电压就能满足氢化的热力学要求。

2009 年美国 Savannah River 国家实验室 Zidan 教授采用电化学法制备了非溶剂化的 α-AlH$_3$，为 AlH$_3$ 的低成本研究指出了一条可行的制备路线。Zidan 教授联合 Ardica Technologies、SRI International 等单位近年来深入开展了电化学合成 α-AlH$_3$ 的研究工作，获得了美国能源部项目支持，他们设计了一个可再生 AlH$_3$

的电解循环,从而解决了传统制备非溶剂化 AlH_3 热力学不可控制的问题,如图 5.45 所示,首先通过电化学反应制备中间体 $AlH_3 \cdot THF$,该中间体不能通过直接除溶剂得到 $\alpha\text{-}AlH_3$,需要将 $AlH_3 \cdot THF$ 转化为与 AlH_3 络合能力较弱的三氢化铝-胺络合物 ($AlH_3 \cdot L$,L 为络合试剂),采用传统的乙醚化学法,在甲苯溶液中将 $AlH_3 \cdot L$ 转晶生成 $\alpha\text{-}AlH_3$。Zidan 教授对早期的电解过程进行了改进,用 $LiAlH_4$ 取代 $NaAlH_4$ 并且向电解液中加入了 LiCl,发现加入 LiCl 后可加快电解反应进程,使阳极析出产物的速率和效率明显提高。

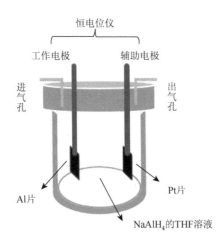

图 5.45　电化学合成 $\alpha\text{-}AlH_3$ 的实验装置示意图

另外 Ardica Technologies 公司对 Savannah River 国家实验室的研究方法进行了改进,采用流化床反应器制备了 AlH_3 醚合物。截至目前仅有美国 Savannah River 实验室报道其通过电化学法获得了立方形的 $\alpha\text{-}AlH_3$。日本、韩国、印度电化学合成 $\alpha\text{-}AlH_3$ 的研究工作尚停留在电解制备 $AlH_3 \cdot THF$ 上。选择简便、低成本的制备工艺,是电化学法制备 AlH_3 络合物的初衷。$LiAlH_4$ 的乙醚溶液电导率非常低,研究中通常选择 THF 作为电解液,但这却是电化学制备 AlH_3 的最大技术壁垒,因为溶剂的选择直接决定了 AlH_3 络合物的组分,AlH_3 的 THF 溶液不能直接转晶制备 $\alpha\text{-}AlH_3$,虽然通过其他络合试剂转化的方法间接能得到最终产物 $\alpha\text{-}AlH_3$,但处理步骤增加,且所制 $\alpha\text{-}AlH_3$ 形貌不如传统法产品。

国内进行电化学合成 $\alpha\text{-}AlH_3$ 研究的课题组较少。2017 年,北京理工大学刘吉平等公开了一种电化学催化沉积制备 $\alpha\text{-}AlH_3$ 的方法。2019 年,哈尔滨工业大学杨玉林课题组报道了一种电化学法制备 $\alpha\text{-}AlH_3$ 的方法,电解液采用 0.5 mol/L $NaAlH_4$ 的 THF 溶液(图 5.46),采用三乙胺转换法替换 THF 在 85℃条件下真空转晶 2 h 成功地制备了 $\alpha\text{-}AlH_3$。

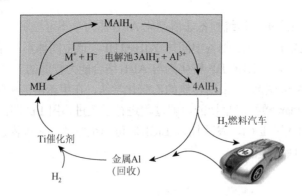

图 5.46　Al 电极在 $NaAlH_4$-THF 体系中电化学法合成 $AlH_3 \cdot THF$

(5) 超临界法。

超临界合成是一种新兴的合成技术，利用超临界流体对反应原材料的溶解能力，使原材料在超临界介质中反应。使用 CO_2 作为超临界流体，可混入共溶剂乙醚、THF 或三乙胺等，将使用 Ti 活化后的铝粉和氢气在超临界流体中混合，60℃条件下反应 1 h 后冷却至室温，得到 AlH_3。该方法由于使用 CO_2 作为超临界介质，反应温度无法达到较高温度，反应活性受限。该合成方法目前尚处于实验室阶段，距离工业化还比较遥远。

(6) 烷基铝催化法。

早在 1972 年，Scruggs 在专利中指出，在 1700 psi(约 1.17 MPa)氢气压力下，通过烷基铝催化作用，在 100℃条件下反应 2 h，制得了 AlH_3，反应如下：

$$Al+R_2AlH+1.5H_2 \longrightarrow [2RAlH_2] \longrightarrow AlH_3+R_2AlH$$

式中，R 为 CH_3、CH_2CH_3 或 $CH_2CH(CH_3)_2$。

由于不使用氢化物作原料，得到的烷基氢化铝可通过补充卤代烷使催化反应继续进行，因此成本较低。同时无废弃物产生，在众多方面具有很大的竞争优势。近年来，美国 Powdermet 公司改进了烷基铝制备 AlH_3 的工艺，大大降低了制备 AlH_3 的成本。Powdermet 公司报道其制备 AlH_3 的水平已达到或超越俄罗斯。改进的烷基铝制备 AlH_3 工艺代表当前 AlH_3 制备技术最高水平，该技术的开发成功将大大推动 AlH_3 在燃料电池、含能材料、有机合成等领域的应用研究。该技术据报道远优于传统的有机金属工艺。他们研究了加压和常压两种干法合成工艺，进一步研究表明，粗产品重结晶是合成 AlH_3 的关键步骤。

干法制备 AlH_3 以其低成本、低污染的特点已吸引了国外众多学者的关注。干法合成采用铝和氢气为原料，大大降低了生产成本，但仍有三方面需改进：①虽然单单依靠铝和氢气在高压和一定温度下可以合成稳定的 α-AlH₃，但反应条件相当苛刻，高温高压直接合成条件不容易实现，且危险性很高，因此，仅依靠温度和压力完成 AlH₃ 的直接法合成不是以后干法制备的要求和趋势。②溶剂化降低了铝的晶格能，络合可以降低反应需要的温度和压力，但反应生成的是产物的醚合物，不容易分离。③催化剂可以降低反应成本，而且已经实现了工业化生产，但催化剂较贵，对催化剂回收再利用的研究目前还不充分。

烷基铝催化剂的存在大大降低了反应难度，实验便于放大，是有望得到广泛应用的合成方法。针对燃料电池应用 AlH₃ 提出的电解法制备 AlH₃ 工艺，可在常温常压下实现铝和氢气直接合成 AlH₃。这两种新型的合成方法应引起重视。

综上所述，从目前报道的 AlH₃ 合成方法看，虽然合成方法很多，但是针对推进剂而言，湿法合成是目前研究最多、技术最为成熟的合成途径，虽然其合成成本较高，但是其合成产品品质是其他方法目前达不到的。该方法在未来可以通过溶剂回收利用等方式进一步降低成本。目前 AlH₃ 的合成存在成本较高、反应条件苛刻等诸多不利条件，限制了 AlH₃ 在推进剂及能源领域等方面的应用。因此，降低合成成本和实现工程放大是目前极为关键的目标。针对这一目标，可从两方面进行研究：①湿法合成进一步减低成本，主要途径是溶剂回收再利用和廉价原材料制备技术，如廉价的 LiH 或者 NaAlH₄ 取代 LiAlH₄ 或 LiBH₄；②新合成方法的探索，从目前文献分析，烷基铝催化法和电解法是有望得到广泛应用的方法。

5.4　新型含能黏合剂

黏合剂是一类含有活性官能团的高分子液态聚合物，是构成固体推进剂弹性体的基体和关键组分，同时也是具备相应能量的燃料。为了进一步提高推进剂的能量密度，降低导弹的尾烟特征信号，新型含能黏合剂成为研究新热点。

若将含能基团直接引入黏合剂主链，其力学性能受到很大影响，而间接在侧链上引入含能基团的黏合剂力学性能较好。由于含能基团的引入提高了黏合剂的能量水平，因而极大地提高了固体推进剂的比冲。但是黏合剂中引入大量基团后也影响了其他性能，含能黏合剂中各种含能基团极性大、内聚能大而导致分子链运动能力减弱，使得黏合剂的玻璃化转变温度升高，而且黏合剂体系的黏度增大也给推进剂的制造工艺带来一定难度。

5.4.1　硝基含能黏合剂

硝基含能黏合剂是一类富氧基团的预聚物，具有较大的能量潜力。偕二硝基类含能化合物因能量适中、安定性好等特点而被广泛用于推进剂及炸药中。

二(2, 2-偕二硝基丙基)硝胺(BDNPN)是偕二硝基类含能化合物中的一个典型代表，它的热分解峰温度为212.3℃，热稳定性较好，与硝化棉等大多数材料相容性好，能量与RDX相当，可作为RDX的替代物用于推进剂或发射药配方中，分子结构如图5.47所示。

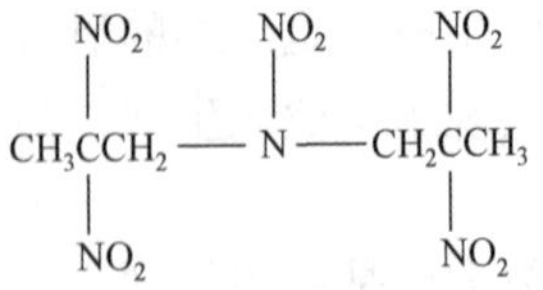

图 5.47 BDNPN 分子结构

聚2,2-二硝基丁基丙烯酸酯在200℃开始热分解，热分解峰温度为260℃，分解热为1565 J/g；聚合物在开始分解温度时质量损失为3%，峰温时质量损失为21%，达到300℃时质量损失为34%，说明该聚合物热稳定性良好。分子结构如图5.48所示。

张公正等[43]制备的二硝基丙酯(DNPA)-乙酸乙烯酯(VAc)共聚物链中DNPA与VAc的比值为2.4：1时，共聚物的数均分子量、重均分子量以及分散度分别为21926、32924和1.73，分子结构如图5.49所示。DNPA-VAc共聚物的玻璃化转变温度为59.7℃，热分解峰温为259.1℃，真空安定性好，可与RDX和HMX相容，因此DNPA-VAc共聚物是一种热稳定性良好的含能黏合剂。

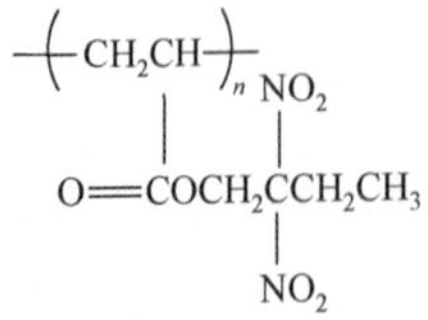

图 5.48 聚2, 2-二硝基丁基丙烯酸酯结构

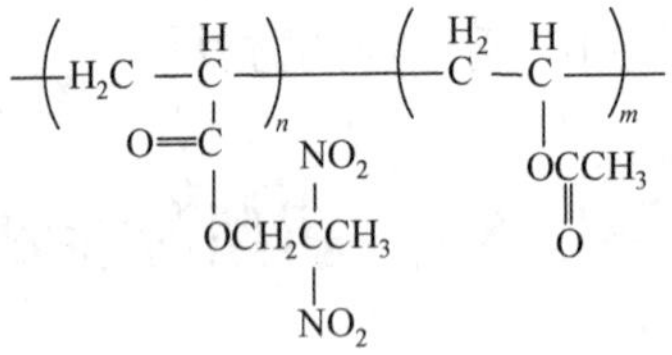

图 5.49 DNPA-VAc 共聚物结构

5.4.2 硝胺基含能黏合剂

硝胺基具有较好的热稳定性，其与硝基类增塑剂、硝胺类炸药均有较好的理化相容性，将其引入氧杂环丁烷后不仅能提高体系能量，还能增加氧含量。硝胺基含能黏合剂主要有3,3-偕甲硝胺甲基氧杂环丁烷(BMNAMO)和3-甲硝胺甲基-3-甲基氧杂环丁烷(MNAMMO)的均聚物及二者的共聚物，均聚物分子结构如图5.50所示。

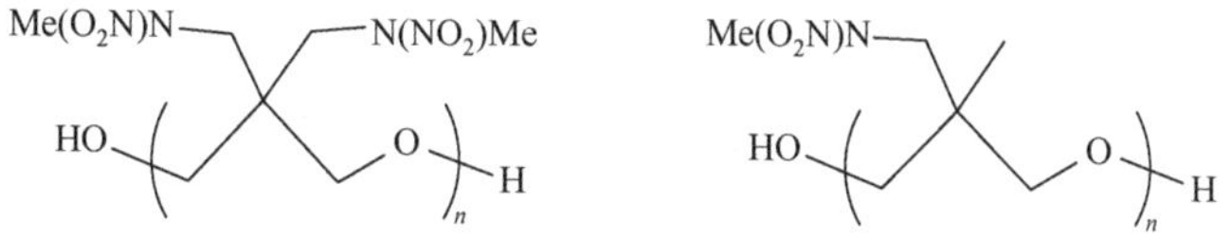

Me(O₂N)N ——————— N(NO₂)Me

HO —(—————— O —)ₙ H

(a) BMNAMO均聚物

Me(O₂N)N ———————

HO —(—————— O —)ₙ H

(b) MNAMMO均聚物

图 5.50　BMNAMO 和 MNAMMO 的均聚物

MNAMMO 均聚物在室温下为液态，室温放置一周后以蜡状物的形态存在。若破坏其立体规整性就可以长时间地使其保持液态。此类聚合物与硝铵类炸药相似，具有较好的热稳定性，热分解起始温度为 261℃，峰温为 279℃。

5.4.3　二氟氨基含能黏合剂

二氟氨基黏合剂是一类具有高能量、高氧平衡的含能黏合剂，具有极大的研究价值和应用潜力。由于将二氟氨基（—NF₂）基团引入黏合剂分子中可显著提高黏合剂的能量水平，同时—NF₂ 基团中氟原子的强氧化性有利于提高黏合剂体系的氧平衡，同时氟原子的存在使得—NF₂ 具有高反应活性，所以二氟氨基基团还能起到氧化剂的作用，从而改善可燃元素的燃烧或爆炸反应效率，与高热值的金属元素反应时可释放出更多的热量。另外，二氟氨基黏合剂的燃烧产物的平均分子量较低，有利于提高推进剂或炸药的燃气比容，而且二氟氨基黏合剂燃烧产生的氟化氢（HF）气体在推进剂或炸药爆温下不易解离，有利于组分燃烧热的充分利用。

1. 4,4-双二氟氨基戊醇缩水甘油醚

由于 4,4-双二氟氨基戊醇缩水甘油醚（BDFPGE）共聚物的玻璃化转变温度较低（–55℃），因此较适合用于固体推进剂的黏合剂体系。姜志荣等研究了 BDFPGE 均聚醚和共聚醚的性能[44]，推进剂配方采用 16%BDFPGE 共聚醚、16% Al、20%奥克托今（HMX）、46%高氯酸铵（AP）、2% TDI 及其他组分的玻璃化转变温度 –61℃，密度 1.80～1.82 g/cm³，采用 Φ65 mm 发动机测得该推进剂配方的燃速为 9.53～11.6 mm/s，压力指数 0.39～0.43，实测比冲为 2449 N·s/kg（压力 6.86 MPa），聚合物分子结构如图 5.51 所示。

2. 新戊基二氟氨基类含能黏合剂

新戊基二氟氨基化合物具有良好的安定性和低冲击感度。这是由于二氟氨基连接在新戊基碳时，由于空间位阻的存在，难以消去 HF 而变得稳定，另外低温反应增强了合成过程中的安全性。新戊基二氟氨基聚合物的代表性化合物有 3-二

氟氨基甲基-3-甲基氧杂环丁烷（DFAMO）和 3,3-偕二氟氨基甲基氧杂环丁烷（BDFAO）的均聚物以及两者的共聚物，聚合物分子结构如图 5.52 所示。

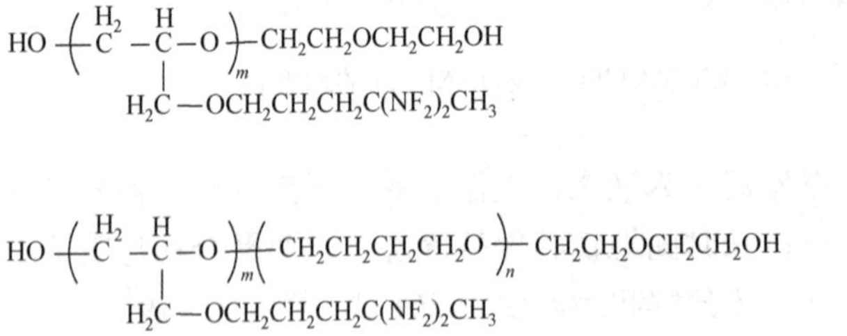

图 5.51　BDFPGE 聚合物结构

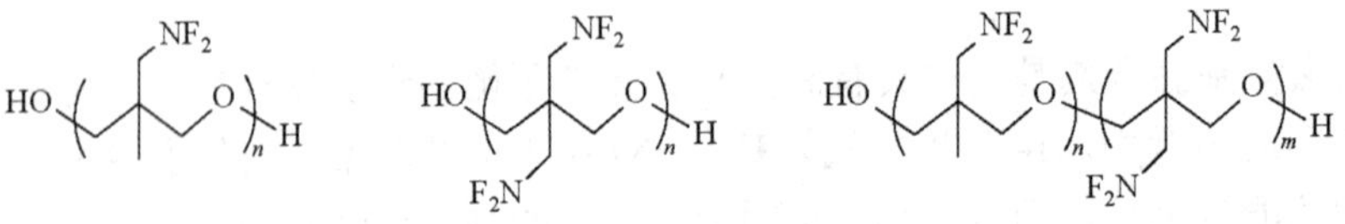

图 5.52　DFAMO 和 BDFAO 的均聚物及其共聚物分子结构

BDFAO 共聚物由于分子结构中取代基对称而导致其熔点高（达 158℃）和结晶性显著。无论是 DFAMO 的均聚物还是共聚物，其结构对称性显著降低，在常温下均是无定形液态，因此适合用于推进剂中的含能黏合剂。三种聚合物性质比较如表 5.16 所示。

表 5.16　DFAMO 和 BDFAO 均聚物和共聚物的性质[45]

聚合物	外观	重均分子量	分散度	玻璃化转变温度/℃	初始分解温度/℃	最大分解温度/℃
DFAMO 均聚物	液态	18300	1.48	−21	191.3	230.7
BDFAO 均聚物	固态	4125	1.32	130.78	210	222.3
DFAMO-BDFAO 共聚物	液态	21000	1.76	—	191.7	219.8

从目前的研究来看，无论 BDFAO 均聚物还是 BDFAO-DFAMO 共聚物，其玻璃化转变温度均较高，无法满足实际应用要求，需要进行结构设计优化来降低玻璃化转变温度，但是二氟氨基含能黏合剂的种类较少，致使其在推进剂和高分子黏合炸药配方设计中的应用受到了一定程度的限制。

通过调控二氟氨基与叠氮基或硝酸酯基的配比可以得到性能良好的聚合物分子结构。将 BDFAO 与 NIMMO 等摩尔共聚后改变了聚合物分子结构中的氟/氧比值和规整性，获得了较低玻璃化转变温度的共聚物，其分子结构如图 5.53 所示。

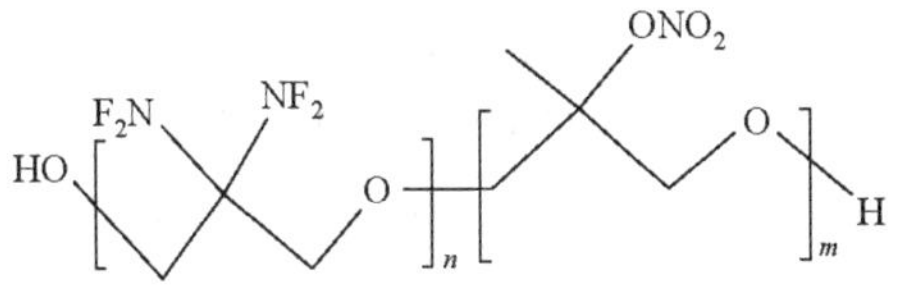

图 5.53　BDFAO 与 NIMMO 共聚物结构

5.4.4　HTPB 含能黏合剂

在 HTPB 双键含能衍生化基础上获得的含能黏合剂结构除了保留 HTPB 本身优良的物理化学性质外，还显著提升了推进剂的能量密度水平，是新型含能黏合剂研究领域的热点之一。Pant 等[46]首次合成出羟基封端的叠氮化聚丁二烯 (azide-HTPB)聚合物，黏度为 11 Pa·s、玻璃化转变温度为 –66℃，热分解放热量为 420 J/g，能量水平较 HTPB 显著提升，分子结构如图 5.54 所示。

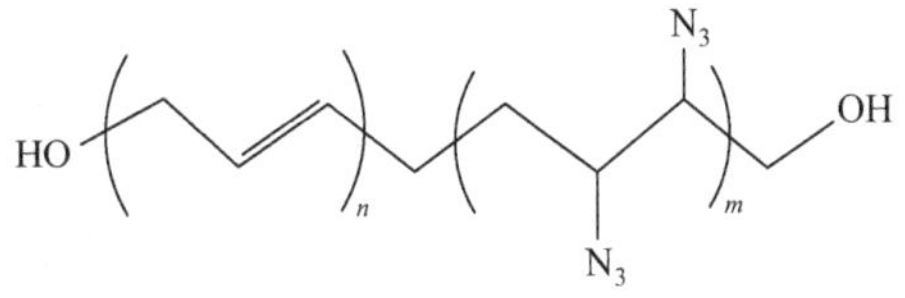

图 5.54　azide-HTPB 分子结构

5.4.5　含能黏合剂的应用及发展趋势

目前在推进剂中应用较广的含能黏合剂仍是以 GAP 为主，随着推进剂能量发展的需求，对含能黏合剂也提出了更高的要求，与之相应的各类共聚醚黏合剂应运而生，BAMO-THF 共聚物中摩尔比为 60/40 是目前推进剂和发射药中应用较多的黏合剂，但是由于 THF 的惰性问题，在改善这类共聚物工艺性能的同时，伴随而来的问题是能量大幅度下降、与硝酸酯增塑剂的混溶性变差。尽管 BAMO-AMMO 共聚物的含能配方符合未来固体推进剂高能低特征信号和绿色环保的发展趋势，但是制约其广泛应用的问题是该共聚物的合成成本较高。

二氟氨基含能黏合剂是当前和未来若干年重点研究的另一个方向，但是昂贵的原材料是制约其大批量生产的关键，因此需探索其他经济型合成技术路径。另外，尽管氟氨基与新戊碳连接而成的黏合剂安定性提高，但是复杂的合成工艺以及合成过程中的安全性问题，制约了该聚合物的放大与应用。

新型含能黏合剂是一项涉及高分子等多学科理论和现代实验技术的艰巨工作，随着推进剂发展的需求，对含能黏合剂的性能提出了更高的要求，不能简单地沿用以往的经验与技术思路，须探索新技术、新途径，才能满足含能推进剂的使用需求。

5.5 新型含能增塑剂

含能增塑剂通常是在增塑剂分子上引入含能基团，提高能量的同时能改善推进剂的氧平衡。研究发现，在固体推进剂和发射药中加入含能增塑剂后，一方面很好地改善了它们的加工性、柔韧性和低温力学性，另一方面还能有效地提高推进剂和发射药的能量。早期研制的增塑剂只注重最基本的作用，即降低加工难度、改善力学性能，并没有开发其他有利于增强配方的性能及其制造过程中的安全性能、加强配方中能量和氧平衡、改善燃烧速率和弹道性能等。当前，开发综合性能优异的含能增塑剂已成为固体推进剂研究领域的热点方向之一。

增塑剂的发展常常与黏合剂的发展相伴随和适应。增塑剂通常是液体有机化合物，被添加到固体推进中以改善其机械性能。除此之外，它们还可以降低混合黏度，提高适用期。增塑剂添加到黏合剂中，削弱了黏合剂分子之间的作用力(主要是范德华力)，穿透黏合剂基体，降低黏合剂之间的黏结力，从而降低了黏合剂分子链的结晶性；增塑剂增加了自由体积，增加了黏合剂分子链的移动性，显著降低了聚合物的脆性，提高了弹性体的延伸率和抗冲击性。这将导致链段的流动性增加，从而降低了其玻璃化转变温度。因此，增塑剂降低聚合物的玻璃化转变温度的程度常被用来作为衡量增塑剂效率的指标。

设计新型含能增塑剂的重要策略：①根据相似相溶原理，在含能增塑剂分子中引入与黏合剂极性类似的基团，有利于提高增塑效果，减少相分离；②在增塑剂分子中引入含能官能团，如叠氮基、硝基、硝酸酯基、硝胺基和二氟氨基，可以改善总的氧平衡，提高配方的内能；③在同一个增塑剂分子中引入两种以上的含能基团，实现优势互补；④两种结构相似的增塑剂的混合使用，比单一增塑剂可能更具优势。稳定性是含能增塑剂的另外一个重要关注点。增塑剂未来的研究方向应该是寻找低易损性和更稳定的含能增塑剂；含能增塑剂在开始合成前应该先从理论上评估其性能。

5.5.1　叠氮类增塑剂

叠氮类增塑剂最大的优势是生成焓高、机械感度低，且与 GAP 黏合剂相容性好，所以在 GAP 推进剂体系中受到广泛关注。由于 GAP 推进剂存在力学性能方面的不足，而现有的含能增塑剂又存在物理不相容等问题，因此研究人员开发了多种与叠氮黏合剂具有良好相容性和高热稳定性的叠氮类含能增塑剂。

1. 叠氮低聚物

叠氮低聚物[47]是从 GAP 黏合剂发展起来的，是一类小分子叠氮聚合物，所以其性能与高分子 GAP 黏合剂类似，具有生成焓高、含氮量高、成气性好、蒸气压低、安全性好等优点，而且以低聚物作为增塑剂，还具有不易迁移和渗出的优势。低聚物叠氮化法制备的 GAP 增塑剂主要有端羟基 GAP 增塑剂、端叠氮基 GAP 增塑剂、端酯基 GAP 增塑剂和端叠氮基端酯基 GAP 增塑剂。

GAP 增塑剂主要有端羟基和非端羟基两种。端羟基 GAP 增塑剂即小分子 GAP 黏合剂，由于含有端羟基，易与推进剂中的其他官能团作用，发生交联，减弱增塑作用。为提高增塑性能，对制得的端羟基 GAP 增塑剂进行酯化、硝化、酰化等，取代端羟基。

以端叠氮基 GAP（GAPA）增塑剂的合成为例，其合成分为两步（图 5.55），首先将端羟基 PECH（合成方法见 GAP 黏合剂）在无水吡啶中与甲苯磺酰氯反应，将端羟基转化为端甲苯磺酸酯基，再在 DMF 中与叠氮化钠反应，将氯和甲苯磺酸酯基转化为叠氮基，得到 GAPA。磺酸酯基也可用卤素替代，如—Cl 和—Br 等。

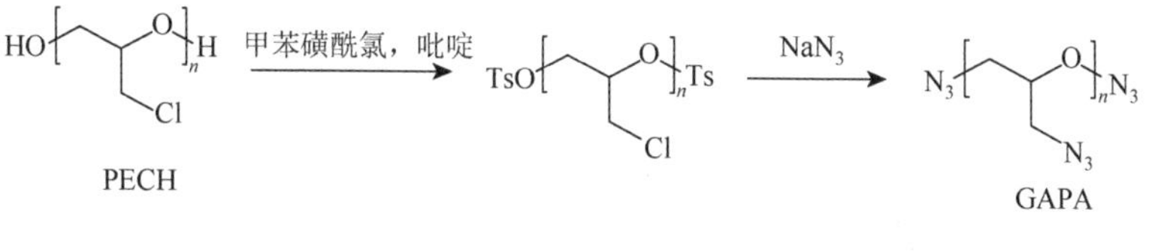

图 5.55　端叠氮基 GAP 的合成

表 5.17 为端羟基 GAP 三醇与端叠氮基 GAPA 的性能对比。对比结果显示，GAPA 具有更高的能量和更低的玻璃化转变温度，性能优良。

表 5.17　GAP 增塑剂的性能

增塑剂	分子量	密度/(g/cm³)	玻璃化转变温度/℃	生成焓/(cal/g)	分解焓/(J/g)
GAP 三醇	440	1.25	−59.9	280	1554
GAPA	1032	1.3	−64.4	550	2204

端羟基 PECH 或 GAP 的酯化，可以用羧酸、酸酐、酰氯在惰性溶剂中反应将羟基转化成酯基。常用酯化剂有乙酸、乙酸酐、酰氯等。以 N-甲基咪唑或吡啶为催化剂，用羟酸、酸酐、酰氯将端羟基 GAP 酯化，制得端酯基 GAPE（图 5.56）。

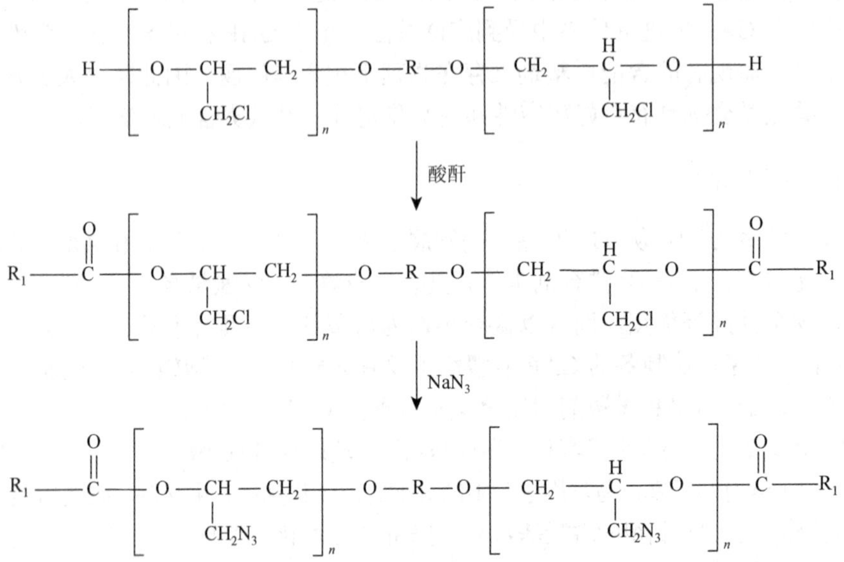

图 5.56 端酯基 GAPE 的合成

端酯基 GAPE 克服了端羟基 GAP 的反应性缺点，提高了储存稳定性。而且其低温性能优良，使增塑剂在降低推进剂低温机械性能的同时，对撞击、摩擦、静电火花等有更好的安全性。缺点是能量水平较低。端酯基 GAPE 的性能见表 5.18。

表 5.18 端酯基 GAPE 的性能

颜色	折射率(24℃)	密度(24℃)/(g/cm³)	冰点/℃	DSC 初始分解温度/℃	热失重(74℃, 24 h)/%	冲击感度/J	摩擦感度/kg	生成焓/(kJ/mol)
淡黄色液体	1.4920	1.235	<-90	229	0.5	217.6	10.8	-37.3

2. 叠氮有机小分子增塑剂

叠氮有机小分子增塑剂可按含能基团类型分为单一叠氮类和多含能基团类。单一叠氮类增塑剂主要有叠氮脂肪族类、叠氮缩醛类、叠氮酯类、叠氮醚类等。

与叠氮低聚物的合成一样，叠氮有机小分子增塑剂中的叠氮基引入，通常也是以氯化物、溴化物或磺酸酯基化合物为反应试剂，使羟基先转化为卤代烃(溴代烃或氯代烃)或磺酸酯基，再与 $MN_3(M = Li、Na、K 等)$ 反应，是制取叠氮化合物普遍的方法。

为了改善固体推进剂在低温环境下的力学性能，保证推进剂在低温下仍然能有效工作，湖北航天化学技术研究所的研究人员用上述方法合成了 1, 8-二叠氮基-3, 6-二氧辛烷(AZTEGDN)，具体合成路线如图 5.57 所示。与传统合成方法相比[48]，该方法由醇转换为氯代烃，再与叠氮化钠反应生成 AZTEGDN，而传统合成方法的中间体为硝酸酯，而非氯代烃。避免使用硝酸酯中间体，提高工艺本质安全度。

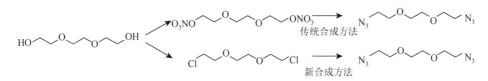

图 5.57　AZTEGDN 的合成路线

AZTEGDN 具有氮含量高、热安定性好、生成焓适中、凝固点和玻璃化转变温度低以及感度较低等优点(表 5.19)，在低温这一极端环境下，可作为固体推进剂增塑剂应用。

表 5.19　AZTEGDN 性能

颜色	氮含量/%	密度(24℃)/(g/cm³)	凝固点/℃	玻璃化转变温度/℃	冲击感度/J	摩擦感度/%	生成焓/(kJ/mol)
淡黄色液体	42	1.1325	小于−20	−110	29.65	0	337.76

5.5.2　呋咱增塑剂

呋咱(1, 2, 5-oxadiazole，furazan)是由碳氧氮构成的五元杂环结构，N—O弱键和共轭键结构赋予这类化合物高生成焓和可接受的稳定性。文献报道显示，呋咱增塑剂具有低感度、高能量和高密度[49]。然而大多数呋咱化合物具有较高的熔点，如何搭建呋咱增塑剂的结构，使其具有较低的熔点是呋咱增塑剂设计的难点。

王锡杰等[50]合成了 3, 4-二硝基呋咱(DNF)。3, 4-二氨基呋咱(DAF)的氨基经过硫酸铵/过氧化氢/硫酸体系氧化成硝基，合成了 DNF。在碱性条件下，两分子的 DNF 缩合，合成了 4, 4′-二硝基双呋咱醚(FOF-1) (图 5.58)。

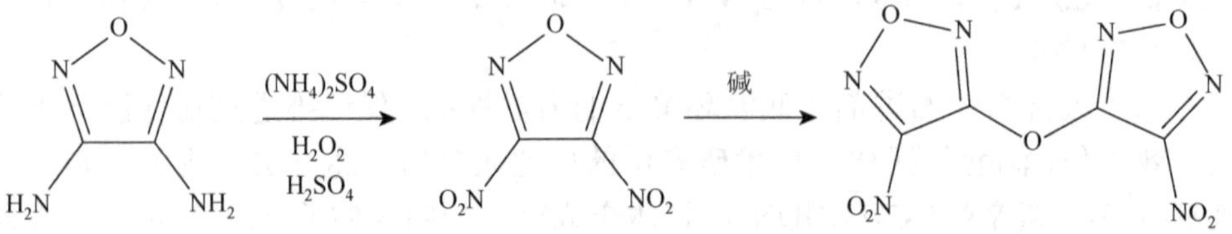

图 5.58   FOF-1 的合成路线

范艳洁等[51]合成了 3, 3′-二氰基二呋咱基醚(FOF-2)。以 3-氨基-4-酰胺肟基呋咱(AAOF)为原料，经 PbO₂ 氧化合成了 3-氨基-4-氰基呋咱(CNAF)，CNAF 经 H₂O₂ 氧化合成了 3-氰基-4-硝基呋咱(CNNF)，再经分子间醚化合成了 FOF-2(图 5.59)。

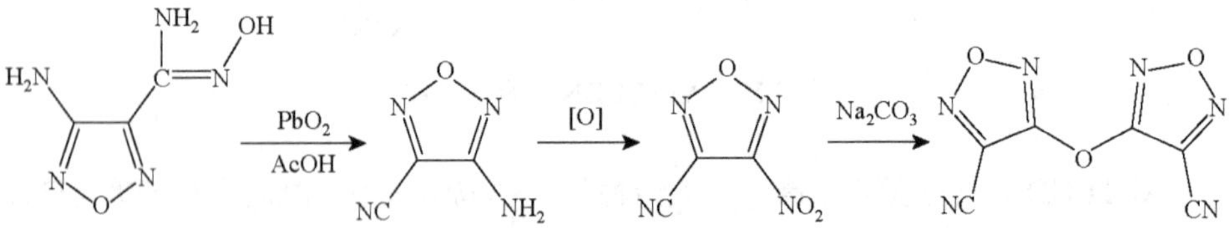

图 5.59   FOF-2 的合成路线

Scott K. Dawley 针对 FOF-1 和 FOF-2 熔点高、硝酸酯增塑剂安全性差的弱点，对呋咱增塑剂进行了修饰，设计并合成了钝感含能增塑剂——NF1 和 NF2(图 5.60)。由于潜在的军事用途，详细结构并未公开。

图 5.60   NF1 和 NF2
的结构

湖北航天化学技术研究所的研究人员针对 FOF-1 和 FOF-2 熔点高的弱点，设计并合成了 4-硝基-3-呋咱甲醚(NEF)。以氰基乙酸乙酯为起始原料，通过在碱性条件下添加羟胺使其成环，得到 4-氨基-3-呋咱甲酸。再用硼氢化钠和氯化锌将呋咱环上的羧基选择性还原为醇羟基，得到 4-氨基-3-呋咱甲醇。然后通过过氧化氢和浓硫酸体系将呋咱环上的氨基氧化为硝基，得到 4-硝基-3-呋咱甲醇。再在吡啶催化下，用氯化亚砜令醇羟基发生氯取代，得到 4-硝基-3-甲基氯呋咱。最后在乙腈中使得到的 4-硝基-3-甲基氯呋咱与甲醇钠反应成醚，脱去一个氯化钠，得到目标化合物 4-硝基-3-呋咱甲醚，如图 5.61 所示。

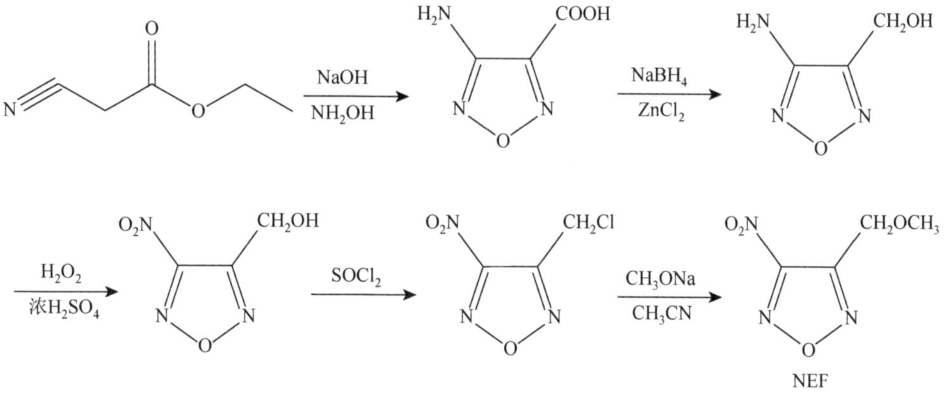

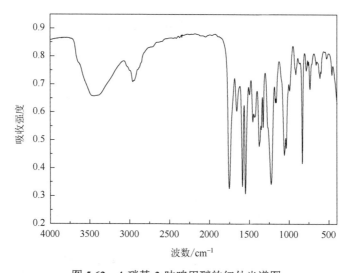

图 5.61　4-硝基-3-呋咱甲醚的合成路线

图 5.62 为 4-硝基-3-呋咱甲醚的红外光谱图。2963 cm^{-1} 处吸收峰对应于亚甲基的伸缩振动。1587 cm^{-1}、1547 cm^{-1} 处吸收峰对应于硝基的伸缩振动，1253 cm^{-1} 处吸收峰对应于醚键的伸缩振动。1637 cm^{-1}、1491 cm^{-1}、1431 cm^{-1}、1158 cm^{-1}、1033 cm^{-1} 处吸收峰对应于呋咱环的伸缩振动，其中 1491 cm^{-1} 处吸收峰对应于呋咱环上 C—N 键的非对称伸缩振动，1431 cm^{-1} 处吸收峰对应于呋咱环上 C—N 键的对称伸缩振动以及伸缩振动引起的环的弯曲振动，1158 cm^{-1} 处吸收峰对应于呋咱环上 C—N 键、C—C 键的面内弯曲振动或剪切振动。

图 5.62　4-硝基-3-呋咱甲醚的红外光谱图

图 5.63 为 4-硝基-3-呋咱甲醚的 TG-DSC 曲线。TG 曲线从约 50℃开始出现明显失重，该过程伴随一个 169.9℃处的放热峰。超过 300℃后的失重不明显并趋于

稳定。采用低温 DSC 测定了 4-硝基-3-呋咱甲醚的熔点，4-硝基-3-呋咱甲醚的熔点为 –67.05℃（图 5.64）。

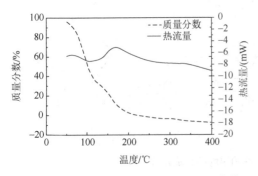 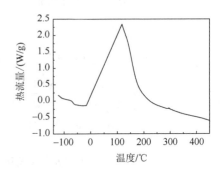

图 5.63 　4-硝基-3-呋咱甲醚的 TG-DSC 曲线 　　图 5.64 　4-硝基-3-呋咱甲醚的低温 DSC 曲线

　　呋咱增塑剂的优异性质在于呋咱环具有正的生成焓，并且与硝酸酯等增塑剂相比，具有相对低的感度。呋咱增塑剂的性质列于表 5.20。FOF-2 分子内含有醚键，增加了分子的柔韧性，增塑性能也随之提高；由于两个呋咱环的存在，具有较高的正生成焓，但是 FOF-2 熔点较高。虽然 FOF-1 的生成焓低于 FOF-2，但是在固体推进剂中，FOF-1 的两个硝基的能量贡献显著高于 FOF-2 的两个氰基，并且密度远高于 FOF-2，故 FOF-1 作为固体推进剂的增塑剂，性能优于 FOF-2。

表 5.20 　呋咱增塑剂的基本性质

化合物	密度/(g/cm³)	生成焓/(kJ/mol)	起始分解温度/℃	熔点/℃
FOF-1	1.907	258.8	—	63～64
FOF-2	1.64	576.8	>250	69
NF1	1.467	58.8	180	—
NF2	1.264	–62	176.4	—
NEF	1.55	25.50	169.9	–67

　　NF1 和 NF2[49]具有相对高的密度、较好的安全性能（表 5.21），低黏度，有望用于 HTPB 固体推进剂。其缺点在于挥发性较强（沸点：95.63℃）。如果对 NF1 的结构进行修饰，降低其挥发性，将有望开发新型的含能增塑剂。

表 5.21 　新型呋咱增塑剂 NF1 和 NF2 的安全性能

感度	撞击感度/J	摩擦感度/%	静电火花感度/J
NF1	14.5	0	6.0
NF2	30	0	6.0
RDX	4.9	0	0.38

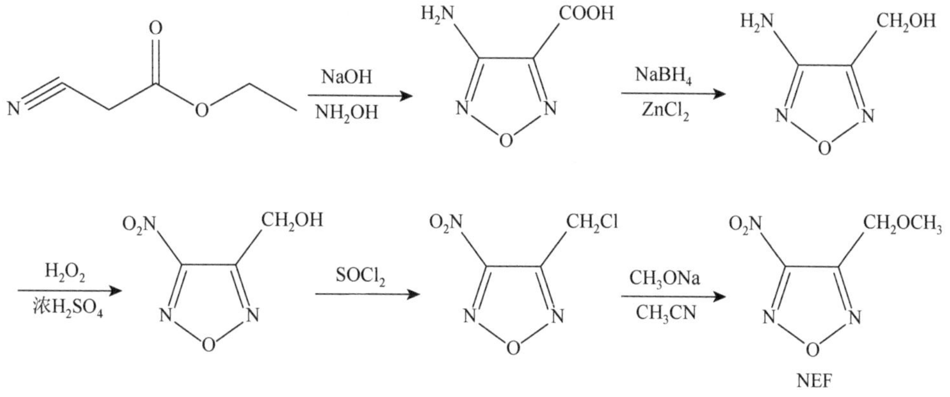

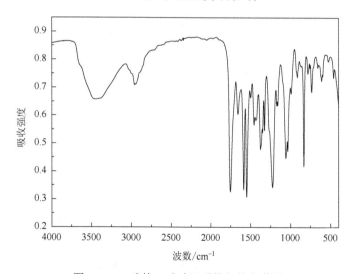

图 5.61　4-硝基-3-呋咱甲醚的合成路线

图 5.62 为 4-硝基-3-呋咱甲醚的红外光谱图。2963 cm^{-1} 处吸收峰对应于亚甲基的伸缩振动。1587 cm^{-1}、1547 cm^{-1} 处吸收峰对应于硝基的伸缩振动，1253 cm^{-1} 处吸收峰对应于醚键的伸缩振动。1637 cm^{-1}、1491 cm^{-1}、1431 cm^{-1}、1158 cm^{-1}、1033 cm^{-1} 处吸收峰对应于呋咱环的伸缩振动，其中 1491 cm^{-1} 处吸收峰对应于呋咱环上 C—N 键的非对称伸缩振动，1431 cm^{-1} 处吸收峰对应于呋咱环上 C—N 键的对称伸缩振动以及伸缩振动引起的环的弯曲振动，1158 cm^{-1} 处吸收峰对应于呋咱环上 C—N 键、C—C 键的面内弯曲振动或剪切振动。

图 5.62　4-硝基-3-呋咱甲醚的红外光谱图

图 5.63 为 4-硝基-3-呋咱甲醚的 TG-DSC 曲线。TG 曲线从约 50℃ 开始出现明显失重，该过程伴随一个 169.9℃ 处的放热峰。超过 300℃ 后的失重不明显并趋于

稳定。采用低温 DSC 测定了 4-硝基-3-呋咱甲醚的熔点，4-硝基-3-呋咱甲醚的熔点为−67.05℃（图 5.64）。

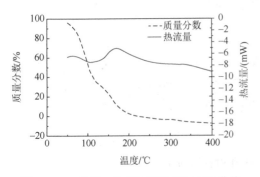

图 5.63　4-硝基-3-呋咱甲醚的 TG-DSC 曲线

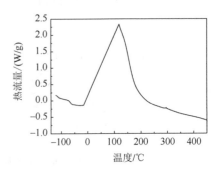

图 5.64　4-硝基-3-呋咱甲醚的低温 DSC 曲线

呋咱增塑剂的优异性质在于呋咱环具有正的生成焓，并且与硝酸酯等增塑剂相比，具有相对低的感度。呋咱增塑剂的性质列于表 5.20。FOF-2 分子内含有醚键，增加了分子的柔韧性，增塑性能也随之提高；由于两个呋咱环的存在，具有较高的正生成焓，但是 FOF-2 熔点较高。虽然 FOF-1 的生成焓低于 FOF-2，但是在固体推进剂中，FOF-1 的两个硝基的能量贡献显著高于 FOF-2 的两个氰基，并且密度远高于 FOF-2，故 FOF-1 作为固体推进剂的增塑剂，性能优于 FOF-2。

表 5.20　呋咱增塑剂的基本性质

化合物	密度/(g/cm³)	生成焓/(kJ/mol)	起始分解温度/℃	熔点/℃
FOF-1	1.907	258.8	—	63~64
FOF-2	1.64	576.8	>250	69
NF1	1.467	58.8	180	—
NF2	1.264	−62	176.4	—
NEF	1.55	25.50	169.9	−67

NF1 和 NF2[49]具有相对高的密度、较好的安全性能(表 5.21)，低黏度，有望用于 HTPB 固体推进剂。其缺点在于挥发性较强(沸点：95.63℃)。如果对 NF1 的结构进行修饰，降低其挥发性，将有望开发新型的含能增塑剂。

表 5.21　新型呋咱增塑剂 NF1 和 NF2 的安全性能

感度	撞击感度/J	摩擦感度/%	静电火花感度/J
NF1	14.5	0	6.0
NF2	30	0	6.0
RDX	4.9	0	0.38

对使用 NF1 作为增塑剂的 HTPB 固体推进剂进行了安全测试 (表 5.22)。该推进剂安全性处于正常范围,但是由于 NF1 的生成焓高于常用的惰性增塑剂,因此,NF1 推进剂的比冲高于普通的 HTPB 固体推进剂。

表 5.22　NF1 增塑的 HTPB 固体推进剂的安全性能

感度	NF1 固体推进剂	RDX
撞击感度/J	10	4.9
摩擦感度/%	0	0
静电火花感度/J	3.0	0.38

NEF 的结构与 NF1/NF2 类似。NEF 的撞击和摩擦感度均优于 NG,与 TMETN 等相当 (表 5.23)。NEF 的熔点较低,具有较好的低温性能。但是,与 NF1 和 NF2 类似,NEF 的挥发性较强。

表 5.23　4-硝基-3-呋咱甲醚和几种硝酸酯增塑剂的感度

化合物	撞击感度/J	摩擦感度/%
Bu-NENA	98	0
TMETN	46	0
BTTN	56	0
NG	14	100
NEF	49	0

NF1、NF2 和 NEF 具有类似的硝基呋咱结构,具有较高的生成焓和较低的感度。但是,它们均有相同的弱点:挥发性较强,在固体推进剂中的迁移率较高。保留硝基呋咱的基本结构,设计新的呋咱含能增塑剂,将有可能应用于 HTPB 固体推进剂。

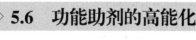

5.6　功能助剂的高能化

推进剂配方中添加合适的功能助剂,能够降低燃温、增加或降低配方燃速、改善药浆的流动性能和力学性能、延长药浆的适用期,已成为推进剂配方研究人员常用的手段。但常用的功能助剂分子结构中大多不含含能基团,对推进剂能量水平无贡献。因此需要在现有的功能助剂结构中添加含能基团或者设计新型含能型功能助剂以满足配方高能量的需求。

5.6.1 草酰二肼硝酸盐

草酰二肼(ODH)是常用的推进剂助剂，但自身没有含能基团。将草酰二肼与不同浓度硝酸溶液的质子化作用，能够高产率(≥95%)获得草酰二肼一硝酸盐(OHN)和草酰二肼二硝酸盐(OHDN)，如图5.65所示，晶体学数据如表5.24所示。

草酰二肼硝酸盐的制备过程操作简单、生产成本低、易于放大生产，且产品感度低于黑索金(RDX)和三氨基硝酸胍(TAGN)；应用于燃气发生剂中，稳定性好、燃温低、燃速高，产生的气体无毒，可替代毒性高、稳定性差的 NaN₃ 类气体发生剂；作为低特征信号推进剂组分，感度低，不产生有害的 HCl 气体。表5.25综合了 OHN、OHDN 与 RDX、TAGN 的性能指标。对比可见 OHN、OHDN 的密度优于 TAGN，爆速与 RDX 相当。优异的性能使其有望成为钝感炸药未来的主要候选品种和组分之一。

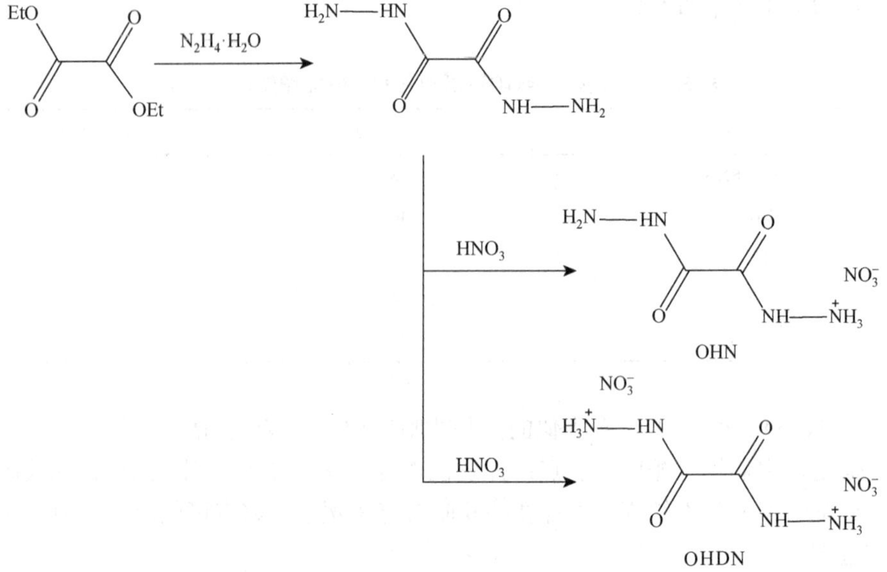

图 5.65 ODH 硝酸盐的合成路线

表 5.24 ODH 硝酸盐的晶体学数据

化合物	分子式	分子量	晶系	a/Å	b/Å	c/Å	α/(°)	β/(°)	γ/(°)	晶胞体积/Å³	晶体密度/(g/cm³)	Z	$F_{(000)}$	空间群
OHN	$C_2H_7N_4O_5$	181.13	单斜	10.20756(12)	11.096(9)	6.3591(8)	90	114.793(14)	90	653.84(14)	1.84	4	376	$C2/c$
OHDN	$C_2H_8N_6O_8$	244.14	单斜	5.7999(2)	7.9900(3)	9.0753(3)	90	97.585(4)	90	416.88(3)	1.945	2	252	$P2_1/c$

表 5.25　ODH 硝酸盐性能对比数据

化合物	密度/(g/cm³)	爆速/(m/s)	$w(N)$/%	$w(O)$/%	氧平衡	T_{dec}/℃	生成焓(kJ/mol)
OHN	1.84	8655	38.6	44.2	−22.08	273	−299.0
OHDN	1.94	8549	34.4	52.5	0	155	−798.4
RDX	1.81	8983	37.8	43.2	−21.61	210	86.3
TAGN	1.50	7930	58.6	28.7	−33.53	243	−46.8

草酰二肼硝酸盐的实测感度结果列于表 5.26，OHN 的感度低于 RDX，OHDN 的感度与 RDX 相当。

因此，在现有功能助剂中，利用分子结构的柔软性添加硝基或叠氮基等含能基团是一种提高现有材料的能量水平的策略，此外，从分子结构设计时，依据不同的使用目的，添加不同作用的结构片段及含能基团。

表 5.26　ODH 硝酸盐感度测试结果

化合物	撞击感度/J	摩擦感度(90°，.0 MPa)/%	化合物	撞击感度/J	摩擦感度(90°，4.0 MPa)/%
OHN	36.5	0	RDX	11.3	64
OHDN	25.4	12	PSAN	0	8

5.6.2　燃速调节剂

为了弥补传统惰性金属氧化物或金属盐等燃烧催化剂对固体推进剂能量带来的损失，国内外在含能燃速调节剂方面开展了广泛研究。含能燃速调节剂是在金属盐类物质中引入含能基团，形成含能盐或者配合物，既可作为能量组分提高能量，又能提高低压段燃烧，降低压力指数。

将富氮配体氨水、咪唑、4-氨基-1, 2, 4-三唑-5-酮与二硝酰胺铜配合，制备了 3 种以铜离子为配位中心原子、二硝酰胺根为阴离子的新型含能金属配合物[Cu(NH₃)₄(DN)₂](CNDN)、[Cu(IMI)₄(DN)₂](CIDN)、[Cu(ATO)₄(DN)₂](CADN)，具体见图 5.66，二硝酰胺根配合物的晶体学数据如表 5.27 所示。

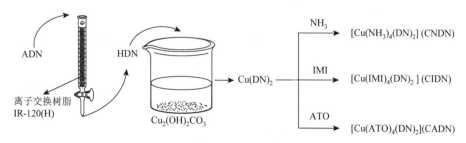

图 5.66　二硝酰胺根配合物的合成路线

191

表 5.27　二硝酰胺根配合物的晶体学数据

配合物	分子式	分子量	晶系	a/Å	b/Å	c/Å	α/(°)	β/(°)	γ/(°)	晶胞体积/Å³	晶体密度/(g/cm³)	Z	F(000)	空间群
CNDN	CuH₁₂N₁₀O₈	343.74	三斜	6.5876(9)	7.4234(9)	7.4676(9)	97.597(4)	110.912(4)	114.252(4)	293.8(7)	1.942	1	175	$P\bar{1}$
CIDN	CuC₁₂H₁₂N₁₄O₈	543.9	单斜	35.3904(7)	7.9448(3)	16.7329(6)	90	104.4120(10)	90	4555.4(3)	1.586	8	2200	$C2/c$
CADN	CuC₈H₁₆N₂₂O₁₂	675.97	单斜	9.0223(5)	15.4189(9)	9.1010(5)	90	108.959(2)	90	1197.5(2)	1.875	2	686	$P2_1/c$

图 5.67 给出了二硝酰胺根配合物的分子结构和晶胞堆积图。

CNDN 的配位空间由中心金属离子铜、4 个配体氨分子与 2 个二硝酰胺根组成，结构高度对称，铜离子分别与 4 个氨分子的 N 原子[N(1)、N(1)#1、N(2)、N(2)#1]和 2 个二硝酰胺根硝基上的 O 原子 [O(3)、O(3)#1] 连接，构成了对称的八面体结构。CIDN 的配位空间由中心金属离子铜、4 个配体咪唑分子与 2 个二硝酰胺根组成，铜离子分别与 4 个咪唑分子上的 N 原子 [N(1)、N(3)、N(5)、N(7)] 和 2 个二硝酰胺根硝基上的 O 原子 [O(1)、O(5)] 连接。CADN 的配位空间由中心金属离子铜、4 个配体 ATO 分子构成，与上述两种配合物不同的是，该配合物的配体有两种配位方式，2 个 ATO 分子环上的 N 原子 [N(1)、N(1)#1] 与铜离子对称配位，另外 2 个 ATO 分子的羰基上的 O 原子[O(2)、O(2)#1]、氨基上的 N 原子[N(8)、N(8)#1] 再分别与铜离子配位，2 个二硝酰胺根游离在结构外侧。

二硝酰胺根配合物的感度数据如表 5.28 所示。引入富氮配体后，感度结果高于原料 ADN。

表 5.28　二硝酰胺根配合物的感度实测值

化合物	撞击感度/J	摩擦感度(66°)/%	静电火花感度/mJ
ADN	13.4	36	>320
CNDN	14.9	48	148
CIDN	28.6	0	185
CADN	9.1	84	38

CIDN 与推进剂各组分的相容性良好、固化良好。用 4% CIDN 取代 4% Ⅲ类高氯酸铵，其余组分均与基础配方相同。测得两种推进剂在 6.86 MPa 下燃速分别为：基础配方 33.35 mm/s、CIDN 42.59 mm/s。含有 4% CIDN 的推进剂燃速相比基础配方提升 27.7%，燃速提升效果显著，在高燃速推进剂中具有较好的应用前景。

AP 类固体推进剂体系的燃速调节不仅能够加快 AP 的热分解，还能够抑制 AP 的热分解，有效遏制推进剂能量的大幅度降低。理想的含能降速剂分子应由具

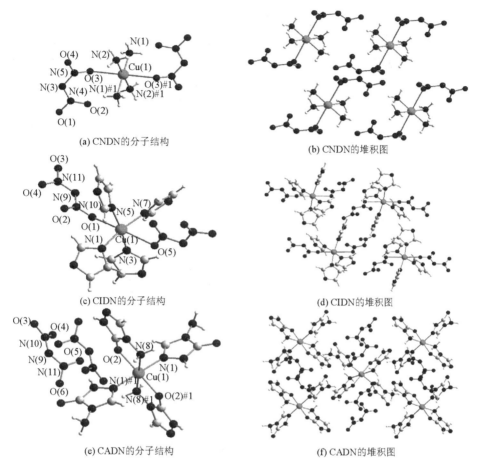

(a) CNDN的分子结构

(b) CNDN的堆积图

(c) CIDN的分子结构

(d) CIDN的堆积图

(e) CADN的分子结构

(f) CADN的堆积图

图 5.67　二硝酰胺根配合物的分子结构与晶胞堆积图

有含能和降速功能的离子或基团组成。含能降速剂分子的含能基团部分可选用高氮化合物，如四嗪、四唑和呋咱的衍生物等；降速功能的离子或基团可选用在热分解过程中易产生 NH_3 的多氨基离子或基团，如肼离子、肼基，或选用可与 ClO_4^- 形成稳定化合物的金属阳离子，如 Li^+、Ba^{2+} 等。

5.6.3　含能固化剂

　　叠氮黏合剂是含端羟基的高分子聚合物，在使用时一般与多官能度异氰酸酯固化剂（如 IPDI、N100 等）组成异氰酸酯固化体系，通过端羟基和异氰酸酯基反应固化，为了使叠氮推进剂具有良好的力学性能和结构完整性，必须选择或合成合适结构的叠氮黏合剂和固化剂，二者对推进剂的力学性能均有重要影响。

从提高力学性能和能量角度出发，在异氰酸酯基固化剂分子中引入强极性基团氮杂环结构单元，能够通过增强分子间的作用力来提高弹性体的力学性能；在异氰酸酯基固化剂中引入柔性的聚醚链，能够提高弹性体的延伸率；在端异氰酸酯基固化剂中引入叠氮基和硝酸酯基团来提高弹性体的能量。图 5.68 就是这样的一类含能固化剂，在配方中的初步应用结果表明其能够提供较高的抗拉强度和延伸率。

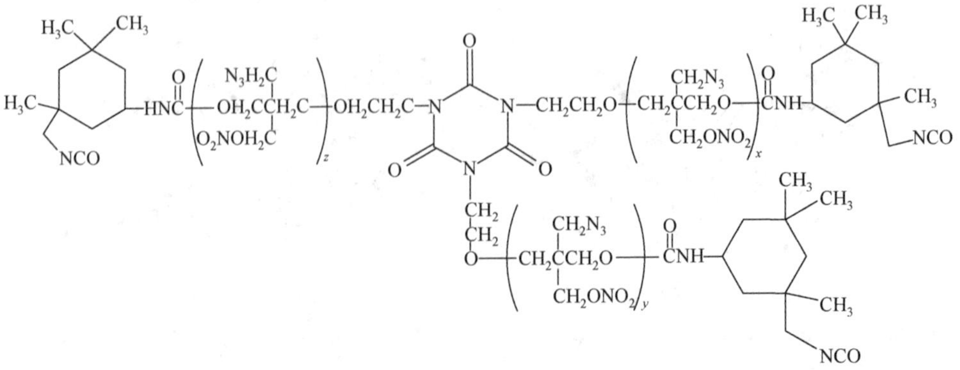

图 5.68　一种含能固化剂

参考文献

[1]　雷晴, 卢艳华, 何金选. 固体推进剂高能氧化剂的合成研究进展[J]. 固体火箭技术, 2019, 42(2):175-185.

[2]　李上文, 赵凤起, 徐司雨. 低特征信号固体推进剂技术[M]. 北京: 国防工业出版社, 2013.

[3]　李猛, 赵凤起, 徐司雨, 等. 含不同氧化剂的复合推进剂能量及特征信号研究[J]. 推进技术, 2013, 34(8): 1134-1138.

[4]　赵凤起, 胥会祥. 绿色固体推进剂的研究现状及展望[J]. 火炸药学报, 2011, 34(3): 1-5.

[5]　Vo T T, Parrish D A, Shreeve J M. Tetranitroacetimidic acid: a high oxygen oxidizer and potential replacement for ammonium perchlorate[J]. Journal of American Chemical Society, 2014, 136(34): 11934-11937.

[6]　Yu Q, Yin P, Shreeve J M, et al. Pushing the limits of oxygen balance in 1,3,4-oxadiazoles[J]. Journal of American Chemical Society, 2017, 139(26): 8816-8819.

[7]　Kettner M A, Klapotke T M. 5,5′-Bis-(trinitromethyl)-3,3′-bi-(1,2,4-oxadiazole): A stable ternary CNO-compound with high density[J]. Chemical Communications, 2014, 50(18): 2268-2270.

[8]　Dalinger I L, Suponitsky K Y, Shkineva T K, et al. Bipyrazole bearing ten nitro groups—A novel highly dense oxidizer for forward-looking rocket propulsions[J]. Journal of Materials

Chemistry A, 2018, 6(30): 14780-14786.

[9] Zhao G, Yin P, Shreeve J M, et al. Bis(3-nitro-1-(trinitromethyl)-1*H*-1,2,4-triazol-5-yl) methanone: An applicable and very dense green oxidizer[J]. Journal of American Chemical Society, 2019, 141(50): 19581-19584.

[10] Semenov V V, Shevelev S A, Bruskin A B, et al. Synthesis of 5,5′-dinitro-2,2′-bis (polynitromethyl)-bi(1,2,3(4)-triazoles), hydrogen-free oxidizers[J]. Chemistry of Heterocyclic Compounds, 2017, 53: 728-732.

[11] Dalinger I L, Vatsadze I A, Shkineva T K, et al. Novel highly energetic pyrazoles: Ntrinitromethyl-substituted nitropyrazoles[J]. Chemistry: An Asian Journal, 2015, 10(9): 1987-1996.

[12] Dalinger I L, Suponitsky K, Shkineva T K, et al. Bipyrazole bearing ten nitro groups-novel highly dense oxidizer for forward-looking rocket propulsions[J]. Journal of Materials Chemistry A, 2018, 6(30): 14780-14786.

[13] Khaja M, Thaltiri V, Kommu N, et al. Octanitropyrazolopyrazole: A gem-trinitromethyl based green high-density energetic oxidizer[J]. Chemical Communications, 2020, 56(85): 12945-12948.

[14] 燕超, 任晓婷, 卢艳华, 等. 高能氧化剂 ONPP 的合成工艺优化[J]. 含能材料, 2023, 31(4): 332-337.

[15] Voronin A, Fedyanin I V, Churakov A, et al. 4*H*-[1,2,3]Triazolo[4,5-*c*][1,2,5]oxadiazole 5-oxide and its salts: Promising multipurpose energetic materials[J]. ACS Applied Energy Materials, 2020, 3(9): 9401-9407.

[16] Huang H, Li Y, Yang J, et al. Materials with good energetic properties resulting from the smart combination of nitramino and dinitromethyl group with furazan[J]. New Journal of Chemistry, 2017, 41(15): 7353-7360.

[17] 何金选, 卢艳华, 雷晴, 等. 3,3′-二硝基-4,4′-偶氮氧化呋咱的合成及性能[J]. 火炸药学报, 2011, 34(5): 26-30.

[18] Michael S K, Alexey A G, Oleg V A, et al. Synthesis of tetrazino-tetrazine 1,3,6,8-tetraoxide(TTTO) [J]. Angewandte Chemie International Edition, 2016, 55(38): 11472-11475.

[19] Kettner M A, Karaghiosoff K, Klapotke T M, et al. 3,3′-Bi(1,2,4-oxadiazoles) featuring the fluorodinitromethyl and trinitromethyl groups[J]. Chemistry: A European Journal, 2014, 20(25): 7622-7631.

[20] Sheremetev A B. 3,3-Bis(1-fluoro-1,1-dinitromethyl)difurazanyl ether[C]. 29th International Annual Conference of ICT, Karlsruhe, Germany, 1998, 58: 1-6.

[21] Dalinger I L, Shakhnes A K, Monogarov K A, et al. Novel highly energetic pyrazoles: *N*-fluorodinitromethyl and *N*-[(difluoroamino) dinitromethyl] derivatives[C]. Mendeleev Communications, 2015, 25(6): 429-431.

[22] Dalinger I L, Vinogradov V M, Shevelev S A, et al. *N*-(Difluoroamino)azoles−A new class of N-substituted azoles[J]. Mendeleev Communications, 1996, 1(6): 13-15.

[23] Zhang M X, Eaton P E, Gilardi R. Hepta- and octanitrocubanes[J]. Angewandte Chemie

International Edition, 2000, 112（2）: 422-426.

[24] Zhu Y l, Le W, Zhao W J, et al. Promising fuels for energetics: Spherical Al-Li powders with high reactivity via incorporation of Li[J]. Fuel, 2022, 323: 124393.

[25] 李锦勇, 蔡水洲, 王玲, 等. 气雾化 Al-Li 合金对高氯酸铵热分解特性的影响[J]. 广州化工, 2019, 47（8）: 32-35.

[26] Terry B C, Sippel T R, Pfeil M A, et al. Removing hydrochloric acid exhaust products from high performance solid rocket propellant using aluminum-lithium alloy[J]. Journal of Hazardous Materials, 2016, 317: 259-266.

[27] Terry B C, Son S F, Gunduz I E. Solid-rocket propellants: US 09850182132[P]. 2017.

[28] Terry B C, Gunduz I E, Pfeil M A, et al. A mechanism for shattering microexplosions and dispersive boiling phenomena in aluminum-lithium alloy based solid propellant[J]. Proceedings of the Combustion Institute, 2017, 36（2）: 2309-2316.

[29] 王超, 庞爱民, 王俊龙, 等. 含铝锂合金复合固体推进剂的热力学计算研究[C]. 第六届空天动力联合会议, 2019.

[30] 庞爱民, 马新刚, 唐承志. 固体火箭推进剂理论与工程[M]. 北京: 中国宇航出版社, 2014.

[31] 崔东宇. Al-Zr-（Li, V）三元系的热力学计算[D]. 湘潭: 湘潭大学, 2022.

[32] Ao W, Fan Z, Liu L, et al. Agglomeration and combustion characteristics of solid composite propellants containing aluminum-based alloys[J]. Combustion Flame, 2020, 220: 288-297.

[33] Brower F M, Matzek N E, Reigler P F, et al. Preparation and properties of aluminum hydride[J]. Journal of the American Chemical Society, 1976, 98（9）: 2450-2453.

[34] Graetz J, Reilly J J, Yartys V A, et al. Aluminum hydride as a hydrogen and energy storage material: past, present and future[J]. Journal of Alloys and Compounds, 2011, 509S: S517-S528.

[35] Finholt A E, Bond A C, Schlesinger H I. Lithium aluminum hydride, aluminum hydride and lithium gallium hydride, and some of their applications in organic and inorganic chemistry[J]. Journal of the American Chemical Society, 1947, 69: 1199-1203.

[36] Petrie M A, Bottaro J C, Schmitt R J, et al. Preparation of aluminum hydride polymorphs, particularly stabilized-AlH$_3$: US 6228338[P]. 2001.

[37] Gary K L, Jaml M H, Harold E, et al. Method for the production of a-alane: US 7238336B2[P]. 2007.

[38] Bulychev B M, Verbetskii V N, Storozhenko P A. "Direct" systhesis of unsolvated aluminum hydride involving Lewis and Bronsted acids[J]. Russian Journal of Inorganic Chemistry, 2008, 53（7）: 1000-1005.

[39] Bulychev B M, Storozhenko P A, Fokin V N. "One-step" synthesis of nonsolvated aluminum hydride[J]. Russian Chemical Bulletin, 2009, 58（9）: 1817-1823.

[40] Bakum S I, Kuznetsova S F, Kuznetsov N T. Method for the preparation of aluminum hydride[J]. Russian Journal of Inorganic Chemistry, 2010, 55（12）: 1830-1832.

[41] Stout D, Fong H, Mclaughlin E, et al. Crystallization and stabilization in the synthesis of microcrystalline alpha alane: US0368768 A1[P]. 2016.

[42] Saitoh H, Machida A, Katayama Y, et al. Formation and decomposition of AlH$_3$ in the

aluminum-hydrogen system[J]. Applied Physics Letters, 2008, 93(151918): 1-3.

[43] 张公正, 向星, 房永曦. 含能粘结剂丙烯酸偕二硝基丙酯-乙酸乙烯酯共聚物的合成及性能[J]. 含能材料, 2013, 21 (4): 439-442.

[44] 张明权, 周集义, 高宝柱. 二氟氨基含能粘合剂合成研究进展[C]. 中国宇航学会固体火箭推进第 22 届年会论文集 (推进剂分册), 2005: 23-29.

[45] 李欢, 秦叶军, 李金华, 等. 二氟氨基化合物的合成研究进展[J]. 化学通报, 2012, 75 (12): 1076-1080.

[46] Pant C S, Santosh M S, Mehilal, et al. Synthesis of azide-functionalized hydroxyl-terminated polybutadiene[J]. Journal of Energetic Materials, 2016, 34 (4): 440-449.

[47] 曹星星, 李欢, 潘仁明. 齐聚物含能增塑剂的合成研究进展[J]. 兵器装备工程学报, 2017, 38 (11): 182-188.

[48] Ding F, Wang W, Zhao B, et al. Synthesis and properties of diazido linear ether plasticizers[J]. Chinese Journal of Energetic Materials, 2019, 27: 1043-1049.

[49] Ana R, David A S, Leipzig B K, et al. Novel plasticizer for IM compliant solid propellants[C]. Insensitive Munitions and Energetic Technology Symposium, 2009.

[50] 王锡杰, 葛忠学, 姜俊, 等. 4,4′-二硝基双呋咱醚的合成与表征[J]. 火炸药学报, 2008, 32 (05): 12-15.

[51] 范艳洁, 王伯周, 来蔚鹏, 等. 3,3′-二氰基二呋咱基醚 (FOF-2) 的合成、表征及量子化学研究[J]. 有机化学, 2009, 29(4): 614-620.

[1] Huang M, Luo J, Lu M. Ammonium dinitramide//Shen R Q, editor. [J].

[2] 唐骧, 张玉成, 张为鹏, 等. 二硝酰胺铵的制备及其在固体推进剂中的应用[J]. 含能材料, 2017, 25(1): 81-82.

[3] 张国涛, 李文乾, 庞爱民, 等. 二硝酰胺铵氧化剂的研究进展[J]. 固体火箭技术, 2015, 38(5): 70-76.

[4] 江劲勇, 罗运军, 李国平, 等. 二硝酰胺铵合成研究进展[J]. 含能材料, 2014, 22(6): 1096-1104.

[5] Luo Juan, Lu Ming, et al. Synthesis of ammonium dinitramide and its applications[J]. Journal of Energetic Materials, 2016, 34: 435-450.

[6] 许毅, 王江宁, 赵凤起. 二硝酰胺铵推进剂的研究现状[J]. 火炸药学报, 2017, 19(2): 1-9.

[7] Zhang C, Wang X, et al. Synthesis and properties of dinitramide anion salts[J]. Propellants, Explosives, Pyrotechnics, 2015, 40: 504-510.

[8] Mishra I B, Russell T P. Thermal stabilization for ammonium dinitramide (Chapter)[J]. Thermochimica Acta, 2002, 384: 47-56.

第 6 章

颠覆性含能化合物
和未来固体推进剂

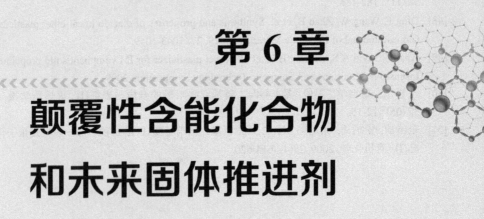

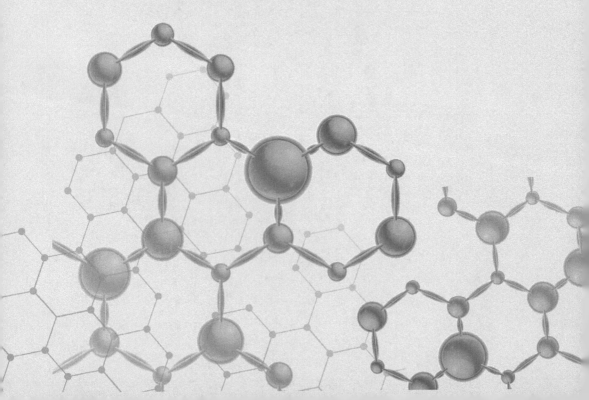

6.1　颠覆性含能化合物

6.1.1　固态金属氢

氢(hydrogenium)是元素周期表中第一种元素,同时也是宇宙中含量最高的元素,符号为 H,属于第一主族。第一主族元素通常被称为碱金属元素,如 Li、Na、K、Rb、Cs 及 Fr 等都是化学性质非常活泼的金属,而有所不同的是位于ⅠA 族第一位的元素 H 通常表现为非金属性质。

常温常压下氢以气态形式存在,随着温度降低,氢将会发生相变成为液态氢或固态氢,气、液、固态的氢都由双原子的分子氢(H_2)组成,均是不导电的绝缘体。但氢作为ⅠA 族的元素之一,很早就被科学家猜测也可能具有类似金属的性质。早在 1935 年 Wigner 和 Huntington[1]就提出了固态金属氢这一前沿概念,他们预测:在极低温、0.62 mole H/cm³ 密度并且压强达到 25 GPa 时,固态氢可转变为金属态,晶体中氢以单原子形式存在并且此时固态氢将会呈现出导体的性质,此时的氢或将可以导电。

压力、温度都是决定物质状态、相变和性质的重要条件,20 世纪 60 年代科学家发现双原子分子的固体碘、磷等绝缘体可在极高压强下实现导电,这大大增加了人们研制金属氢的信心[2]。从海森伯利用量子力学理论首次发现氢的同素异形体而获 1932 年诺贝尔物理学奖开始,几十年间科学家已经在极端高压条件下获得了几种氢的同素异形体,但有关固态金属氢的合成仍在探索之中。随着研究的不断深入,理论物理学家也在不断校正金属氢的相变临界压力值,最终公认的相变压强值为 400~500 GPa,达到了百万大气压的数量级[2-4]。

过去几十年来,巨大的实验和理论发展极大地重塑了氢的相图,目前公认较为合理的是氢 P-T 相图[5]。固态氢主要具有三个相:绝缘量子分子相(Ⅰ)、低温对称性破缺相(Ⅱ)和 H-A 相(Ⅲ),三相交于一个三相点(153 GPa/120 K)。在 250 GPa 以上固态氢可能有部分分子裂解成为单原子,处于一种氢分子与氢原子共存的相。

可以看到,分子固态氢主要经历三类相变:①分子取向有序相变;②分子间能带重叠,形成分子金属氢,转变压强为 150~300 GPa;③分子键逐步断裂,形成原子金属氢,转变压强为 300~500 GPa。

2017 年 1 月,来自哈佛大学的 Silvera 和 Dias[5]宣布他们制得了固态金属氢,相关研究论文于 1 月 26 日发表在国际著名期刊 *Science* 上。他们的固态金属氢制备采用了一种金刚石对顶砧法(diamond anvil cell,DAC),如图 6.1 所示,在超低温度下他们将一小块氢样本放在金刚石的砧面（金刚石尖端，直径约 50 μm），并设置了红外光测量氢的反射率，判断它是否金属化。通过不断增强外力，两颗金刚石间的压强最终达到了 495 GPa。

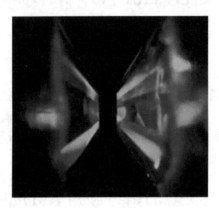

图 6.1　金刚石对顶砧[5]

在大于 100 GPa 的情况下由于设备限制，测量电导率之类的传统电学方法就会失效，观测固态氢是否向金属态变化的方法就只剩下了测定反射率，如图 6.2 所示。金属化的结果是自由电子形成能带进而产生反射现象，所以通过观测反射光的情况就可确认固态氢是否出现向金属态转变的情况。可以看到，随着压力的升高，原本黑色的固态氢逐渐变得具有金属光泽，样品的反射率也从零变为高反射率（495 GPa 下测得反射率为 0.91），展现出类似金属所具有的特性。

  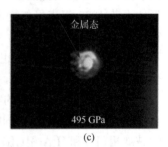

图 6.2　样品氢在不同压强下的状态：透明态、不透明态和金属态[5]

在这一研究发表后有科学家提出质疑，认为他们发现的金属光泽或许并非来自金属氢，而有可能是来自氧化铝，因为实验前 Silvera 团队曾在金刚石表面镀了一层氧化铝防止氢扩散到金刚石晶体中。当 Silvera 团队准备继续开展金属氢的更深入研究时，其中一块金刚石承受不了如此高的压力而碎成了粉末，地球上可能唯一的一块金属氢样本也随之烟消云散。

时隔两年，法国原子能委员会 Paul Loubeyre 领导的研究小组宣布他们几乎发现了金属氢的存在。2020 年 1 月，这项工作正式发表在 *Nature* 上[6]。类似地，Loubeyre 团队同样采用金刚石压砧法制备固态金属氢(图 6.3)，有所不同的是他们设计出一种改良的"环形金刚石砧"，这种金刚石的尖端设计可以承受更高的压力，尽量避免出现类似 Silvera 团队金刚石承压过大而粉碎的情况。

图 6.3　环形金刚石砧的 SEM 图[6]

通过实验，Loubeyre 团队对固态氢样本在不同压力下对光的反射率进行了观测，如图 6.4 所示。

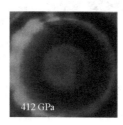

图 6.4　不同压力下样品氢的状态

当压强为 1 GPa 时，样品氢对于可见光和红外光都是透明的；当压力升高至 300 GPa 时，样品氢变成固态，可见光此时已不可穿过，但红外光可以穿透固态氢；随着压强增加到 425 GPa 时，固态氢的反射率急剧增大，此时可见光与红外光都不可穿透，这时的固态氢可以阻挡所有的光，已变得不再透明。科研人员认为，固态氢在极端压力和低温下呈现出的光学反射率不连续且可逆的变化是固态氢已变成金属氢的一个有力证据，但这还不能作为金属氢出现的确切证据，正如论文标题一般，他们发现的是"固态氢可能过渡到金属氢"的证据。如果要证明金属氢的存在还需在高压低温下对氢样本的导电性进行测试，但受限于技术原因，这样精细的测试暂时还无法进行。

虽然 Loubeyre 的实验无法给出"已经创造了金属氢"这样的科学声明，但该领域的科学家普遍认为这一实验结果几乎就是证明金属氢产生的决定性证据。

关于金属氢的稳定性和相变压力降低一直是人们关心的问题，如果想利用固态金属氢，那么其性质稳定就是最为重要的前提，另外金属氢的相变压力如此之高，制备条件苛刻就注定其离实用化很远，人们也提出了一些降低转变压力的办法，如引入缺陷以降低价带和导带间的能隙、用强光源照射产生内部负压等，也许不久的将来能在这些地方找到新的突破口，获取可以实用的金属氢。

如此难以制备的固态金属氢目前来看至少在以下几个方面大有用武之地（图 6.5）。

超导材料　　　　　　　　　推进技术　　　　　　　　　天体研究

图 6.5　固体金属氢的潜在应用场景

(1) 金属氢被预测可能在接近于室温下无电阻地传导电流，表现出很高的常温超导特性，如被证实确实如此且能进行大规模合成，那超导材料固体金属氢的出现必将使现代生活和军事科技发生诸多革命性变化。

(2) 太阳系最大的行星——木星由大量的氢构成，其核心压强可达 3000～4500 万 atm，具备了制造固态金属氢的所有条件。据现有研究推测，在木星核的外围可能存在着大量的固态金属氢，木星磁场的变化也印证着这一结论。固态金属氢的研究对于了解及认识地球、木星等天体的内核构造有着不可估量的作用。

(3) 固态金属氢可以说是一种能量密度超高的含能材料，理论计算表明，金属氢在常温高压下性质较为稳定，在常压下可能以亚稳态存在。但金属氢一旦转变成氢气，其释放的能量极为巨大。假设金属氢的密度为 1.0 g/cm^3，那么 1 cm^3 的固态金属氢就有 1 mol H 原子，完全分解为氢气会形成 0.5 mol 的 H—H 键，按照其键能为 436 kJ/mol 计算，则可计算出 1 mol 固态金属氢相变释放的能量为 $(218-U)$ kJ/mol（U 为固态金属氢的晶格能）。

考虑到固态金属氢的金属键强度不大，1 g 固态金属氢放能大概在 200 kJ/g 量级，这已经是 HMX 的 30 余倍，是目前已知能量密度最高的化学物质[9]。此外，固态金属氢的理论比冲达到了近 1700 s，远远超过目前化学推进剂最高实测比冲 400 s 的水平，同时由于固态氢密度较大、相同质量下体积相较液氢要小得多，因此固态金属氢在小尺寸、小质量、高性能的运载火箭或导弹上也有着很大的应用潜力。

可以看出，固态金属氢在诸多领域尤其是国防军事上有着举足轻重的地位，对固态金属氢的研制也是一个国家综合硬实力的表现。随着对固态金属氢的研究不断深入，也许未来某一天固态金属氢的大规模制备就将变成现实，这必将在整个科学技术领域引领一场划时代的新革命。

6.1.2　全氮化合物

现代意义上的炸药也常被称为含能材料，1863 年被瑞典化学家诺贝尔成功制得的三硝基甲苯（俗称 TNT）被认为是最早的含能材料，此后包括环三亚甲基三硝胺（RDX，黑索金）、环四亚甲基四硝胺（HMX，奥克托今）和六硝基六氮杂异伍兹烷（CL-20）在内的多代含能材料相继问世，武器装备也在过去几十年间得到了飞速发展。然而，深空探索和下一代战略武器对推进技术提出了更高的需求，传统的 CHON 型含能材料已难充分满足未来需求，探索新型超高能量密度的含能物质也因此得到科学家们的广泛关注。其中，全氮化合物的研究进展尤为引人注目。

氮气（N_2）作为空气中含量最高的组分，占比高达 78%，它由英国科学家 Daniel Rutherford 于 1772 年首次发现[7]，既是最早发现的全氮化合物，又是目前发现的唯一在自然界存在的全氮物质。全氮化合物产生的能量来源于 N—N、N=N 和 N≡N 的键能间巨大的能量差，N—N 的平均键能为 159.0 kJ/mol、N=N 的平均键能为（2×209.2）kJ/mol，远低于 N≡N 的（3×315.2）kJ/mol。因此，当由 N—N 或 N=N 连接组成的全氮化合物分解为 N_2（N≡N 连接）时将伴随巨大的能量释放。

理论计算表明，全氮化合物应当具有较高的生成焓（8000～20000 J/g）[8]，理论比冲可达 350～500 s，与液氢/液氧推进剂相当，远超目前固体推进剂的能量水平；同时由于全氮化合物预计密度较高，其所提供的密度比冲预计相当可观。此外，全氮化合物燃烧产物为 N_2，对环境更为友好的同时也比当前常用的 AP 基固体推进剂特征信号明显降低。目前，只有叠氮离子（N_3^-）、N_5^+、五唑阴离子（cyclo-N_5^-）等离子型全氮化合物和高压下的聚合氮制备在文献中有所报道，而随着计算化学的发展，科研人员对许多尚未合成出来的全氮化合物的结构与性能也进行了相应预测[9]。

从结构上进行划分，全氮化合物大致可归为三类，即氮原子簇化合物、聚合氮及全氮离子化合物[10]。氮原子簇化合物是氮原子以共价键结合的共价型小分子化合物，聚合氮是一类超高压下形成的以 N—N 相连的特殊全氮化合物，全氮离子化合物则由全氮的阴离子/阳离子相互作用构成。

1. 氮原子簇化合物

氮原子簇化合物是氮原子通过共价键结合的一类小分子化合物，这一概念最早由美国率先提出，对这类化合物的研究集中于理论计算，主要有 N_4、N_6、N_8、N_{10}、N_{60} 等。氮原子数超过 3 个的氮原子簇化合物会有多个同分异构体，如图 6.6 所示。

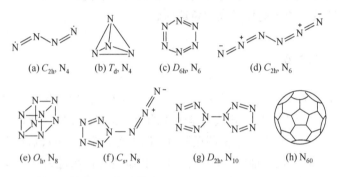

图 6.6　氮原子簇化合物的不同结构[10]

目前对 N_4 报道最多的是四氮烯，如 F. Cacace 等在 298 K 条件下通过质谱检测到 N_4^+，并进一步证明了 N_4 原子簇化合物的存在，但检测到的 N_4 很可能是开链结构［图 6.6(a)］，但也不排除四面体型［图 6.6(b)］存在的可能，由于感度很高，很难扩展其应用。N_4 的另一结构 N_4 立方烷目前还处于理论预测阶段，其理论计算生成焓为 798 kJ/mol、密度为 3 g/cm^3、爆速为 15700m/s、比冲可达 430 s，表现出优异的综合性能。目前报道的 N_6 有六元环状和线型两种结构［图 6.6(c) 和(d)］，环状 N_6 的稳定性不如线型 N_6 结构。与 N_4 立方烷类似，N_8 立方烷［图 6.6(e)］也具有非常高的能量，N_8 立方烷理论计算的密度为 2.65 g/cm^3、生成焓为 1702 kJ/mol、爆速为 14570 m/s 理论比冲计算值为 531 s，曾被认为是理想的高能量密度材料候选者，但最近也有计算认为 N_8 立方烷的稳定性不高，而叠氮基五氮唑［图 6.6(f)］的稳定性显著高于 N_8 立方烷，更有可能稳定存在并被制备出来。N_{10} 的理论计算密度为 2.21 g/cm^3、生成焓为 1981 kJ/mol、爆速为 12080 m/s、比冲为 322 s。随着 C_{60} 的发现，研究者们也开始对 N_{60} 展开研究，可以看到与 C_{60} 相似，N_{60} 也呈现出类足球状的结构［图 6.6(h)］。但研究发现 N_{60} 预估稳定性极低、合成难度很大，目前还未见有与之相关合成方面的报道。

氮原子簇化合物为亚稳态物质，即使在低温下也很容易迅速分解。氮原子簇化合物理论计算的能量值很高，爆速基本也都在 10000m/s 以上，但由于其化学合成困难、稳定性差，目前对氮原子簇化合物的研究主要集中于理论计算以及光谱、质谱的研究，这也是制约其发展的最重要原因。

2. 聚合氮

1985 年，McMahan 等[12]通过理论计算预示了在高温和超高压条件下，固态氮分子或将转化为原子态的、以 N—N 单键相连的晶体，即聚合氮；随后，在压力高达 270 GPa、温度 10～1000 K 的大范围内开展了聚合氮的探索研究。

直到 2004 年，德国化学家 Mikhal I. Erements 等[11]首次通过人工金刚石压砧热等静压技术报道了聚合氮的研究成果，聚合氮的制备是在 2000 K 以上的高温和 110 GPa 以上的高压下进行的。

通过拉曼光谱与 X 射线衍射进行分析，结果表明每个氮原子应当都通过共价键与相邻的 3 个氮相连，是一类具有立方偏转结构的亚稳态聚合氮(cubic gauche nitrogen，cg-N)，如图 6.7 所示。

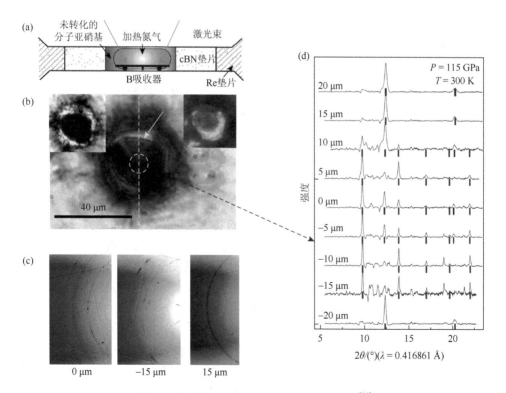

图 6.7　聚合氮制备装置、形貌及 XRD 谱图[11]

cg-N 是一种坚硬的物质，其模量高达 300～340 GPa，这也是强共价固体的典型特征，理论计算得到的 cg-N 密度高达 3.9 g/cm^3，生成焓为 20794 kJ/mol，是一类理想的潜在含能物质，其结构如图 6.8 所示。

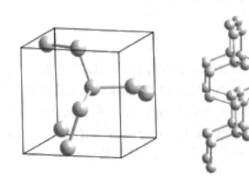

图 6.8　cg-N 结构

理论预示某些聚合氮的结构可能比 cg-N 更稳定，如在常压和室温下具有螺旋结构的 cw-N(chaired web nitrogen) 比 cg-N 在热力学上更稳定；在 $P<15$ GPa 的条件下，锯齿形的椅式结构的氮可能以类金属态存在并比 cg-N 更稳定，但这些更稳定相态的聚合氮至今仍没有得到实验上的证实。

直至目前，无论在实验还是理论计算上研究 N_2 在高压下分裂及其形成新的聚合体系都仍是一件比较困难的工作，常规条件下聚合氮的合成方法还未见报道。实现聚合氮的实际应用还有很长的路要走，这对研究者来说仍然是一个不小的挑战。

3. 全氮离子化合物

在 N_2 被发现后的长达百余年间全氮化合物的研究陷入停滞，人们似乎很难再找到另一种全氮物质，直至 1890 年 Curtius 等首次发现了 N_2 之外的另一种稳定全氮离子——叠氮离子 N_3^-。叠氮化物在军事、医疗、车辆等领域有着广泛的应用，如 $Pb(N_3)_2$ 是一种典型的起爆炸药，起爆能力强，且安全性较好；NaN_3 可使人体氧自由基水平下降，进而极大程度抑制癌细胞代谢、繁殖并具有良好的抗氧化功效，此外它还是汽车安全气囊中最为常见的起爆剂。

到了 1999 年，美国空军研究实验室的 Christe[13]首次制备出化合物 $N_5^+AsF_6^-$，其结构如图 6.9 所示，这标志着 N_5^+ 的成功合成，同时这也是第三种问世的全氮物质。N_5^+ 离子是一种具有折线型共振结构的全氮离子，计算其生成焓为 1469 kJ/mol，其合成过程需要在-78℃和无水无氧的条件下进行，制备条件相当苛刻。$N_5^+AsF_6^-$ 是一种白色固体，微溶于无水 HF，在超低温下($-78℃$)可储存数周但在常温下稳定性不佳，遇水则猛烈爆炸。$N_5^+AsF_6^-$ 的弱稳定性和易爆炸的特点使其甚至难以达到克级的制备规模，但 $N_5^+AsF_6^-$ 所展现出的高能量特性使美国空军加大了 N_5^+ 物质的研究。

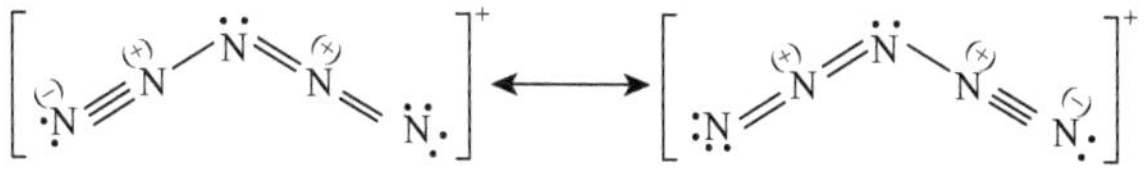

$$\left[\ddot{\underset{..}{N}}=\overset{\oplus}{N}=\overset{..}{N}=\overset{\oplus}{N}=\underset{..}{\ddot{N}}\cdot\right]^+ \longleftrightarrow \left[:\underset{..}{N}=\overset{\oplus}{N}=\overset{..}{N}=N\equiv\underset{..}{\ddot{N}}\cdot\right]^+$$

图 6.9　N_5^+ 的共振结构

随后，Christe 等又陆续报道了 $N_5^+SbF_6^-$、$N_5^+Sb_2F_{11}^-$、$(N_5)_2SnF_6$、$N_5^+SnF_5^-$ 等多种 N_5^+ 全氮离子盐，其中 $N_5^+AsF_6^-$ 的合成方法与 $N_5^+AsF_6^-$ 类似，但其稳定性相较 $N_5^+AsF_6^-$ 大大增强。这主要得益于实验过程中采取 HN_3 和 HF 共沸的蒸馏方式从而避免处理纯 HN_3，极大程度上保证了实验过程的安全性；另外 N_5^+ 具有非常强的碱性，而 SbF_6^- 是比 AsF_6^- 更强的路易斯酸，提高了 N_5^+ 的稳定性。$N_5^+SbF_6^-$ 在 70℃ 才开始分解，撞击感度低但具有较强的氧化性，而能为 N_5^+ 提供更好的稳定性的阴离子仍需进一步研究。理论计算表明，N_3^+ 有可能是更好的 N_5^+ 替代物，与 $N_5^+N_3^-$ 和 $N_5^+N_5^-$ 相比，$N_3^+N_3^-$ 和 $N_3^+N_5^-$ 应当具有更好的稳定性。但目前只有光谱上支持 N_3^+ 存在的证据，并未找到合适的化学合成方法将其制备变成现实。

除全氮离子 N_5^+ 外，对 N_5^- 的研究其实也从未停止。1957 年，Huisgen 和 Ugi 等首先合成了苯基五氮唑[14]，重氮基苯与叠氮阴离子在低温下快速反应生成芳基五唑化合物，线型五氮基苯迅速重排转化为苯基五氮唑，其制备流程如图 6.10 所示。

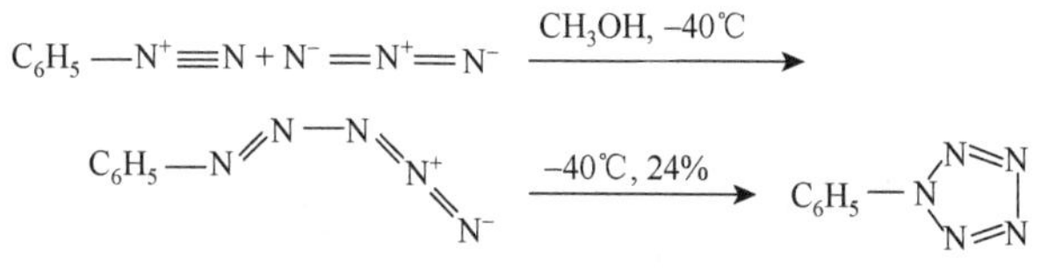

$$C_6H_5-\overset{+}{N}\equiv N+N^-=\overset{+}{N}=N^- \xrightarrow{CH_3OH,\,-40℃}$$

$$C_6H_5-N=\overset{N-N}{\underset{N^-}{\overset{+}{N}}} \xrightarrow{-40℃,\,24\%} C_6H_5-\overset{N=N}{\underset{N-N}{N}}$$

图 6.10　苯基五氮唑的制备流程[14]

2002 年，Vij 等借助负离子电喷雾质谱(ESI-MS)技术发现在低碰撞电压下(-10 V)五氮唑环分解放出 N_2 并形成叠氮化产物，而在高碰撞电压下(-75 V)则会出现 C—N 键断裂并检测到了五氮唑阴离子的特征峰，然而五氮唑阴离子迅速分解放出氮气并形成叠氮阴离子 N_3^-，也就是说此方法所制备的五氮唑阴离子并不能稳定存在，仍有待改进。

大量的研究表明，在众多合成 cyclo-N_5^- 的前体中只有 ArN_5 是稳定存在的。如何使 ArN_5 的 C—N 键裂解以生成 cyclo-N_5^- 而不发生戊唑 N—N 断裂是合成 cyclo-N_5^- 的一大难点。

2017 年，南京理工大学胡炳成、陆明团队经过多年研究与试验，运用间氯过氧苯甲酸和甘氨酸亚铁作为切断试剂和助剂，以氧化断裂 ArN_5 的方式首次获得了室温状态下稳定的全氮阴离子盐 $(N_5)_6(H_3O)_3(NH_4)_4Cl$[15]。以这种方式合成的 cyclo-$N_5^-$ 在 116.8℃时才会分解，该分解温度高于 N_5^+（约 70℃）但低于 N_3^-（高于 400℃），有着很好的热稳定性，该物质的成功合成对氮化学乃至全氮含能材料的发展具有划时代的重要意义。

同年，陆明教授团队合成了全氮五唑钠配合物并利用全氮五唑阴离子分别和其他金属盐反应制备了全氮五唑阴离子的锰、铁、钴和镁盐水合物并培养了相应的单晶，首次系统地揭示了全氮五唑阴离子与金属阳离子的相互配位作用以及热稳定性规律，制备流程如图 6.11 所示。这为研究全氮五唑阴离子与全氮阳离子组装、形成离子型全氮化合物材料奠定了有力的科学基础支撑[16]。

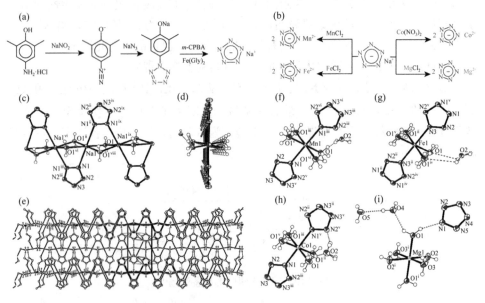

图 6.11　五唑金属盐的制备及其单晶结构[12]

该项研究对于推动氮化学和超高能量密度材料的发展，提升我国武器装备整体性能的火炸药能量水平都具有非常重要的现实意义。

对于 N_5^- 非金属盐只要在分子结构中含有碳元素，其能量仅能与现有含能炸药（TNT、RDX）能量水平相当；当分子结构中无碳元素，仅含氢氧元素时，能量水平有所提高，但最大不可能超过 2 倍 TNT 当量；只有 N_x^- 与 N_5^+ (目前 x 为 3 或 5)组装形成的全氮材料能量水平才可能达到 3～10 倍 TNT 当量[13-23]，而距离此目标实现还有很长的路要走。

无论是氮原子簇、聚合氮还是全氮离子化合物，它们普遍具有高能量密度、高生成焓、高爆速、高爆压的特点，是潜在的理想新型含能物质，但较为严苛的制备工艺、不够强的稳定性乃至感度与性能间的矛盾都是亟待解决的问题。相较固态金属氢，也许全氮化合物迈向实用化的进程会领先不止一步，期待全氮化合物的制备及应用能早日成为现实。

6.1.3　高张力键能释放材料

高张力键能释放材料是近年来各国重点探索的一类新型高能炸药，它是化合物分子在超高压状态下形成的一类亚稳态新材料，通过张力键聚集极高的能量。高张力键能释放材料主要包括一氧化碳固态聚合物(poly-CO)、CO_2 固体聚合物、纳米金刚石基含能材料、硼基含能材料等，理论预测的能量最高可达 100 倍 TNT 当量，由美国率先开展相关研究。高张力键能释放材料预计将主要用于高能毁伤战斗部，它的出现将使战斗部爆炸威力提高数倍乃至数十倍，较同等毁伤效果的炸药用量减少 50%～90%，一旦获得应用，它将使作战武器装备的毁伤能力得到显著的提升。

2005 年美国劳伦斯利弗莫尔国家实验室(Lawrence Livermore National Laboratory，LLNL)采用金刚石对顶压砧技术首次合成出 CO 固态聚合物(poly-CO)并对其亚稳态性及非晶体结构建模进行研究，得到了晶体结构产物并用激光将其诱发爆炸，实现了克级放大合成[17]。2011 年，德国 ICT 研究院以 CO/He(25/75)混合气体为原料，采用金刚石对顶压砧技术在 5.2 GPa 下制备出 poly-CO 并进行性能表征，发现采用 CO_2 激光加热在 6～7 GPa 下可使 poly-CO 转变为白色固体[5]。除 poly-CO 外，美国、德国先后在实验室条件下制得了聚合氮，但其制备条件苛刻，要在不低于 110 GPa 和不低于 1727℃条件下才能制备出来，当压力降至 40～60 GPa 时，聚合氮会变得不稳定而分解成 N_2，这些都为聚合氮这类高张力键能释放材料的大规模应用带来了不小的困扰。

近年来，依托"颠覆性含能材料与推进技术"项目，美陆军研究实验室推出颠覆性含能材料的高效创新合成方法和规模化放大新方法以及多尺寸预测模型，初步探索了纳米金刚石基、硼基含能材料等新型高张力键能释放材料，完成了实验室试验能力设计及克量级能力验证[18]。经过十数年的大量理论分析与实验室合成路径探索，美国陆军研究实验室和华盛顿州立大学的研究人员于2018年提出在高压 N_2、CO 气体中掺杂少量其他气体分子(如 H_2 等)是降低聚合氮、聚合 CO 等高张力键能释放材料制备过程所需压力、提高产品稳定性的有效途径。掺杂的少量气体分子能增强 N_2、CO 等高压气体的流动性，降低聚合相转变压力并增强固态聚合物结构中悬空链段的稳定性，使高张力键能释放材料能够在较低压力下稳定存在。同年 7 月，他们提出一种新型高能炸药——CO-N_2 聚合物晶体的制备方法(图 6.12)，CO-N_2 聚合物晶体理论密度是 TNT 的 2.4 倍，能量可达 TNT 的 5 倍。其制备方法是在纯度为 99.9%的高纯 N_2 中引入一定量的 CO，将混合气体在 1427℃、45 GPa 下通过激光加热制备出 CO-N_2 聚合物晶体，其制备条件压力仅约为制备聚合氮压力的 1/3，制备温度降低约 300℃，制备难度明显大幅降低。

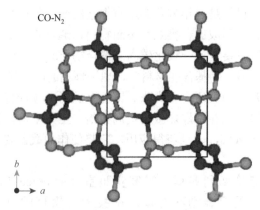

图 6.12　一氧化碳掺杂聚合氮晶体分子结构示意图[13]

CO-N_2 聚合物晶体的成功制备同时也标志着高张力键能释放材料的探索取得重大进展，相关成果入选 2018 年国外国防科技十大进展。

公开资料显示，我国对于高张力释放键能材料的研究目前还比较少。2021 年5 月，中国工程物理研究院化工材料研究所孙杰等与北京高压科学研究中心、中国科学技术大学合作，通过金刚石对顶砧压机在 5.1 GPa 条件下将含能材料poly-CO 涂层在传统炸药 HNIW 的晶体表面，从而制备了新型的 poly-CO/HNIW炸药复合物(图 6.13)，通过在 HNIW 晶面涂层 poly-CO 不仅实现了炸药复合物的纳米化，而且在保持 HNIW 能量水平的基础上提高了其激光敏感性[19]。

高张力键能释放材料的研究最终目标是稳定合成能在室温下稳定存在、能量远超 CHON 类常规含能材料的新型物质，它的存在将进一步突破火炸药的能量密度水平，实现含能物质科学技术的新飞跃。相信未来高张力键能释放材料对实现武器装备的高效毁伤和远程推进会发挥越来越重要的作用。

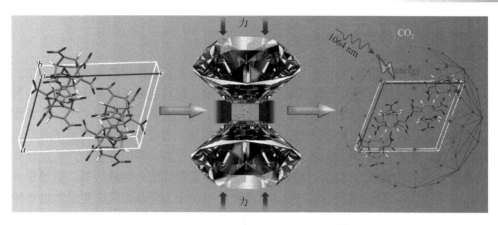

图 6.13　poly-CO/HNIW 制备示意图[19]

6.1.4　暗物质

1. 暗物质理论基础

暗物质，一种人类视觉看不见，嗅觉闻不到，触感摸不着，现代常用的仪器设备也很难捕捉到其发出的信息的客观存在，一直是萦绕在科学家脑中的谜团。宇宙学家说，计算表明暗物质占我们宇宙质量的 90% 以上，它充满我们这个宇宙的每个角落。理论物理学家预测，暗物质蕴藏了人类取之不尽的能量。很多近代学者都试图将之与一些现代科学试验中未能解开的异常能量现象构成一种合理的联系。

自 20 世纪中叶，近代科学理论体系逐渐完善。由于现代科学理论体系涉及复杂的数学模型构建和逻辑推理演算，一般的人很少细究这一体系是否有不完美之处，或是否能真实地反映其所观察事物的全部情况。但是，自然的奥秘远未被现今的人类完全掌握。例如，科研人员在化学试验中经常发现所涉化学反应过程经常出现不能用现代热力学解释的异常能量效应。对这种能量效应各国学者给出了多种解释，建立了多种理论，其中较为著名的有低能核反应、原子嬗变、冷核聚变和深层狄拉克轨道跃迁等。最近，有学者提出了物质原子向暗物质转化过程中需通过一系列低能级释放能量的新观点，建立了相应的物质原子模型和理论。并通过试验中的奇异能量现象，光谱数据和天体物理研究中探测到的一些高能射线数据解释了其合理性[20-22]。

有关这种暗物质认知的新观点是什么呢？首先，从组成宇宙客观物质的基本单元原子开始。最简单的原子——氢，由一个质子（最简单的原子核）和围绕质子运动的电子组成。玻尔根据实验测得的氢原子发射光谱数据、普朗克原理和电子波粒二相性发现，建立了玻尔原子模型。玻尔氢原子模型中，核（质子）外电子可在核外具有不同能级轨道绕核运动。

2. 化学诱导暗物质能级衰减

利用低能级氢轨道间跃迁，尤其是基态氢的电子相低能级轨道跃迁可产生大量能量。但是，根据球形共振腔原子模型及理论，这种能级变化对于纯的光辐射是能量守恒禁阻的，需要与之配合的能量井转移部分能量（对于氢为 27.2 eV 整数倍能量）。但是，可通过非辐射的其他方式转移能量。共振腔模型研究原子成键反应时发现，两个共振腔碰撞，一个共振腔可成为另一共振腔的能量井，将能级变化需要移出的能量转出体系，形成半径更小、能量更低的分数能级氢。美国学者 Randell L. Mills 通过计算预测，He^+、Ar^+ 和 K 可能作为使基态氢向更低轨道氢转变的催化剂。催化剂释放出氢向低能级变化的能量（为氢结合能 27.2 eV 的整数倍），氢原子转变成结合能更低、半径更小的低能级氢。

氢原子 $n=1$ 的能量状态被定义为可通过吸收"纯的"光子使电子达到激发状态的"基态"。但是它不像其激发态可通过辐射光子回到能量更稳定的状态（以边界能级量子数 $n=1$ 基准，这些能级量子数为整数分母的分数，$n=1/$正整数）。然而，原子的电子基态转移到更低能态可通过非辐射方式转移能量，如按多极耦合和共振碰撞机理移去能量。

氢的催化反应不需光辐射便将能量移去的过程很常见，如 H + H 形成氢气的放热反应就不涉及光子辐射。反应需与一能有相近能量变化的第三粒子体 M^*（催化剂）碰撞将其向低能态变化的能量转化为第三粒子体热能，最后成为体系的热能。某些含磷产品反应中也会出现一种多极耦合的非辐射能量转移，如 Sb^{3+} 的强吸光性和 Sb^{3+} 激发态到 Mb^{2+} 的高效非辐射能量转移导致含有这些粒子的磷化合物产品出现强的锰荧光。

根据氢的球形共振腔模型理论，基态 H 原子 ($n=1$) 吸收使其向高能级跃迁所需能量的光子，就会转变为半径和更大、能量更高的激发态氢原子。同样，通过非辐射方式相催化剂能量转移 27.2 eV 整数倍的能量 ($m \times 27.2$ eV) 也会导致中心质子与电子作用相应增加 [到 $(m+1) \times 27.2$ eV]，这种作用力的增加导致原子半径收缩和发射出能量 13.6 eV 整数倍光子发射（氢的此类光辐射已有多篇文献报道），原子进入氢的分数能级状态。He 可作为这一变化的一种催化剂，因为 He 的第二离子化能为 54.417 eV，与氢能级数衰减催化剂能移出 27.2×2 eV 相当。这一过程中，氢通过非辐射形式将 54.417 eV 的能量转移到 He^+，使其进一步共振离子化为 He^{2+}，这一部分能量将成为电能和通过与电子结合转化为体系热能。氢则会衰减至 $n = \dfrac{1}{3}$ 能级状态，并以光子辐射放射出另外 54.417 eV 的能量，此催化反应过程表述如下：

$$54.417eV + He^+ + H[a_H] \longrightarrow He^{2+} + e^- + H\left[\frac{a_H}{3}\right] + 108.8eV$$

$$He^{2+} + e^- \longrightarrow He^+ + 54.417eV$$

54.417 eV 能量激活催化剂电离生成 He^{2+}，而基态氢电子进入分数能级轨道，并通过光辐射释放出相当的 54.417 eV 能量。He^+ 电离成 He^{2+} 的能量就成为体系的电能或热能。由于催化生成的产物结合能均为 27.2 eV 的整数倍，因此它们可作为催化剂催化氢向更低的能级衰减，放出更多的能量，如

$$n = \frac{1}{3} \rightarrow \frac{1}{4}, \frac{1}{4} \rightarrow \frac{1}{5}, \cdots\cdots$$

基态氢的能级衰减涉及两步，因此也可表述如下：

$$54.417eV + He^+ + H[a_H] \longrightarrow He^{2+} + e^- + H^*\left[\frac{a_H}{3}\right] + 54.4eV$$

基态氢在一定活化能激发催化下，生成激发的分数能级氢 $H^*\left[\frac{a_H}{3}\right]$、$He^{2+}$ 和 e^-。

$$H^*\left[\frac{a_H}{3}\right] \longrightarrow H\left[\frac{a_H}{3}\right] + 54.4eV\,(高能光辐射)$$

$$He^{2+} + e^- \longrightarrow He^+ + 54.417eV\,(成为体系的电能或热能)$$

前面理论论证显示，$n = 1$ 的基态氢原子可形成能量更低的分数能级氢。分数能级能量公式与传统原子模型推导出的能级能量公式相同，但是，其量子数取值范围为 $n = \frac{1}{2}, \frac{1}{3}, \frac{1}{4}, \cdots, \frac{1}{p}$ （$p \leqslant 137$ 的正整数，随 p 增大，电子与核作用力增大，因此电子速度增大，当 p 为 137 时，电子速度已达速度极限到光速）。$\frac{1}{p}$ 能级氢原子 $H\left[\frac{a_H}{p = m+1}\right]$（$m$ 为整数）的结合能为 $p^2 \times 13.6$ eV。由基态氢 $H[a_H]$ 能级衰减形成分数能级氢 $H\left[\frac{a_H}{p = m+1}\right]$ 需要以能量匹配能量接受体转移 $m \times 27.2$ eV 的能量。

计算显示：新生态的水潜能为 81.6 eV（与 $m = 3$ 的能级衰减能量接受体对应），可以作为这样的能量接受体。理论计算预测 OH^- 的氢阳极氧化生成的新生态水可作为基态氢能级衰减形成 $H\left[\frac{a_H}{4}\right]$ 的催化剂，释放出 204 eV 能量。

作为分数能级形成的催化剂，水必须是通过化学途径新生成的孤立分子状态

的水，而其他状态的水（包括固态、液态和气态）由于各种氢键和极性作用会破坏能量接受体的能量匹配性。新生态分子水潜能为 81.6 eV，被认为可作为分数能级氢 $H\left[\dfrac{a_H}{4}\right]$ 形成反应的催化剂，其反应方程式如下

$$81.6eV + H_2O + H[a_H] \longrightarrow 2H^+ + O^- + e^- + H^*\left[\frac{a_H}{4}\right] + 81.6eV$$

$$H^*\left[\frac{a_H}{4}\right] \longrightarrow H\left[\frac{a_H}{4}\right] + 122.4eV$$

$$2H^+ + O^- + e^- \longrightarrow H_2O + 81.6eV$$

总反应为

$$H[a_H] \longrightarrow H\left[\frac{a_H}{4}\right] + 81.6eV + 122.4eV$$

上面的论述显示：如果一个化学反应能作为新生态原子氢和催化 $H[a_H]$ 向 $H\left[\dfrac{a_H}{4}\right]$ 衰减的新生态水的来源，则可能释放出远大于传统化学热力学计量的能量。新生态氢可通过一个或多个试剂反应生成，其中至少有一个试剂可作为氢源，反应也需能形成催化剂 H_2O，也有能同时具有这两种功能的化学物质，如氧化氢氧化铁（FeOOH）能通过脱水产生新生态水分子和氢原子，其中的新生态氢原子就可能转变为 $H\left[\dfrac{a_H}{4}\right]$，反应方程式如下：

$$4FeOOH \longrightarrow H_2O + Fe_2O_3 + 2FeO + O_2 + 2H\left[\frac{a_H}{4}\right]$$

由于上述过程的存在，FeOOH 作为燃料会获得远超目前化学热力学计量的化学能量。

研究显示如下式的氢氧-卤素交换反应中间过程也有新生态水和氢原子生成，也可用作催化 H 向低能级氢衰减的基础反应，表示如下

$$2M(OH)_2 + 2M'X_2 \longrightarrow H_2O + 2MX_2 + 2M'O + 2H\left[\frac{a_H}{4}\right]$$

式中，M 和 M′ 分别为碱金属和碱土金属。

火箭推进对能量密度的要求是没有止境的，目前，化学推进的潜能的挖掘已经接近极限，迫切需要找到一个能提高推进剂能量水平的新途径。从前述理论分析，暗氢形成和暗氢的能级衰减可释放出远高于目前常规化学反应的能量。

根究前述的氢原子理论模型，形成暗氢和暗氢能级衰减释放的能量来自原子电子轨道的变迁。催化诱导暗氢形成，暗氢能级的条件虽然较为苛刻，但是仍然属于化学分子催化，不涉及原子核的变化。因此，暗氢形成和暗氢能级衰减所释

放能量应属于化学能或原子物理能范畴。

从传统化学热力学观点出发，暗氢以及其他暗物质(如果存在)，是至今人类发现的生成焓极低的一类新物质。如仍然以标准状态氢气生成焓为零作为对比标准，氢原子和各种暗氢生成焓列于表 6.1(Al$_2$O$_3$ 作对比)。

表 6.1　氢原子和各种暗氢生成焓

名称	分子式	标准生成焓/(kJ/mol)
氢气	H$_2$	0
氢原子	H	218.8
氧化铝	Al$_2$O$_3$	−1675.7
暗氢	H(1/2)	−3704.28
	H(1/3)	−10242.8
	H(1/4)	−19396.6
	H(1/5)	−31165.9
	H(1/6)	−45550.5
	H(1/7)	−62550.5
	H(1/8)	−82165.9
	H(1/137)	−24542.6 MJ/mol

从表 6.1 可以看出，暗氢的生成焓远低于目前的常规化学物质，所以暗氢形成释放的能量也会远大于目前的常规化学反应，而且会随能级的降低而不断增大。但是，诱导暗氢能级衰减所需的非辐射能量输出也会随能级降低而增大，诱导能级衰减会变得越来越困难。

暗氢极低的生成焓可能成为提高化学推进剂能量水平的一个重要手段。按冻结流得出化学推进剂能量计算公式如下

$$E = \frac{V_{ex}^2}{2} = \Delta H_2 - \Delta H_1 = \overline{C}_p(T_e - T_c)$$

式中，E 为推进剂能量，为负值代表能量输出；V_{ex} 为喷口气体速度；ΔH_2 为喷口气体总生成焓；ΔH_1 为燃烧室推进剂总焓；$\overline{C}_p$ 为推进剂产物平均等压热容比；T_c 和 T_e 分别为推进燃烧产物在燃烧室和喷管出口的温度。

如果假设推进剂起始条件为热力学标准状态，推进剂燃烧产物在发动机中运动为等熵绝热过程，则上式可转化为

$$E = \Delta H_2^{298} - \overline{C}_p(T_e - 298) - \Delta H_1^{T_c}$$

根据能量守恒，燃烧产物燃烧室总焓等于起始状态推进剂总焓，标准起始状态则等于总标准状态焓，得出推进剂能量为产物总标准生成焓减去推进剂总准生成焓，再减去燃烧产物推进剂从标准状态升温到喷口出口温度的热焓损失，表述

215

如下(计算结果为负值表示推进剂对外输出能量)

$$E = \Delta H_2^{298} - \Delta H_{\text{推进剂}}^{298} - \bar{C}_p(T_c - 298)$$

式中，ΔH_2^{298} 为推进剂燃烧总标准生成焓；$\Delta H_{\text{推进剂}}^{298}$ 为推进剂总标准生成焓。

上式等式右边的前两项结果代表推进剂燃烧释放出的总能量，第三项则是推进剂气流在火箭发动机中的流体动力学能量损失。上式显示：提高推进剂能量的方法主要有三个方面。其中提高推进剂总生成焓，这是当前高能推进剂研究的热点。推进剂总生成焓为推进剂各组分生成焓之和，提高推进剂总生成焓的唯一方法就是提高组分生成焓，采用新的高生成焓组分替代低生成焓组分，见下式。

$$\Delta H_{\text{推进剂}}^{298} = \sum_{j=1}^{m} j \times \xi_j \times \Delta H_j^{298}$$

但是，组分分子生成焓是由结构和键接方式决定的，提高组分分子的生成焓是以降低分子稳定性为代价的，而且也存在一个极限。目前文献报道的一些极限条件下含能物质，如聚合氮、金属氢等，分子中原子完全由键能极弱的单键连接，理论预计聚合氮的燃烧放热为 18000～24000 kJ/kg（N≡N 三键向单键转化的能量），如能完全转化为对推进器的能量，能使推进器比冲达到 600～700 s。考虑到其产生气体的量只有约 42 mol/kg，理论比冲大约在 450 s。理论研究的金属氢（金属键）如要在常态稳定存在，键能与 H—H 键相差必然会很小。否则，没有方向和位阻的氢金属键会瞬间转化为 H—H 共价键，转变为氢分子(H_2)。因此，除了可能的密度增加外，金属氢质量比冲不可能显著高于目前最高的液氢-液氧体系，其比冲极限为 450～500 s。而且，目前没有任何理论支持这两类物质能脱离特定的极限条件而能够生成和存在。

决定生成焓的另一个分子因素是分子结构的张力，但这一能量占比相对较小。CL-20 与 HMX 比较，张力能对生成焓贡献约 600 kJ/kg，这一能量贡献在目前推进剂体系中，仅相当于对推进器比冲 1 s、能量 110～120 kJ/kg 的贡献。而 CL-20 氢元素降低导致的产物气体工质摩尔数降低，对推进剂能量的影响理论上要高于 CL-20 生成焓的贡献。在目前有些配方中 CL-20 取代 HMX 能量测试比冲略高 1～2 s 的现象，多半是因为其燃速高，导致两相流损失相对减少，如果燃速降低，或通过不用金属燃料来减少凝聚相，CL-20 在目前固体推进剂配方体系的能量优势将会消失。

按照推进剂能量公式，提高推进剂能量的第二个方面是降低燃烧产物生成焓。对于高温反应，所有物质均处于使体系总自由能最低的化学反应平衡状态。推进剂配方的元素组成确定，燃烧产物的总生成焓就已确定。对于 CHONCl 元素组成的推进剂，适当地调节氧燃比，增大相对高生成焓产物 CO(对比 CO_2)和 H_2(对比 H_2O)，虽然提高了燃烧产物总生成焓，但是，会增大燃烧产物数量，降低燃气在发动机中的流体动力学损失，总体上利于提高推进剂能量水平。现代推进剂研究中，降低燃烧产物生成焓最有效的方法是加入金属燃料(Al 粉)。金属燃料的生成凝聚相产物 Al_2O_3 虽然增大了推进剂燃气在发动机中的流体动力学损失，但是较大幅度地降低了燃烧产物生成焓，总体上使推进剂能量有一定幅度的提高。

 ## 6.2　未来固体推进剂

6.2.1　低易损推进剂

各种先进战术导弹和火箭武器对含能固体推进剂具有强烈和明确的需求，提升火箭和导弹的射程，实现远程打击是多种高价值武器发射平台(隐形飞机、大型舰艇和武装直升机等)进行超视距精确攻击，规避战场损失的有效手段，应用具有更高能量水平的新型含能固体推进剂是最有效的途径之一。但随推进剂能量水平的提高，其本体的安全性相应有所降低，对于外界的危险刺激(撞击、摩擦、加热等)的响应程度也明显增强。因此，急需发展具有低易损特性的固体推进剂和钝感弹药技术。通常认为低易损性固体推进剂指其对外界刺激源的不敏感特性，即对慢速烤燃、快速烤燃、枪击试验、殉爆、热碎片、破片等外部刺激感度低，具有防止从燃烧向爆轰转换特性的推进剂，在高温或火焰烤燃时只燃烧、不殉爆。许多新的高性能武器，通常要求具有很低的易损性，在这种情况下，主要要求采用钝感推进剂且应保持原有推进剂的性能，并降低可见特征。除不爆炸和低可见特征外，还必须综合考虑推进剂的燃速、温度敏感系数和力学性能等特征参数。

在固体推进剂低易损性设计和研究方面，美国起步较早，20 世纪 70 年代，美国海军首先提出海军舰艇上携带的弹药必须是低易损性弹药、钝感弹药，随后美国海、陆、空三军都参与了钝感弹药的研究。目前，以美国为首的北约国家，强调非敏感性(1.3 级)是固体推进技术发展的首要问题；美国国防部国防技术领域计划强调武器的易损性是众多国防部技术及武器系统研制和应用的核心部分。要确保正在研制的武器系统具有非常有效杀伤力的同时，最大限度降低目前及未来武器平台和防护体系的脆弱性。在战时可以增强作战效能，减少伤亡，把装备损失降到最低。国内近年来在低易损性固体推进剂的研究中也取得了一定进展；已建立相应的推进剂钝感特性的评价试验标准，并开展针对改性双基推进剂、NEPE 推进剂、HTPB 推进剂和叠氮推进剂高能化和钝感化的大量研究工作。

1. HTPE/HTPC 钝感推进剂

由于传统的 HTPB/AP 推进剂在慢速烤燃方面无法满足低易损性要求，因此美国

20 世纪 90 年代初开始新研制一类由聚四氢呋喃和聚乙二醇组成的端羟基聚醚 (HTPE)嵌段共聚物为黏合剂,以改善 HTPB 复合推进剂钝感弹药特性为目的的战术导弹用固体推进剂——HTPE 推进剂,随着研制工作的深入和发展,已由最初的基础型配方发展到了最新的低成本配方。HTPE 推进剂实现钝感的基本方法是通过采用含能增塑剂来减少固含量,这使得 HTPE 推进剂能够保持与 HTPB 推进剂相同或更高的理论比冲,同时显著降低固含量,而用辅助氧化剂 AN 替换 AP 能够进一步降低感度。美国 ATK Thiokol、NAMMO Raufoss AS 等公司[23,24]的研究人员广泛研究了低敏感性的 HTPE 推进剂,在采用不同装药结构的各种缩比和全尺寸模型发动机的钝感弹药实验中,HTPE 推进剂都具有良好的钝感特性,尤其是采用石墨复合发动机壳体时,装填该推进剂的发动机完全满足 MILSTD2105B 的技术要求。

由于含 AN 的 HTPE 推进剂低温性能较差,美国近年来又重点开发了低成本的、具有一定塑性的端羟基聚己酸内酯乙醚弹性体(HTCE),HTCE 黏合剂是聚四氢呋喃和聚己酸内酯的嵌段共聚物。NAWCWD 公司开发的新型 HTCE 推进剂,采用了 HTCE/Bu-NENA/CL-20(RDX)/AP(AN)/Al 配方,通过 HTCE 降低 AP 在黏合剂中的溶解度,从而降低了推进剂的敏感性。因此,在综合性能与 HTPB 和 HTPE 推进剂相当的情况下,HTCE 推进剂的能量性能(理论比冲 265.6 s)优于 HTPB 和 HTPE 推进剂(262~263 s),成本更为低廉,且安全性能更为优越,尤其是其慢速烤燃响应仅为燃烧,满足 1.3 级和钝感弹药的低易损性要求,能够全面改进导弹武器及其作战平台的战斗效能和生存能力。

韩国 Chang Kee Kim 等研究了端羟基聚醚(HTPE)和端羟基聚己酸内酯乙醚 (HTCE)为黏合剂基体的钝感推进剂,主要成分为 HTPE/HTPC、N-正丁基-2-硝氧乙基硝铵(BuNENA)、高氯酸铵(AP)等,采用大型卡片间隙实验(LSGT)、易碎性测试、SCO 实验(UN test series 7f)评估了推进剂的危险等级、易碎性及热敏感型,其配方及性能见表 6.2 和表 6.3[25]。可以看出,HTPE/HTPC 钝感推进剂的燃烧性能、力学性能与 HTPB 推进剂相近,而其易碎性与热敏感性明显优于 HRPB 推进剂。

表 6.2　HTPE/HTPC 钝感推进剂配方(%)

样品	黏合剂	固化剂	增塑剂	氧化剂		金属燃料		键合剂	安定剂/防老剂	
1	6.5 (HTPE)	0.5 (N3200)	0.3 (IPDI)	69.75 (AP)	10 (AN)	1.0 (ZrC)	0.25 (Fe$_2$O$_3$)	0.15 (TEPANOL)	0.5 (MNA)	0.25 (2NDPA)
2	6.8 (HTPC)	0.5 (N3200)	0.3 (IPDI)	68.7 (AP)	10 (AN)	1.0 (ZrC)	0.3 (Fe$_2$O$_3$)	0.15 (TEPANOL)	0.5 (MNA)	0.25 (2NDPA)
3	8.15 (HTPB)		1.5 (IPDI)	85.5 (AP)		1.5 (ZrC)		0.1 (TEPANOL)		0.25 (AO2246)

注：N3200 为 N100 近似物；TEPANOL 为四苯丁胺腈与缩水甘油的反应物；AO2246 为防老剂 2,2-亚甲基-4-甲基-6-叔丁基苯酚。

表 6.3　HTPE/HTPC 钝感推进剂安全性实验结果

样品	SCO 实验金属管破坏数/根	易碎性实验垂直速度/(MPa/ms)	LSGT 等级
1	2	5.52	1.3
2	2	5.11	1.3
3	13	10.51	1.3

2. NEPE 钝感推进剂

硝酸酯增塑聚醚(NEPE)含能推进剂在慢速烤燃反应方面优于 HTPB 推进剂，这使得其在钝感弹药应用方面具有一定的吸引力，为了充分利用 NEPE 推进剂在慢速烤燃性能方面的优点，并降低其在受到撞击和冲击波刺激后的响应程度，美国海军空战中心弹药分部和锡奥科尔公司[26]合作研制了一种战术助推用含铝钝感 NEPE 推进剂，在配方中加入了含有不敏感硝酸酯增塑剂的混合聚醚和少量的硝胺，不仅保持了 NEPE 推进剂优异的力学性能、黏结性能，而且感度较低。在装填有 24 kg 改性 NEPE 推进剂模拟发动机中进行了钝感试验，结果表明与能量和燃速相近的 HTPB 推进剂相比，NEPE 钝感推进剂在慢速烤燃反应方面性能要好，而且具有较低的撞击和冲击感度。

3. 钝感 XLDB 推进剂

法国 SNPE 公司曾开发了一类名为 Nitramites 的高能、低特征信号、交联改性双基推进剂(XLDB)，该类推进剂以硝化甘油增塑的端羟基聚醚或聚酯为黏合剂，以硝酸铵为填料，不含 AP。因为填充了大量的硝胺，推进剂对冲击波非常敏感，特别是采用中心孔药型时，易于出现"爆燃转爆轰"和"孔效应"反应。为了降低该推进剂的感度，最初法国 SNPE 公司分别采用了降低硝胺填料含量、用低感度增塑剂取代 NG 等方法，在降低推进剂感度的同时也使比冲降低了 1%～2%。近年来，法国 CELERG 公司[27]选择一种名为 CL767 的新型钝感改性 Nitramites 推进剂，并按 STANAG 标准进行了 Φ140 mm 发动机钝感弹药试验，快速烧燃实验结果为燃烧反应，子弹撞击实验未发生反应，冲击试验也未产生爆炸反应。

4. GAP 钝感推进剂

随着以缩水甘油叠氮聚醚(GAP)等为代表的新型含能黏合剂和钝感增塑剂的发展成熟，为了进一步提高推进系统的能量，目前国外正在广泛研究新一代的钝感推进剂，在解决提高配方能量水平与控制其冲击波敏感性的矛盾方面已取得实质性进展，推进剂接近实用状态。GAP 具有正的生成焓、密度大、氮含量高、机械感度低、热稳定性好等优点，能与其他含能材料和硝酸酯增塑剂相容，并可降低硝酸酯增塑剂的感度，如可降低三羟甲基乙烷三硝酸酯（TMETN）、1,2,4-丁三醇三硝酸酯（BTTN）的撞击感度，且对 HMX 有明显的钝感作用。目前研制 GAP 钝感推进剂的主要技术途径有：采用低感度的含能增塑剂，如 TMETN、三乙醇二硝酸酯（TEGDN）和 BTTN 等；采用新型氧化剂代替高感度的 AP，如纯 AN 及各种相稳定的 AN（含质量分数 3%的金属相稳定剂 Ni_2O_3、CuO 或 ZnO）、六硝基六氮杂异伍兹烷（CL-20）和二硝酰胺铵（ADN）及其他可能的钝感技术。为使 GAP 基推进剂既有高的能量又有低的易损性，M. K. Choudhri 等研究了用 GAP 作增塑剂/黏合剂，使推进剂系统的能量增加，而不影响其感度。通过对这些推进剂的配方评估发现，此类推进剂与目前的双基和硝基胍推进剂相比，冲击感度（$H_{50} > 60$ cm）低得多，同时分解温度（$> 216℃$）较高，低分子量的 GAP 已被证实是推进剂的一种非常有效的含能增塑剂和降感剂。

6.2.2 赋型推进剂

1. H_2O_2 赋型含能推进剂技术

在一定条件下，将液体转化成固体形态是一种复杂的物理化学变化过程，其中既有化学变化，又有物理作用。在日常生活中，有一些常见的液体赋型固体化的实例，包括高吸水性树脂吸水、固体乙醇、豆腐凝胶、硅胶吸水、果冻凝胶等，表 6.4 列出了这些赋型固体化实例的赋型原理。

表 6.4 一些赋型固体化的赋型原理

赋型实例	组分	作用基团	作用力	微观结构
高吸水性树脂吸水	水 + 高吸水性树脂	亲水基团	氢键	三维网络
固体乙醇	乙醇 + 固化剂	羟基	氢键	网络结构
豆腐凝胶	蛋白质 + 电解质	亲水基团	氢键	网络结构
硅胶吸水	水 + 多孔二氧化硅	表面	水合	多孔结构
果冻凝胶	果汁 + 凝胶剂	亲水基团	范德华力	海绵结构

庞爱民等根据 H_2O_2 赋型固体化的基本原理，初步选择了一些可能用作 H_2O_2 赋型剂的物质，通过开展相容性试验和 H_2O_2 吸附试验，对不同赋型剂与 H_2O_2 之间的相容性、吸附 H_2O_2 的能力大小、吸附 H_2O_2 的速率、保 H_2O_2 能力（即保持赋型剂与 H_2O_2 不离析状态的能力）进行了综合评价，选择了聚丙烯酸钠类的高吸水

性树脂作为 H_2O_2 的赋型剂，成功实现了 H_2O_2 的赋型固体化。H_2O_2 赋型后形成的赋型分散粒子见图 6.14。

在确定了合适的赋型剂和黏合剂体系以后，经过大量的制备试验，形成了 H_2O_2 赋型含能推进剂的"两步法"制备工艺：①H_2O_2 的赋型：室温下，按配方比例将赋型剂与 98%浓度的 H_2O_2 混合、搅拌均匀，制成 H_2O_2 赋型分散粒子，备用；②H_2O_2 赋型含能推进剂的制备：室温下，按比例将 Al 粉、H_2O_2 赋型分散粒子、固化剂依次加入黏合剂中，混合均匀，真空浇注，固化 24 h，得到固化成型的赋型含能推进剂药块（图 6.15）。

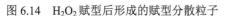

图 6.14　H_2O_2 赋型后形成的赋型分散粒子　　　图 6.15　含 H_2O_2 赋型分散粒子的固化药块

德国航天研究所（AI）对装填低温赋型含能推进剂（CSP，cryogenic solid propellant，低温固体推进剂，即采用–60℃低温冷冻的方式将 H_2O_2 转化为固体并应用于推进剂组分）的运载火箭进行了成本评估，其总成本包括：研制阶段的运载火箭硬件成本、生产阶段的地面基础设施成本和推进剂制造成本、运营阶段的管理、经营、市场化成本、场地和设备维护成本、发射成本等各项费用。结果表明，CSP 运载火箭单次发射成本要低于阿里安-5，且 CSP 的比冲比阿里安-5 要高 10%以上，在经济上是可以承受的。赋型含能推进剂与 CSP 相比，实现了温和条件下的制造、储存和应用，冷冻设备、制造、维护、发射费用将会进一步降低。对于标准理论比冲 280 s 左右的 H_2O_2 赋型含能推进剂配方，主要采用常规的液体氧化剂 H_2O_2 和固体燃料 Al、PE，以及一定量的性能调节剂，原材料成本与 CSP 相当。因此赋型含能推进剂的总成本可在 CSP 的基础上进一步降低，具有较好的低成本特性。

结合现有研究成果，H_2O_2 赋型含能推进剂具有理论比冲高、燃烧稳定、燃烧效率高等突出优势。以运载火箭的大型助推器和固体战略导弹第三级为应用背景，有望较大幅度地提高火箭的运载能力和武器的投射能力，满足未来战略、战术导弹高效能（威力和射程）、高突防能力的需求。赋型含能推进剂技术的转化应用可促进固体推进剂技术的跨越式发展，缩短与国外的差距，有效提升我国导弹武器的作战效能和航天产品的性能水平，推动导弹武器及相关配套系统的升级换代，满足未来新军事技术条件下打赢高技术局部战争、构建有效威慑力量的要求。

2. 铝/冰固体推进剂

铝/冰固体推进剂（ALICE）是一种新型绿色高能推进剂，具有成本低、安全性高、环境友好、制作工艺简单等诸多优点，日益受到人们广泛关注。ALICE在空间推进、水下推进和快速制氢等领域有望得到应用。其早期的研究主要集中在铝与水的反应性上，随后深入到纳米铝与水的反应，最终通过低温来增强其制作、存储的安全性。2009 年，美国空军科学研究办公室和美国国家航空航天局的 ALICE 推进剂小型探空火箭的成功发射，标志着此类推进剂的研制获得了阶段性的成果，近几年，国外 ALICE 推进剂在试验和理论方面取得了快速发展。我国在 ALICE 推进剂方面的研究虽然起步较晚，但是在试验测试等方面已取得一定进展。

在 2009 年小型火箭飞行试验后，美国普渡大学 Pourpoint 等详细报道了 ALICE 推进剂的相关工作，包括 ALICE 制备技术、燃烧测试技术、发动机性能预测、静止发动机试验和小型火箭试验等方面，Pourpoint 对不同组成的低温固体推进剂进行了性能计算，得到的参数有比冲、真空比冲、燃烧室温度、特征速度、氧燃比、氧平衡指数等，结果见表 6.5。Risha 等[28]完成了 80 nm 铝/冰混合物的静止缩比发动机试验，评价了发动机的尺寸效应。ALICE 推进剂在 3 种不同内径发动机中都能点火并燃烧，其中内径为 7.62 cm 的发动机能够产生超过 992 N 的推力，燃烧效率为 69%。

表 6.5　理论计算的不同配方的燃烧性能[24]

配方	比冲/s	真空比冲/s	燃烧室温度/K	特征速度/(m/s)	氧燃比	氧平衡指数
Al/H_2O	232.8	284.7	3084	1361	1.0	1.00
Al/H_2O_2	258.7	313.1	3901	1518	2.5	0.75
AlH_3/H_2O	279.6	332.4	2421	1653	0.9	1.00
AlH_3/H_2O_2	314.7	379.7	3730	1854	0.9	3.85
AP/HTPB	249.8	293.2	2832	1525	3.8	

目前，铝/冰固体推进剂的配方有待进一步优化，建议从四方面开展工作：①为提高活性铝含量，适当增加微米铝粉比例，控制适当的粒度分布；②适当添加 H_2O_2，能提高混合物的点火和燃烧性能；③添加 AlH_3 能提高产氢量，但会降低火焰温度和燃速，需要综合考虑使用；④铝水比例、制备工艺等对铝/冰固体推进剂的密度、黏度、流动性、孔隙率等有重要影响，从而影响其燃速特性。

6.2.3 可控固体推进剂技术

随着航天和军事技术的迅速发展，对为其提供动力源的推进系统提出了更高的要求。而传统固体推进剂发动机在推广应用上存在一定局限性：一方面，由于固体推进剂在熄火与再次点火方面存在困难，无法实现多次启动；另一方面，固体推进剂的燃烧过程不受控，难以实现推力调节。针对推力可控要求，研究人员对固体推进剂发动机的结构进行优化设计，可控固体推进技术是指在基于含能材料为工质的固体推进剂燃烧过程中，借助一定措施使得推进剂的燃烧方式可控、燃速可调，实现推力可随机控制的推进技术。可控固体推进技术是固体推进剂领域的重大技术革新，由于其对推进剂燃烧状态主动控制的特性，将颠覆传统的固体推进剂发动机的工作模式，有望从根本上解决固体推进剂发动机推力主动、随机控制等关键技术难题。

目前，可控固体推进技术的实施方案根据推进剂是否可自持燃烧分为自持燃烧可控和非自持燃烧可控，其中自持燃烧可控可进一步分为无能量作用的自持燃烧可控和有能量作用的自持燃烧可控。

1. 自持燃烧可控

尽管由于传统固体推进剂自持燃烧的特点，在多次点火与熄火能力的实现上存在一定困难，但是通过改变推进剂装药方式、状态以及配方组成可以有效实现对推进剂燃烧的控制，此类可控推进目前已经可实现对推进剂燃烧过程的控制，突破了传统固体推进剂在可控应用上的瓶颈。

1) 无能量作用的自持燃烧可控[29-32]

无能量作用的自持燃烧可控主要包括固体化学阵列推进、可控粉末、凝胶推进以及可自熄火固体推进等技术方案。固体化学阵列推进是根据所使用推进剂的能量和比冲特性，通过多个惰性阻燃层将固体推进剂分隔开，进行阵列化装药，每个分开的药柱有其独立的点火系统，从而获得多次关闭与重新启动的能力，具有推力值固定、可重复工作次数多以及工作时间长的特点。基于 MEMS技术的固体化学微推进是通过推进剂装药阵列化实现可控推进的典型。20 世纪末，美国 TRW 公司的 Lewis 等和法国 LAAS-CNRS 实验室的 Rossi 等率先开展了固体化学微推进阵列的研究，其中美国 TRW 公司设计并制作了"三明治"结构的微推进阵列装药方式，如图 6.16 所示；法国 LAAS-CNRS 实验室从提高装药燃烧效率出发，对固体化学微推进阵列采用顶部点火结构，提高了阵列的点火成功率。

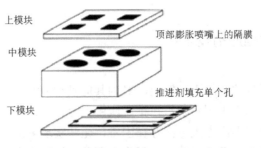

上模块

顶部膨胀喷嘴上的隔膜

中模块

推进剂填充单个孔

下模块

与焊盘直接互连的多晶硅"点火器"（无电子器件）

图 6.16　固体化学微推力器阵列的配置

可控粉末推进是将推进剂中的燃料或氧化剂制成颗粒形态作为主要推进工质，以少量流化气体为输送介质，通过调节粉末燃料和氧化剂的质量流量，在高能火花塞作为点火源的情况下，实现推力可调、多脉冲工作的操作，具有结构简单、环境温度适应性强以及工作可靠性高等性能优势。目前，各国研究人员对粉末推进剂的燃料进行了探索，得到了优异的 Mg/CO_2 单粉末和 Al/AP 双粉末推进剂，在此基础上解决了粉末推进剂的装填与预处理、供给与输送以及喷注与燃烧等关键问题，为今后粉末推进剂发动机多脉冲启动工作、工作压力可控以及脉冲次数实时可调奠定了基础。

凝胶推进剂介于传统固体推进剂与液体推进剂之间，通过使用凝胶剂将含有大量固体氧化剂和燃料的液体悬浮体系凝胶化，形成胶状，类似于未固化的固体推进剂，具有优异的稳定性和安全使用性。在多次点火和熄火系统的配合使用下凝胶推进剂在发动机中可实现多次启动，自由调节推力。

在复合固体推进剂中添加功能性表面活性剂，超过一定压力阈值后，推进剂的燃速在压力的作用下随着压力增大而降低，当燃速降低到最低时，推进剂自熄火。此类推进剂可用于传统固体火箭发动机的装药，实现多次点火与熄火操作。与利用燃烧室压力突降使发动机熄火从而实现推力可控的方法相比，利用复合固体推进剂的自熄火性能可避免发动机结构的严重损坏和剩余固体推进剂不可控燃烧等缺点。

2) 有能量作用的自持燃烧可控

微波增强固体推进是在固体推进剂中掺杂铝或碱金属，改善固体推进剂的火焰结构，增加火焰中等离子体的含量，使有效的微波能量沉积到火焰结构上，通过改变辐射在火焰上微波的能量来达到调节推进剂燃速的目的。微波增强固体推进，即直接将能量耦合到推进剂上的概念由美国 Gimelshein 等在 2009 年提出，微波能量耦合到复合推进剂燃烧后形成的氧化铝液滴上，液滴颗粒与高温气体发生碰撞，促进周围高温气体加速膨胀，因此微波能量的使用使得推力提高。

2. 非自持燃烧可控

此类可控推进通过在固体推进剂中添加功能性物质或改变固体推进剂的主要成分，促使推进剂对外部作用（如电、激光等）主动作出响应，具有非自持燃烧的特点。当有外部因素作用时，推进剂发生燃烧，当撤去外部因素时，推进剂主动停止燃烧，从而实现对推进剂燃烧的主动控制，达到推力可控的目的。

（1）电控固体推进剂（electrically controlled solid propellants，ECSP）是由无毒、低感度材料制备的复合固体推进剂，具有通电燃烧、断电熄灭，燃速可以通过改变外加电压或电流进行实时调节的特性。通过电极在 ECSP 上施加所需电压，推进剂在无需点火药的情况下被引燃且持续燃烧；当撤去施加在推进剂上的电压时，推进剂熄火，重新施加电压，推进剂可再次燃烧（图 6.17）。另外，通过改变所施加电压的大小，进而控制推进剂的燃速，实现推力的调节。由于 ECSP 独特的电压控制燃烧状态的特性，传统固体推进剂发动机的工作模式改变，其使用范围进一步得到扩大。

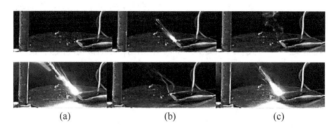

图 6.17 ECSP 的多次熄灭和重启[33]

电控固体火箭发动研制方面，以美国 Ray-theon 公司的研制产品为主，目前已研制出多种不同尺寸的电控固体火箭发动机，最大的发动机推力可以达到百磅级别，并成功进行了发动机试车试验，如图 6.18 所示。发动机试车时，ECSP 在 1.4～14.0 MPa 压力范围内，可根据需要重复点燃、熄火，实现了发动机的推力控制。

图 6.18 百磅级推力电控可熄火发动机静态点火

（2）激光化学联合推进。

将类似纳米碳粉等吸光剂添加到光敏固体推进剂中，以激光作为外界激励能量，通过激光与推进剂之间的热作用、光化学作用等方式实现推进剂在激光支持下的可控燃烧。其原理为，通过合理热平衡计算，将此类推进剂燃烧时来源于其表面燃烧过程的能量降低到其可发生自持燃烧的能量之下，借助外部施加的激光能量补偿非自持燃烧固体推进剂维持燃烧所需的能量。推进剂在激光停止施加时会停止燃烧，而且其燃烧速率随着施加激光能量的增加而升高，进而可实现对推力的控制。

6.2.4 固体推进剂增材制造技术

近年含能材料增材制造技术发展迅速，摆脱了传统制造技术带来的几何约束，有望实现复杂结构药柱的按需制造，为提升武器装备作战性能提供关键的材料支撑。增材制造技术以数字模型为基础，通过逐层打印的方式来构造物体，未来可能实现高固含量、复杂药型、梯度结构的复合固体推进剂药柱制备。增材制造技术的出现，使同一地点连续快速的一体化装药成为可能，有望打破武器装备设计-生产的传统模式。近些年英国、澳大利亚等国家或组织积极开展了 3D 打印技术在含能材料领域的研究与应用，已取得阶段性成果，证明了火炸药、发射药、推进剂及烟火剂含能材料增材制造的可行性。

1. 固体推进剂增材制造技术原理

固体推进剂增材制造技术是借助增材制造技术原理，结合固体推进剂的特征属性，从而实现药柱快速成型的先进制造技术。所以，只要推进剂药浆特性匹配通用增材制造技术，就可以实现药柱的打印成型。目前，公开报道的适用固体推进剂增材制造技术主要有光固化技术、直写技术、熔融沉积技术、直写-光固化技术。

1）光固化技术

光固化增材制造技术是在数字信号控制下，辐射光源选择性照射液体光敏树脂，引发链式化学反应，将大量小分子单体或预聚物连接在一起形成高分子网状结构，固化后树脂逐层堆积形成实体模型。作为增材制造技术中研究最早，也较为成熟的打印技术之一，它既具备增材制造的安全、可控、快速、精密等技术优势，也兼顾光固化的表面光滑、固化快、稳定性高等优点，成为当下应用最广泛的一种增材制造技术。目前，光固化增材制造技术主要分为立体光固化成型技术（SLA）、数字光处理技术（DLP）、连续液面制造技术（CLIP）、多喷嘴成型技术（MJP）、双光子增材制造技术（TPP）、选择性区域透光固化技术（LCD）等，成型过程如图 6.20 所示[34-36]。光固化成型技术逐渐趋于高速化和高精度化，但同时带来高成本和打印材料的高要求。立体光固化成型技术(SLA)和数字光处理技术(DLP)作为技术成熟、应用广泛的光固化成型技术,成为固体推进剂的主要成型方式。

立体光固化成型技术(SLA)是指紫外光根据模型分层的截面数据在计算机的控制下在光敏树脂表面进行由点到线、由线到面的逐层扫描,完成一层固化后,成型平台上升或下降一个层厚的高度,继续下一层的固化,后一层树脂自动黏结在前一层上,周而复始,直至完成整个模型的成型工作。数字光处理技术(DLP)与 SLA 成型原理相似,不过其采用数字微镜(DMD),将模型截面图形的紫外光投射到光敏树脂表面使其固化,省去了点-线-面的扫描过程,这就意味着缩短了模型构建时间,改善了传统 SLA 打印速度慢、耗时长的缺陷。

2) 墨水直写技术

墨水直写技术是将高黏度浆料或固液混合浆料作为墨水材料存储在料筒中并和喷头连接,安装于能够计算机控制下完成三维运动的三轴 CNC 平台,通过机械压力或气动压力推动墨水材料从喷头连续挤出并在基体上预成型,然后依据材料特性进行相应后处理(挥发溶剂、热固化、光固化等)后得到最终的目标构件。近年来,研究人员探索利用光、热等外场辅助 DIW 打印,不仅拓展了适用材料种类而且增加了 DIW 技术的功能性。Jennifer A. Lewis 团队在墨水料筒外螺旋形缠绕了加热器,采用 Heat-assisted DIW 技术实现了热塑性结晶材料的增材制造(图 6.19);加拿大多尺度力学实验室 Therriault 等开发了紫外光辅助墨水直写技术(UV-assisted DIW),低黏度的光敏性浆料被挤出喷头后能够在紫外光照条件下迅速发生光聚合反应,使其黏度增大、流动性下降、具有一定自支撑性,从而提高增材制造构件的强度和成型精度;美国普渡大学开发了振动辅助墨水直写技术(vibrational-assisted DIW),该技术通过针头振动的方式有效降低高黏度材料与喷嘴壁面的摩擦阻力,实现高黏度材料的增材制造。

3) 熔融沉积技术

熔融沉积技术(FDM)由于设备和原材料成本低而被认为是增材制造领域最商业化的技术。该技术以热塑性材料为基础,在打印过程中,固体材料被加热到熔点以上,通过喷嘴挤压,条状物料按照规划路径逐层沉积在平台上,然后在室温下冷却固化成型。常见的热塑性材料有丙烯腈丁二烯苯乙烯(ABS)、聚偏氟乙烯(PVDF)、聚甲基丙烯酸甲酯(PMMA)等。对于推进剂而言,这种成型方式

图 6.19　外加场辅助墨水直写技术[37-39]

存在潜在的风险是挤压与打印过程中料浆温度要求高,易导致含能组分的降解或爆炸。因此,打印的关键是控制加热挤压的温度,要求固体推进剂的熔融温度要远低于含能材料的分解起始温度,确保加工过程的安全性。

2. 固体推进剂增材制造工艺

如图 6.20 所示，固体推进剂增材制造工艺过程主要由配方研制、增材制造组成。配方研制部分包括：①根据固体推进剂特性分析其固化成型原理，选择可用的增材制造技术；②通过对黏合剂体系改进开展配方优化；③对推进剂配方与打印工艺的适配性进行实验并分析；④通过适配性分析结果进一步优化推进剂配方，得到安全性高、匹配性好的推进剂药浆和目标成型设备。

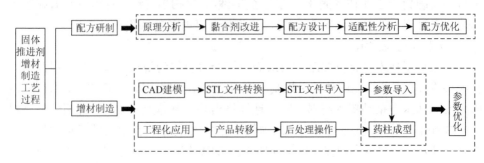

图 6.20　固体推进剂增材制造工艺过程[40]

增材制造部分包括：①对目标推进剂药柱进行计算机辅助设计(CAD)建立模型，并保存为 STL 格式；②通过专业切片软件对 CAD 模型进行切片，并设置尺寸、打印起始位置等基本参数，最后将其保存为增材制造机可读取的文件格式；③对增材制造过程中的温度、层厚、浆料挤出速度、喷头移动速度等工艺参数进行设置；④进行推进剂打印实验，对打印过程中的工件、工况进行实时监测，并对参数进行优化；⑤打印完成后，将药柱从成型平台移除，进行去处支撑材料、整修等后处理操作；⑥将药柱与发动机进行装配形成可工程化应用的产品。

增材制造在固体推进剂领域的发展方向必然是实现固体火箭发动机的一体化成型，这涉及推进剂、包覆层、发动机壳体的独立成型以及层间黏接，所以大力开发多喷嘴打印技术，解决药柱与绝热层、绝热层与壳体的贴合度，完成火箭发动机的一体化打印，有望降低固体火箭生产的时间成本和人力成本，实现武器的智能化、自动化生产。

参考文献

[1]　Wigner E, Huntington H B. On the possibility of a metallic modification of hydrogen[J]. Journal of Chemical Physics, 1935, 3(12): 764-770.

[2]　McMahon J M, Morales M A, Pierleoni C, et al. The properties of hydrogen and helium under

extreme conditions[J]. Reviews of Modern Physics, 2012, 84(4): 1607.

[3]　McMinis J, Clay R C, Lee D, et al. Molecular to atomic phase transition in hydrogen under high pressure[J]. Physical Review Letters, 2015, 114(10): 105305.

[4]　Azadi S, Monserrat B, Foulkes W M C, et al. Dissociation of high-pressure solid molecular hydrogen: A quantum Monte Carlo and anharmonic vibrational study[J]. Physical Review Letters, 2014, 112(16): 165501.

[5]　Dias R P, Silvera I F. Observation of the Wigner-Huntington transition to metallic hydrogen[J]. Science, 2017, 355(6326): 715-718.

[6]　Loubeyre P, Occelli F, Dumas P. Synchrotron infrared spectroscopic evidence of the probable transition to metal hydrogen[J]. Nature, 2020, 577, 631-635.

[7]　郎晴, 许元刚, 林秋汉, 等. 全氮多氮含能化合物研究进展与应用前景分析[J]. 中国材料进展, 2022, 41(2): 98-107.

[8]　Zarko V E. Searching for ways to create energetic materials based on polynitrogen compounds[J]. Combustion, Explosion, and Shock Waves, 2010, 46: 121-131.

[9]　李玉川, 庞思平. 全氮型超高能含能材料研究进展[J]. 火炸药学报, 2012, 35(1): 1-8.

[10]　卢艳华, 何金选, 雷晴, 等. 全氮化合物研究进展[J]. 化学推进剂与高分子材料, 2013, 11(3): 23-29.

[11]　Eremets M I, Gavriliuk A G, Trojan I A, et al. Single-bonded cubic form of nitrogen[J]. Nature Materials, 2004, 3(8): 558-563.

[12]　McMahan A K, LeSar R. Pressure dissociation of solid nitrogen under 1 Mbar[J]. Physical Review Letters, 1985, 54: 17-29.

[13]　Christe K O, Wilson W W, Sheehy J A. N_5^+: A novel homoleptic polynitrogen ion as a high energy density material[J]. Angewandte Chemie International Edition, 1999, 38: 2004-2009.

[14]　Huisgen R, Ugi I, Pentazole I. Die lösung eines klassischen problems der organischen stickstoffchemie[J]. Chemische Berichte, 1957, 90(12): 2914-2927.

[15]　Zhang C, Sun C, Hu B. Synthesis and characterization of the pentazolate anion cyclo- N_5^- in $(N_5)_6(H_3O)_3(NH_4)_4Cl$[J]. Science, 2017, 355(6323): 374-376.

[16]　Xu Y, Wang Q, Shen C, et al. A series of energetic metal pentazolate hydrates[J]. Nature, 2017, 549(7670): 78-81.

[17]　Lipp M J, Evans W J, Baer B J, et al. High-energy-density extended CO solid[J]. Nature Materials, 2005, 4(3): 211-215.

[18]　李向阳, 方勇, 侯勤, 等. 2018 年国外国防科技新闻十大进展(上)[DB/OL]. 国防科技新闻, 2019.

[19]　Sun S, Xu J, Gou H, et al. Pressure-induced *in situ* construction of P-CO/HNIW explosive composites with excellent laser initiation and detonation performance[J]. ACS Applied Materials & Interfaces, 2021, 13(17): 20718-20727.

[20]　Labov S, Bowyer S. Spectral observations of the extreme ultraviolet background[J]. Astrophysical Journal, 1991, 371: 810-819.

[21]　Mills R L, Zhao G, Akhtar K, et al. Commercializable power source from forming new states of

hydrogen[J]. International Journal of Hydrogen Energy, 2009, 34: 573-614.

[22] Mills R L, Akhtar K, Zhao G, et al. Commercializable power source using heterogeneous hydrino catalysts[J]. International Journal of Hydrogen Energy, 2010, 35: 395-419.

[23] 李焕, 樊学忠, 庞维强. 低易损性固体推进剂钝感特性及评估试验方法研究进展[J]. 化学推进剂与高分子材料, 2017, 15 (2): 56-59.

[24] Michael F. Solid rocket propellants for improved IM response. Part 2: IM propellant examples[J]. NIMIC Newsletter, 2003 (1): 2-4.

[25] Kim C K, YOO J C, Min B S, et al. Insensitive propellant composition: US 2012227875A1[P]. 2012.

[26] 张琼方, 张教强. 钝感固体推进剂的研制与进展[J]. 含能材料, 2004, 12 (6): 371-375.

[27] 付小龙, 樊学忠. 钝感推进剂配方研究及发展趋势[J]. 火炸药学报, 2014, 37 (5): 1-8.

[28] Risha G A, Son S F, Yetter R A, et al. Combustion of nano-aluminum and liquid water[J]. Proceedings of the Combustion Institute, 2007, 31: 2029-2036.

[29] Pourpoint T L, Sippel Tr R, Zaseck C, et al. Detailed characterization of Al/ice propellants: AIAA 2010-6905[R]. 2010.

[30] Lewis D H Jr , Janson S W, Cohen R B, et al. Digital micropropulsion[J]. Sensors and Actuators A: Physical, 2000, 80 (2): 143-154.

[31] Rossi C, Zhang K, Esteve D, et al. Nanoenergetic materials for MEMS: A review[J]. Journal of Microelectromechanical Systems, 2007, 16 (4): 919-931.

[32] Li Y, Hu C, Deng Z, et al. Experimental study on multiple-pulse performance characteristics of ammonium perchlorate/aluminum powder rocket motor[J]. Acta Astronautica, 2017, 133: 455-466.

[33] Cornella B, Ketsdever A, Gimelshein N E, et al. Thrust augmentation of solid rocket motors using beamed microwave energy[J]. Journal of Propulsion and Power, 2010, 26 (5): 1016-1024.

[34] Chung K, Rozumov E, Kaminsky D, et al. Development of electrically controlled energetic materials (ECEM) [J]. ECS Transactions, 2013, 50 (40): 59-66.

[35] Winfield R J, Obrien S. Two-photon polymerization of an epoxy-acrylate resin material system [J]. Applied Surface Science, 2011, 257 (12): 5389-5392.

[36] Xenikakis I, Tsongas K, Tzimtzimis E K, et al. Fabrication of hollow microneedles using liquid crystal display (LCD) vat polymerization 3D printing technology for transdermal macromolecular delivery [J]. International Journal of Pharmacology, 2021, 597 (15): 120303.

[37] Zhao Z, Wu J T, Mu X M, et al. Desolvation induced origami of photocurable polymers by digit light processing [J]. Macromolecular Rapid Communications, 2017, 38: 1600625.

[38] Kotikian A, Truby R L, Boley J W, et al. 3D printing of liquid crystal elastomeric actuators with spatially programed nematic order[J]. Advanced Materials, 2018, 30 (10): 1706164.

[39] Lebel L L, Aissa B, Khakani M A E, et al. Ultraviolet-assisted direct-write fabrication of carbon nanotube/polymer nanocomposite microcoils[J]. Advanced Materials, 2010, 22 (5): 592-596.

[40] Gunduz I, McClain M, Cattani P, et al. 3D printing of extremely viscous materials using ultrasonic vibrations[J]. Additive Manufacturing , 2018, 22: 98-103.

符 号 说 明

符号	中文含义
D	爆速
P_{CJ}	爆压
Q	爆热
I_{sp}	比冲
$\Delta_f H^{\ominus}$	标准生成焓
α	分子的氧饱和系数
IS	机械感度
ΔH	燃烧焓
α	氧平衡

缩　略　语

缩写	中文全名
ADN	二硝酰胺铵
AP	高氯酸铵
ANFO	4-氨基-3-叠氮羰基氧化呋咱
AAOF	3-氨基-4-酰胺肟基呋咱
AZTEGDN	1,8-二叠氮基-3,6-二氧辛烷
AlH$_3$	三氢化铝
AGE	烷基缩水甘油醚
AMMO	3-叠氮甲基-3′-甲基氧丁环
BAMO	3,3-双叠氮甲基环氧丁烷
BABAMP	双(叠氮乙酰氧基)-双叠氮甲基丙烷
BDNPN	二(2,2-偕二硝基丙基)硝胺
BDFPGE	4,4-双二氟氨基戊醇缩水甘油醚
BDFAO	3,3-偕二氟氨基甲基氧杂环丁烷
BMNAMO	3,3-偕甲硝胺甲基氧杂环丁烷
BTTN	1,2,4-丁三醇三硝酸酯
CL-20	六硝基六氮杂异伍兹烷
CNDN	二(二硝酰胺基)四氨合铜
CIDN	二(二硝酰胺基)四咪唑合铜
CADN	二(二硝酰胺基)四(4-氨基-1,2,4-三唑-5-酮)合铜
CNAF	3-氨基-4-氰基呋咱
CNNF	3-氰基-4-硝基呋咱
CMDB	复合改性双基
DAF	3,4-二氨基呋咱
DAG	二叠氮基乙二肟
DB	双基
DBP	邻苯二甲酸丁酯
DEP	邻苯二甲酸二乙酯
DEGBAA	二乙二醇双叠氮乙酸

DNPP	3,6-二硝基吡唑[4,3-*c*]并吡唑
DNF	3,4-二硝基呋咱
DAAFO	二氨基偶氮氧化呋咱
DNAFO	二硝基偶氮氧化呋咱
DNPA	二硝基丙酯
DFAMO	3-二氟氨基甲基-3-甲基氧杂环丁烷
DNTF	3,4-二硝基呋咱基氧化呋咱
DNAF	3,3′-二硝基-4,4′-偶氮氧化呋咱
DPT	3,7-二硝基-1,3,5,7-四氮杂双环[3.3.1]壬烷
EDB	压伸双基
EGBAA	乙烯乙二醇双(碘乙酸盐)
FOF-1	4,4′-二硝基双呋咱醚
FOF-2	3,3′-二氰基二呋咱基醚
GAPA	端叠氮基 GAP
GLYN	硝酸缩水甘油酯
GAP	聚叠氮缩水甘油醚
HA	乌洛托品
HNF	硝仿肼
HMX	1,3,5,7-四硝基-1,3,5,7-四氮杂环辛烷，奥克托今
HNIW（CL-20）	六硝基六氮杂异伍兹烷
HBIW	六苄基六氮杂异伍兹烷
KP	高氯酸钾
MNAMMO	3-甲硝胺甲基-3-甲基氧杂环丁烷
NEF	4-硝基-3-呋咱甲醚
NF	三硝基甲烷，硝仿
NG	硝化甘油
NENA	硝氧乙基硝胺
NIMMO	3-硝酸酯甲基-3-甲基氧杂环丁烷
NMMO	3-硝酸酯甲基-3-甲基氧杂环丁烷
ONPP	1,4-二(三硝基甲基)-3,6-二硝基吡唑[4,3-*c*]并吡唑
ODH	草酰二肼
OHN	草酰二肼一硝酸盐
OHDN	草酰二肼二硝酸盐
ONC	八硝基立方烷

PAMMO	聚 3-叠氮甲基-3-甲基环氧丁烷
PBAMO	聚 3,3′-双叠氮甲基环氧丁烷
PBFMO	聚 3,3′-二(三氟乙醇甲醚基)氧杂丁环烷
PEG	聚乙二醇
PCL	聚己内酯
PGN	聚缩水甘油醚硝酸酯
PETKAA	季戊四醇四(叠氮乙酸盐)
PNIMMO	聚(3-硝酸酯甲基-3-甲基氧杂丁环烷)
PNMMO	聚 3-硝酸酯甲基-3-甲基氧杂环丁烷
RDX	1,3,5-三硝基-1,3,5-三氮杂环己烷，黑索金
TAGN	三氨基硝酸胍
TNAA	四硝基乙酰胺酸
TODO	4H-[1,2,3]氧化三唑并[4,5-c]呋咱
TTTO	连四嗪四氧化物
TKX-50	1,1′-二羟基-5,5′-联四唑二羟胺盐
THP-DAG	二四氢吡喃二嗪肟
THF	四氢呋喃
TMETN	三羟甲基乙烷三硝酸酯
TEGDN	三乙二醇二硝酸酯
TAAMP	三(叠氮乙酰氧基甲基)丙烷
TMNTA	三甲基硝基甲烷(三叠氮乙酸盐)
VAc	乙酸乙烯酯